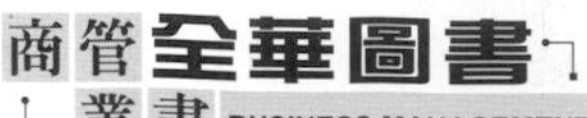

RETAIL MANAGEMENT

零售業管理

迎接新零售時代

第3版

伍忠賢博士 編著

▶ Preface

序言

自序：2023 年 iPhone 15 版的零售業管理

2023 年 9 月，蘋果公司 iPhone 15 即將上市，離第 1 款 2006 年 7 月上市已 17 年，每年一款幾乎都令人驚豔。同樣，我的任何書一向以同類書中的 iPhone 自我期許；本書是 2008 年以來我在全華圖書公司的第三版，跟 2018 年 11 月的第二版 16 章，至少有 12 章（佔 75%）以全新角度切入，另外篇幅更新，即全書有 90% 是「新」的。

由表可見，本書「策略—戰術—戰技」三層的亮點。

表　本書亮點

<table>
<tr><th colspan="3">層級</th><th>說明</th></tr>
<tr><td rowspan="6">策略
佔 50%</td><td rowspan="2">主題</td><td>零售 1.0 ～ 4.0</td><td rowspan="2">以全球零售型電子商務龍頭美國亞馬遜公司與全球運動商品龍頭美國耐吉公司為對象</td></tr>
<tr><td>數位經營行銷</td></tr>
<tr><td rowspan="4">量表</td><td>總體環境</td><td rowspan="2">以日臺便利商店為對象，以 2023 年為基期年，來看 2025 年</td></tr>
<tr><td>個體環境</td></tr>
<tr><td>產品力</td><td></td></tr>
<tr><td>五層級體驗</td><td>店內體驗是商店突破零售業電子商務的利器</td></tr>
<tr><td rowspan="2">戰術
佔 30%</td><td colspan="2">如何查資料</td><td>本書含美中臺相關資料來源，這對學生寫報告，上班族寫企劃案非常重要</td></tr>
<tr><td colspan="2">資料基期年</td><td>以 2023 年為「今年」</td></tr>
<tr><td>戰技
佔 20%</td><td colspan="2">對談式內容</td><td>許多公司的網頁都採互動式</td></tr>
</table>

一、策略層級：內容（What），占 50%

(一) 主題（Theme）

1. 零售 1.0 ～ 4.0：尤其是零售科技（Retail Technology, RetTech）的運用。
2. 數位行銷（Digital Marketing）：尤其是行銷科技（Marketing Technology, MarTech）的運用。

(二) 量表（Scale）

本書運用伍忠賢（2022 年）產品力量表、總體環境、個體環境量表、五層級顧客體驗量表，站在零售顧問公司角度，對特定零售公司進行身體健康檢查，才能進一步擬定適配的零售對策。

二、戰術層級：占 30%

(一) 如何查資料（How）

這包括美中臺的公務統計中總經與零售業資料查詢步驟，至於全球、美國的資料來源，你在谷歌下打「USA Retail Industry Historical Data」，看到頁面中尾部出現「Statistd」便對了。

(二) 資料基期年（2023 年）（When）

一本書上市約 3 年才會改版，為了延長書的使用生命，不致看起來「時過境遷」，從 2010 年起寫書，我盡量用下一年，本書以 2023 年作基期年，採預測值。

三、戰技層級：占 20%

(一) 個案分析（Who）

2020 年，中國大陸廣東省廣州市廣東經濟出版社陳念莊開釋我，她說，「重點不在於你涵蓋了多少國家、城市、公司，而是有沒有分析透徹」。本書一章盡量以美國各零售業龍頭公司（例如亞馬遜、耐吉）為對象，主因在於深入分析文章（含論文）很多。中國大陸（例如淘寶網、華聯超市）、臺灣（例如統一超商、好市多）的公司，公司高管話少，分析文章（含證券公司公司報告）也少。

(二) 對話式行文方式（Which）

看別人作圖作表，除了看得懂之外，還得看出語外之音（Read between the Lines），許多學生表示：「老師的書很像老師講課，很口語」，本書當成我對你上課討論，如此書就多個人味。

四、感謝

零售業管理在大學中屬於「行銷管理」學程，我大三時由高熊飛教授啓蒙，政治大學企管系博士班時主修財務管理、副修行銷管理。

在企業服務時，1996 年 4 月～ 7 月擔任泰山企業董事長特別助理，兼便利商店福客多董事會秘書；8 ～ 11 月擔任媽媽塔食品公司總經理，公司是統一超商北一區（基隆市、臺北市、新北市）鮮食唯一供應公司，跟統一超商副總、鮮食部專員密切往來。

在真理大學財務金融系任教期間，兩門課「產業分析」、「金融行銷與倫理」。

伍忠賢　謹識

2023 年 5 月 20 日 於臺灣 新北市新店區

Contents

目錄

01 批發零售業快易通

02 零售業 SWOT 分析：機會威脅分析

03 零售業 SWOT 分析：優勢劣勢分析

04 運動服鞋零售業：美國耐吉與德國愛迪達的經營管理

05 零售商店產品策略：1972 ～ 1984 年耐吉 PK 銳跑

06 商店綜合吸引力：兼論環境、服務吸引力

07 商品策略

08 商品定價：人工智慧的電腦軟體運用

09 品牌、零售行銷 I：現象級行銷公司耐吉

10 品牌、零售行銷 II：行銷觀念五階段發展進程

11 展店策略

12 量販店經營管理：行銷、組織與人資管理

13 百貨公司經營：美中日臺百貨業衰退

14 美國亞馬遜公司經營管理

15 零售業運籌管理：美國亞馬遜個案分析

16 零售業績效衡量：臺灣便利商店業

▶ introduction

導論

「讀書不誌其大，雖多而何為」，為了避免「因木失林」，因此在進入本文之前，以導論（或各章前言），先說明全書各章的前因後果。

我們套用電影導演在電影開幕的運鏡方法，先遠距離的拉個全景（有可能是台北市），再逐漸把鏡拉近；在本處，由大到小共分七個角度，最後類似停留在一家商店的貨架上的一個商品的字體。

一、遠鏡頭：區分零售業跟服務業

由圖 0-1 可見，零售業是服務業九大行業中最大、營收、員工數皆占服務業的二成以上；（狹義）服務業管理詳見《服務業管理》，本書不擬說明，此外，有一些在零售業中會討論的主題，像服務品質、客訴處理，本書也不予討論；零售業跟狹義服務業最大的差距是零售業以銷售生產好的商品為主，（安裝、維修）服務只是輔助罷了！

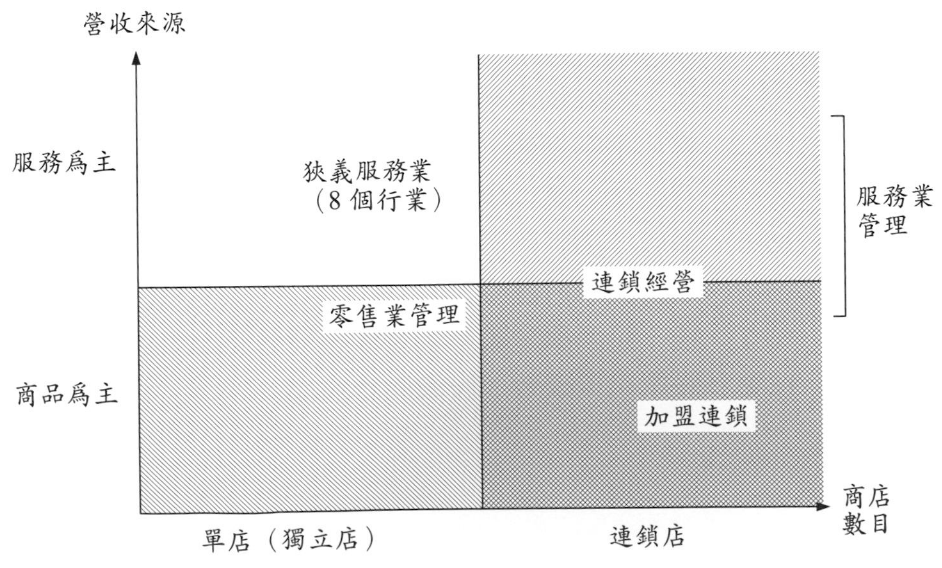

圖 0-1　零售業管理在服務管理中的定位

至於連鎖經營只是服務業中連鎖系統情況下的經營，重點在於連鎖，不在於行業。其中，零售業中有關加盟連鎖經營的，我們以第三章第五節來說明。

二、中景：零售業管理相關課程

「就近取譬」是我們寫書教書的重要技巧，背後隱含著回復基本，套用英文俚語「There is nothing new under the sun」；同樣的，我們認為「天下沒有那麼多學問」，追本溯源，往往只是一些基本知識的演繹罷了！所以，本書著重「循根」。

＊作學問是接力賽

彭歌在《知識的水庫》一書中，強調歐美學者採取接力賽方式做學問，我們也是如此，由圖 0-2 可見跟零售業管理的前後相關課程；其中，同年級在教的課程有物流管理。

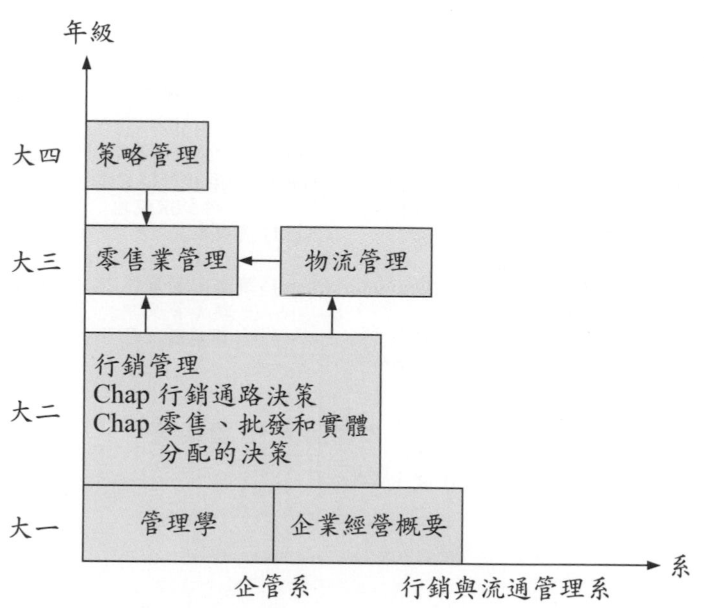

圖 0-2　零售業管理的相關課程

至於大一管理學和企業經營概要、大二行銷學，這些是零售業管理的基礎課程，可視為金字塔的底層。

大學課程以啓發教育為主，不像實務訓練「為用而訓」，本以零售公司的立場出發，也就是在大四策略管理課程的指引之下，來討論零售業管理，比較少花篇幅在企管叢書所著重的戰技作為（像店面管理、小型海報 POP 製作）。

三、近景：企業活動切入

現在，我們把鏡頭拉到「零售業管理」，把其它背景都排除。

＊從企業活動切入

零售業管理、服務管理跟醫院管理這些行業管理的共通點就是「管理」，在大一管理學的管理方格中，指的就是「研發、生產、行銷、人資、資管、財管」，策略大師麥可•波特把此價值鏈前三者稱為核心活動，後三者稱為支援活動。企管學者再加上國際企業管理，合稱為七管，知識管理可說第八種管理學程。

由圖 0-3 可見，本書由上到下可分為四篇。

第一篇　策略管理	第二篇　行銷管理 I	第三篇　行銷管理 II	第四篇　業態、個案分析
Chap 1 批發零售業快易通 Chap 2 零售業SWOT分析 —機會威脅分析 Chap 3 零售業SWOT分析 —優勢劣勢分析 Chap 16 零售業績效衡量 —統一超商	市場區隔與定位： Chap 4 運動服鞋零售業 —耐吉PK愛迪達 行銷組合第1P：商品策略 1.環境：Unit 6-1～6-8 2.商品：Chap 5 3.人員服務： Unit 6-9～6-11	行銷組合第2～4P Chap 8 第2P定價策略 Chap 9、10第3P行銷策略 耐吉PK銳跑 Chap 11 實體配置策略 I —店址 Chap 15 實體配置策略 II —運籌管理： 亞馬遜公司	綜合零售業 1.便利商店業：Chap 3 2.量販店業：Chap 12 美國好市多 3.百貨業：Chap 13 美中日臺百貨 專業零售業 1.零售型電子商務： Chap 14 亞馬遜公司

圖 0-3　本書四篇 16 章架構

第一篇　零售業策略管理

這是站在零售公司董事會角度來看，如何擬定贏的策略，一開始就做對，才能收「正確開始，成功的一半」的效果。

第一章零售業快易通，目標導向的經營才能持盈保泰，第三節顧客需求分析先瞭解「民之所欲」，第四節再說明零售業分類，以很多角度來分析零售業如何「投其（顧客）所好」。

第二、三章零售公司策略管理

第十六章零售業績效衡量，以便利商店業一哥統一超商為對象說明績效衡量。

第二篇　零售業行銷管理 I：第一 P 商品策略

零售業的本質就是商品「零」星銷「售」，銷售的本質在於行銷組合（4P）的運用，因此本書以 50% 篇幅、八章以上來深入討論。

第四章運動服鞋業經營管理：美國耐吉 PK 德國愛迪達。

行銷組合第一 P：商品策略（共 2 章）

商品策略 I：環境，單元 6-1 ～ 6-8

商品策略 II：商品，第五章

商品策略 III：人員服務，單元 6-9 ～ 6-11

第三篇　零售業行銷管理 II

行銷組合第二 P ～第四 P 共五章，在第三篇說明。

第四篇　零售業業態、個案分析

依單店面積由小到大，我們以五章篇幅來介紹四大零售業經營，重點集中在行銷策略的運用，留待表 0-3 再詳細說明。

＊五流在本書中的內容

有些零售業人士習慣把「零售業五流」掛在嘴上，有些用詞太簡，反倒不易望文生義；而且，這些都是日語用詞，因此本書就不採取此類用詞了。不過在表 0-1 中，我們簡單做表說明本書那些章節討論「五流」。

表 0-1　零售業五流跟本書章節

零售業五流	本書章節
商流（商品流通）	第七章　商品吸引力
物流（物品流通）	第十五章　物流
金流（金錢流通）	付款服務
資訊流（資訊流通）	1. 跟供貨公司間 2. 跟顧客間：銷售時點系統
人流（人員流通）	單元 12-9 ～ 12-12 零售業人力資源管理

四、近景之一：行銷管理學基礎

零售業的本質是買賣業，由圖 0-4 可見，本書第四至第十五章完全是行銷組合的釐定過程；圖 0-4 只是把圖 0-3 中第二篇行銷管理此一方格局部放大！

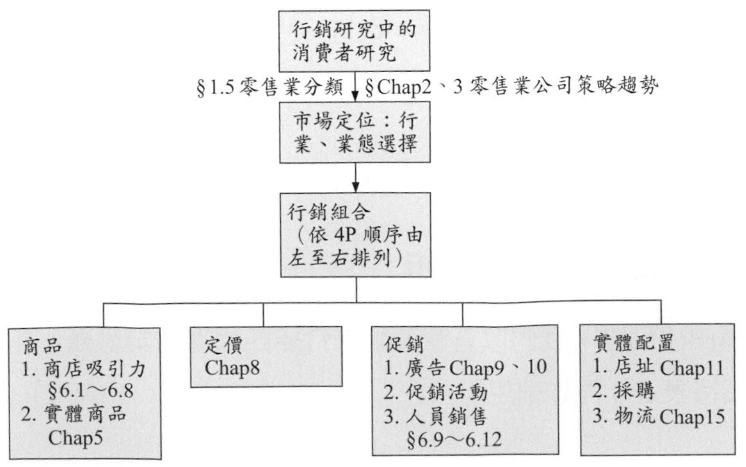

圖 0-4　零售業行銷管理跟本書相關章節

＊五力在本書中的內容

有些零售業人士慣用日語，直接把商品「吸引」力中的「吸引」省略掉，簡稱商品「力」，跟軍隊的戰（鬥）力的觀念是一樣的。不過，我們認為行銷 4P 已大抵可以八九不離十的描述行銷組合，無須治絲益棼的另創名詞，詳見表 0-2。

表 0-2　以行銷 4P 取代零售五力

行銷 4P	有些零售人士用詞
一、商品	商品力
· 商店吸引力	商店力
· 商品組合	商品力
二、價格	價格力
三、促銷	行銷力
四、實體配置	
· 地點	地點力、立地條件
· 物流	宅配

五、近景之二：行銷管理在第十二～十六章的運用

零售公司在價值鏈中的主要功能在於「行銷」，因此我們以行銷管理為架構，把四大零售業依店面積、商品單價由低往高排列，得到表 0-3 的結果。

表 0-3　四大零售業的內容架構

大分類	中分類	本書章節	焦點
綜合零售業	便利商店	Chap 3	臺灣便利商店業
		Chap 16	零售業績效衡量－臺灣便利商店業
	量販店	Chap 12	美國好市多行銷、組織、人資管理
	百貨公司	Chap 13	美中日臺百貨公司
專業零售業	零售型電子商務	Chap 14	美國亞馬遜經營管理
		Chap 15	美國亞馬遜運籌管理

六、特寫鏡頭：每章架構

任何一本管理學的書都是為了解決問題，而問題解決程序則可用 5W2H 的架構來模組化呈現，本書是「零售業管理」，目的也是協助零售公司解決問題，以達成公司目標。套用此架構，每章架構（本書教學光碟上有每章架構）大抵依照下列步驟。

第一節 what（定義）、why（重要性），先釐清課題定義，才不會雞同鴨講，再來說明為什麼來討論此課題，採取問題導向型方式，瞭解「為何而戰」，學習動機才會強。

第二節以後再來討論 how（如何解決問題）、where（組織設計）、who（誰來解決問題）、which（用什麼工具解決問題）、when（何時解決問題）和 how long（花多久時間來解決問題）等。

七、用顯微鏡放大來看

我們最小的治學理念是「字斟句酌，方顯專業」，對一般人來說，看似吹毛求疵，但是我們深信「大處著眼，小處著手」，惟有「注意細節」（attention to detail）的執行力、毫不妥協的毅力，才足以成就品質。落實「字斟」部分，在表 0-5，我們列出本書跟其他書不同用詞，背後的理由可分為二類。

(一) 必也正名乎

「正確的開始，成功的一半」，所以凡事必須慎始；從一個一個名詞先用對開始，這至少有二種原則。

1. 公司化

   由於公司佔商業組織 98% 以上的營收，所以我們不採用小「商」號時代的用詞，例如 supplier、producer 由供應“商”改成供貨公司、retailer 由零售“商”改成零售公司。

2. 用詞精準

   E-shop 是在網際網路上成立商店銷售商品，所以宜稱為網路商店，如果直譯為電子商店，有可能讓人誤以為銷售電子商品的商店。

為了區分工業和服務業中零售業的差別，我們把一些用詞套在工業情況，例如「產品」（product）、「客戶」（client、clientele）。在零售業中，商店銷售「商品」（commodities）給顧客（customer）。

(二) 入鄉問俗

臺灣受日本文化影響很深，一些漢語用詞便直接「硬用」，例如流通、日商（每日營業額）、超商（即便利商店，convient store，cvs）、型錄購物。

文字是約定成俗的，殊沒有必要太「化簡為繁」；也就是在沒有錯誤（即前述「必也正名乎」）情況下，盡量用本土用詞。

表 0-4　本書與他書不同用詞

	本書用詞	其他書用詞
catalog retail	郵購	型錄購物
channel	管道、通路	通路、經銷商，大陸稱為渠道
customer	顧客	消費者
E-retail	網路銷售	電子或線上購物
E-shop	網路商店	電子商店
hyper market	量販店	大賣場
maker、producer	供貨公司	製造商、品牌公司
pricing	定價	訂價
private brand	商品品牌	私有、自有品牌
retail	零售業	流通業
retailer	零售公司	零售業者、零售商
shopper	顧客	購物者、客戶、客人
store	店面	賣場、店頭
supplier	供貨公司	供應商

Chapter

01

批發零售業快易通

所有書第一章都必須回答「是什麼」（What）與「為何而學」（Why），如此才能強化學習動機。本章從大一經濟學、大二產業分析角度切入，讓你從「大處著眼」！

1-1 零售業的功能：AIDA 架構

每天出門在外，渴了可以到 7-11 買飲料喝，餓了可以到全家便利商店買食物吃；每週，許多人去量販店（好市多、家樂福）或超市（全聯福利中心）買菜、添購日常用品；每季，各種服飾店（優衣庫、H&M）結合當下潮流推出新款衣服，吸引民眾購買；有時候甚至不須走出家門，就能透過電視購物頻道、網路商場買商品……

日常生活中「食衣住行育樂」都須仰賴零售商店（Retail Store），它就像空氣一樣重要，但很少人感覺得到。在缺氧（例如水中、高山上）的狀況，才體會到空氣的重要；同樣的，在「前不著村，後不著店」的情況，才體會到有店眞好。

一、批發零售業的功能：貨暢其流

以「地盡其用、人盡其才、貨暢其流」，套用 1874 年法國經濟學者里昂．瓦爾拉斯（Leon Walras）在《純粹政治經濟學要義》一書中所主張的一般均衡（General Equilibrium）理論：

1. 生產因素市場：地盡其用、人盡其才

五種生產因素：自然資源（分 4 小類，第 1 小類土地）、勞工、資本、技術、企業家精神。

2. 商品市場：貨暢其流

「貨暢其流」是必要條件，貨要出得去，地才能盡其用、人才能盡其才。

二、AIDA 架構

批發零售業的功能，可以套用美國廣告公司老闆路易斯（Elias st. Elmo Lewis）提出的「注意—興趣—慾求—購買」（Attention – Interest – Desire – Action）架構（圖 1-1）來說明。

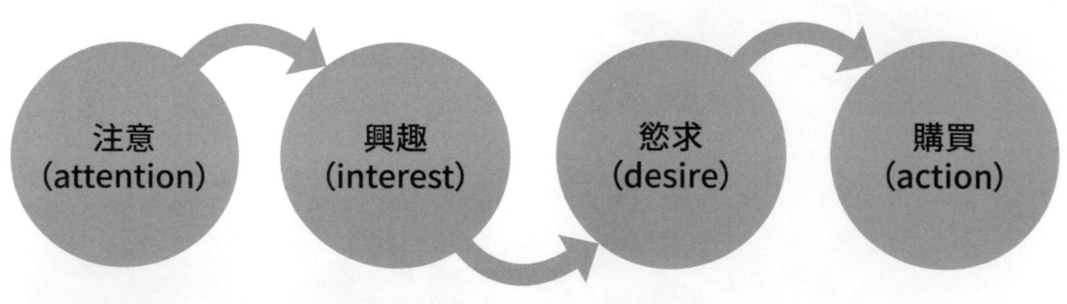

圖 1-1　AIDA 架構

三、商業流通

從 AIDA 架構來看，批發零售公司在商業流通上扮演串流的角色：

1. 注意、興趣、慾求階段的資訊流通（Information Flow）

(1) 向後（Backward）：零售公司搜集消費者的購買意向，向品牌公司（Brands Company）下訂單、購貨。

(2) 向前（Forward）：向消費者宣傳促銷店中商品。

2. 購買階段

以「一手交錢，一手交貨」、「銀貨兩訖」來說，這包括三種流通：

(1) 商品流通（Product Flow）：簡稱商流，指商品所有權的移轉（店員一手交貨）。

(2) 資金流通（Capital Flow）：簡稱金流，指金錢、貨幣的移轉（顧客一手交錢）。

(3) 貨物流通（Logistics）：簡稱物流，包含倉儲與運送等過程。

四、相關中英文專有名詞

唸書時，很多人都有專有名詞「大同小異」的困擾，這很大部分源自英文名詞就「大同小異」，由表 1-1 可見。

1. 英文名詞

英文學術名詞主要源自全球第一大經濟國美國，但各地區的用語略有差異。以表 1-2 來說，上面是常用用詞，下面是少用的。

2. 中文名詞

中文名詞有中臺兩岸差異，常見的用詞如表 1-2 所示。

表 1-1　商業流通（圖）之英文、中文對照

語文	第一個字	第二個字	第三個字
英文	Business 或 Commercial	Flow 或 Process	Chart 或 Diagram
中文	商業或商務 或業務	流程 過程	圖

1-2 零售業的重要性

每次各行業年報、教科書、政府行業政策白皮書（White Book）一定有「本行業在經濟上的重要性」，常用的指標有三，本單元以「批發零售業」爲對象說明，詳見表 1-2。

一、對總產值的貢獻

服務業中批發零售業對「總產值」的貢獻，這是從金額（尤其是名目值）角度分析。

1. 總產值（即國內生產毛額 GDP），表中第 (1) 項
2. 服務業中批發零售業產值，表中第 (2) 項
3. 批發零售業對總產值貢獻，表中第 (3) 項

二、對經濟成長率貢獻

批發零售業對經濟成長率的貢獻，可從其實質成長率切入計算。

1. 經濟成長率，表中第 (4) 項
2. 批發零售業成長率，表中第 (5) 項
3. 批發零售業成長率對經濟成長率的貢獻，表中第 (6) 項

由表中第 (6) 項可見，批發零售業對經濟成長率的貢獻有正有負，出現負的情況，代表批發零售業產值衰退。

三、對就業貢獻

有些產業（如三級產業中的農業）或行業（如服務業中的餐飲業）產值雖小，對經濟成長率貢獻較低，但對就業的實際貢獻很高，因此就業也是重要的指標。

1. 就業人口，表中第 (7) 項
2. 批發零售業從業人口，表中第 (9) 項
3. 批發零售業對就業的貢獻，表中第 (10) 項

由比率趨勢分析，批發零售業占就業人口比率由 2010 年的 14.14% 成長到 2022 年的 14.42%，可能的原因是工業自動化程度越來越高，無法容納太多勞工，因此部分人力轉移到批發零售業工作。

表 1-2　批發零售業對經濟的重要性

項目		2010 年	2015 年	2020 年	2022 年
對總產值（國內生產毛額，GDP）	(1) 總產值（兆元）	14.06	17.06	19.8	22.706
	(2) 服務業中批發零售業產值（兆元）	2.37	2.66	3.03	3.578
	(3) 批發零售業對總產值貢獻 = (2)/(1)（%）	16.86	15.59	15.3	15.76
對經濟成長率	(4) 經濟成長率（%）	10.25	1.47	3.36	2.45
	(5) 批發零售業成長率（%）	1.11	–0.08	0.75	0.13
	(6) 批發零售業對經濟成長率貢獻 = (5)/(4)（%）	10.83	-5.44	22.32	5.3
對就業貢獻	(7) 總就業人口（萬人）（12 月）	1,049.3	1,124.2	1,151.6	1,145
	(8) 工業及服務業就業人口（萬人）（12 月）	669.4	753.2	815.27	817.32
	(9) 批發零售業就業人口（萬人）（12 月）	148.4	163	171.4	170.8
	(10) 批發零售業對就業貢獻 = (9)/(7)（%）	14.14	14.5	14.88	14.42

資料來源：(1)、(2)：國民所得統計摘要－國內生產毛額依行業分，表 5-1 金額（當期價格）。
(4)、(5)：國民所得統計摘要－國內生產毛額依行業分，表 5-6 對經濟成長之貢獻。
(7)：人力資源調查，表 1 人力資源調查主要指標。
(8)、(9)：薪資與生產力統計年（或月）報，表 1。

四、全球與美中角度

放大來看，以 2022 年來說：

1. 全球零售業產值 23 兆美元，占全球總產值 103.86 兆美元的 22.145%。
2. 美國零售業產值 7.1 兆美元，占美國總產值 5.46 兆美元的 27.89%。
3. 中國大陸綜合消費與零售產值 43.97 兆人民幣（扣除汽車 39.4 兆人民幣），占中國大陸總產值 121 兆人民幣的 36.31%。

1-3 美中臺零售業資料來源

批發零售業在大部分國家都是第四、五大產值行業，透過國家統計局的公務統計可以探討產業狀況。此處以美中臺之公務統計來源舉例說明，詳見表 1-3。

一、臺灣

1. 行業營收

由經濟部統計處每月進行結算與統計。

2. 批發、零售業附加價值

「中華民國統計資訊網」的「主計總處統計專區」頁面中，有三項內容跟零售業對經濟的貢獻有關。

(1) 第二項「國民所得及經濟成長」。

(2) 第五項「經濟、失業統計」。

(3) 第六項「薪資及生產力統計」。

二、中國大陸

中國大陸有單一的國家統計局，以進行各種國民所得會計等相關的公務統計。

三、美國

美國沒有單一國家統計局，經濟方面主要由商務部兩個局負責，而失業、就業統計則由勞工部負責。

四、全球零售營收資料來源

1. 統包資料來源：德國 Statista 公司

Statista 是線上的統計數據資料網站，提供了各種國家與產業的相關統計數據，資列皆取自商業組織與政府機構，是具有充分可信度的資料來源之一。

2. 其他資料來源

(1) 立陶宛首都維爾紐斯市 Oberlo 公司（2015 年成立），母公司是加拿大渥太華市 Shopify 公司。

(2) 英國倫敦市德勤（Deloitte）會計師事務所。

表 1-3 美中臺有關批發零售業的公務統計

項目	臺灣	中國大陸	美國
一、營收			
時	每月 23 日下午 4 點	每月 14 日	每月 11 ～ 14 日公布
地	臺北市	北京市	馬里蘭州西特蘭鎮
人	經濟部統計處	國家統計局	商務部普查局
事	公布上個月「批發、零售與餐飲業營業額統計」（月報）	公布社會消費品零售總額，包括商品零售、餐飲（服務）	對 12,000 家零售公司，隨機抽核，這包括零售與餐飲。
二、產值（附加價值）			
時	每季	每季	每季
人	主計總處	國家統計局	商務部經濟分析局
事	在主計總處統計專區面板上第 2 項「國民所得及經濟成長」中「電子書」表 5-1 國內生產毛額依行業分	在《中國大陸統計年鑑》上面板第 15 項批發和零售業	可在 Statista 公司「% added to the GDP of USA」上查到： 1. 批發業占 5.8% 2. 零售業占 5.7%

1-4 大學零售相關科系、研究所

「為用而學」、「為用而訓」，是大學（甚至是高中的職業學校）主要教育人才的功能。由於實務工作需要批發及零售人員，所以各國在大學中成立零售相關系所。

一、零售相關科系在大學的分類

由小檔案可見，聯合國教育科學文化組織（UNESCO），在 1976 年公布《國際教育標準分類》（International Standard Classification & Education，ISCED），把大學分 13 個領域（大分類，大學）、27 個學門（中分類，學院），93 個學類小分類（系）、174 個細學類（學程）。

> 聯合國教育科學文化組織（UNESCO）於 1945 年在法國巴黎成立，並於 1976 年公布《國際教育標準分類》（ISCED Field of Education and Training，臺灣稱為《大專校院學科標準分類》），平均 10 年小幅修正一次，以因應時空環境改變

與零售業相關的領域與分類如下：

1. 第四領域：商業管理及法律領域

(1) 0416 批發及零售學類，例如普渡大學等大部分大學。

(2) 0414 國際貿易、市場行銷及廣告學類，大都掛行銷與○○學系，「○○」可以是流通管理、物流管理等。

2. 第十領域：服務領域

旅館、零售與運動休閒學院，例如南加州大學。

二、美國的大學中的零售相關科系

美國 4,000 所大學與專科學校中，有 110 所學校有提供零售相關科系與學位，占所有學校的 2.8%，比率偏低。可能原因之一是零售業的進入門檻低，不須要專修學歷。

三、零售學會

當有許多大學專業科目老師時，便會成立「學會」（Academy）。美國大學中零售相關系所少，較沒有勢力強大的學會，大多爲「協會」（Association）。1911 年在華盛頓特區成立的全美零售聯合會（National Retail Federation，NRF），是目前世界上最大的零售與貿易協會；1937 年成立的美國行銷學會（American Marketing Association, AMA），是由 1915 年成立的美國市場行銷教師協會與 1931 年成立的美國市場營銷學會合併而成，也是世界上規模最大的市場行銷協會之一。

四、零售期刊

協會大都會出版學術期刊（Journal），讓大學教授（少數情況下博碩士學生）有發表論文的管道。美國行銷學會底下就有出版數本期刊，如市場營銷雜誌（Journal of Marketing）、營銷研究雜誌（Journal of Marketing Research）等；紐約大學也有出版零售期刊（Journal of Retaiing），影響力因素 5.25，是十分重要的零售學術期刊。

1-5 產品的分類

批發及零售業買賣的是產品（Product），由於產品範圍很廣，大部分批發及零售商業組織（詳見單元 1-11）只能挑其中一樣做，本單元說明產品的分類（Product Classification），大中分類是依據 1953 年聯合國經濟與社會理事會頒布的「國家經濟會計制度」（System of National Accounts, SNA），這是你在每本《經濟學》教科書上都看得到的。

一、產品的英文與中文

產品分類的第一個字是「產品」，本段先說明這字的英文、中文。

1. 英文

Goods 與 Products 兩字差別，以實體產品來說，Goods 範圍比 Products 廣（表 1-4），但對於母語並非英文的外國人來說，Goods 來自 Good（名詞指「好處」，形容詞指「好的」），這字怪怪的；Product、Products 比較正常。

2. 中文

在中文用詞上，本書不用「財貨」或「財」，而是用「產品 / 品 / 商品」，原因如下：

(1) 「財貨」是「錢財貨物」的簡稱，大部份經濟學上再簡稱「財」是用錯了，宜挑「物」，例如中間「物」、最終「物」。

(2) 財貨是古字，清朝以後少用；這個字例如西元前 221 年李耳著《老子》（或道德經）中：「服文采、帶利劍，厭飲食，財貨有餘」。

表 1-4 Goods 與 Products 的分別

詞語	比較	應用
Goods	指稱範圍較廣泛，用於產品的大類別	電子產品（Electrical Goods）
Products	指稱範圍較小，屬於產品類別中更細的品項	汽油產品（Petroleum Products）、保健產品（Nutrition Products）、金融產品（Financial Products）、廢棄品（Waste Products）

二、產品的分類

經濟學中把產品依生產過程分成中間產品與最終產品兩大類。

1. 中間產品（Intermediate Goods）

是指爲了再加工或者用於別種產品生產使用的物品，包括原料（Raw Material）、半成品（Semi-Final Products）等。

2. 最終產品（Final Products / End Products）

是指不再加工、可供最終消費和使用的產品，又稱爲「成品」（Finished Goods）。最終產品在商品市場中又可分爲資本品與消費品兩類：

(1) 資本品（Capital Goods）：企業與政府爲了生產所需的機器設備等稱爲資本品。

(2) 消費品（Consumption Goods）：家庭買走的稱爲消費品，依使用年限可再分爲非耐久品（Non-Durable Goods，如食品）、半耐久品（Semi-Durable Goods，如衣物）與耐久品（Durable Goods，如家具）。

1-6 行銷學中消費品的分類

不同類型的產品中，零售業管理關心的是消費品（Consumption Goods），在行銷管理書中，常依消費者的消費行爲分成便利品、選購品、特殊品、忽略品四大類（表 1-5、表 1-6），礙於篇幅，第四大類「忽略品」不放在表 1-6 上。以下分別說明四個類型：

一、便利品（Convenience Goods）

指具經常性、緊急性或因爲一時衝動而購買的產品，消費者在購買前只做低度比較，甚至不加以比較。便利品可分爲三類：

1. 日常用品（Staples）：定期消費的民生必需品，如衛生紙、牙膏等。
2. 緊急用品（Emergency Goods）：在緊急需求下購買的產品，如應急用的雨傘、雨衣。
3. 衝動品（Impulse Goods）：並未事先計畫，臨時起意購買的產品。

二、選購品（Shopping Goods）

單價比便利品高，購買次數較不頻繁，消費者在購買前會經過一定程序的比較，例如家電、汽車等。可分爲一般大眾生活會需要的大眾消費品（Mass Consumption Goods）與屬於個人偏好購買的個人商品（Personal Goods）。

三、特殊品（Special Goods）

指具有獨特的特性、知識、習慣等的商品。消費者最在乎的點是產品特色，價格是第二考量。例如名牌服飾、專櫃精品等。

四、忽略品（Unsought Goods）

又稱爲非尋求品、不渴求商品，指目前還沒想到要買的東西，或是雖然知道卻略而不顧的產品。忽略品可分爲兩類：

1. 新樣忽略品：指剛推出，消費者尙不了解的產品。

2. 常態忽略品：指經常被忽略，需要時才會去找的產品，如棺材、墓地等。

表 1-5　消費品的分類

產品分類	便利品（Convience Goods）	選購品（Shopping Goods）	特殊品（Special Goods）	忽略品（Unsought Goods）
占營收比率	30%	60%	9.9%	0.1%
消費急迫性	高	中	低	低
產品同質性	高	高、中	中、低	–
品牌偏好	低	中	—	–
價格	低（100 元以下）	中	高	–

表 1-6　不同消費品的販售點與對應的常用產品

<table>
<tr><th colspan="3">產品分類</th><th>便利品
（Convience Goods）</th><th>選購品
（Shopping Goods）</th><th>特殊品
（Speciality Goods）</th></tr>
<tr><td rowspan="2">主要販售商店</td><td colspan="2">綜合零售業</td><td>便利商店</td><td>超市、量販店</td><td>百貨公司</td></tr>
<tr><td colspan="2">專業零售業</td><td>街面店</td><td>郊區店</td><td>精品店</td></tr>
<tr><td rowspan="4">食</td><td rowspan="2">食物</td><td>生鮮</td><td></td><td>✓</td><td></td></tr>
<tr><td>熟食</td><td>✓</td><td></td><td></td></tr>
<tr><td rowspan="2">飲料</td><td>酒</td><td>✓</td><td>✓</td><td></td></tr>
<tr><td>酒以外</td><td>✓</td><td>✓</td><td></td></tr>
<tr><td rowspan="4">衣</td><td colspan="2">衣</td><td>✓</td><td>✓</td><td>✓</td></tr>
<tr><td colspan="2">鞋</td><td>✓</td><td>✓</td><td>✓</td></tr>
<tr><td colspan="2">服飾</td><td></td><td></td><td>✓</td></tr>
<tr><td colspan="2">化妝品</td><td>街邊店</td><td></td><td>✓</td></tr>
<tr><td rowspan="2">住</td><td colspan="2">家電</td><td>✓小家電</td><td>✓大家電</td><td></td></tr>
<tr><td colspan="2">家具</td><td></td><td>✓</td><td>✓</td></tr>
<tr><td rowspan="4">行</td><td rowspan="2">通訊</td><td>手機配件</td><td></td><td></td><td></td></tr>
<tr><td>手機</td><td>✓</td><td>✓</td><td></td></tr>
<tr><td rowspan="2">交通</td><td>加油</td><td>✓</td><td>✓</td><td></td></tr>
<tr><td>汽機車</td><td></td><td></td><td></td></tr>
<tr><td colspan="3">育</td><td>文具</td><td>書</td><td>個人電腦</td></tr>
<tr><td colspan="3">樂</td><td>–</td><td>電影、CD</td><td></td></tr>
</table>

1-7　批發及零售業產業分析：聯合國國際行業標準分類

在討論各行各業的產值、營收時，各國政府的公務統計皆依據聯合國 1948 年起頒布的國際行業標準分類（每個行業 4 位數），如此才利於全球國家所得統計、國際貿易報關統計等。表 1-7 是聯合國、臺灣、中國大陸的行業分類辦法。

表 1-7　美中臺的產業 / 行業分類

時	1948 年	1967 年	1984 年
地	美國紐約市	臺灣臺北市	北京市
人	聯合國（社經理事會）統計處	行政院主計總處	國家統計局，核准單位有二：質量監督檢驗檢疫總局、標竿化管理委員會
事	國際行業標準分類（International Standard Industrial Classication，ISIC） 2008 年 4 月修正	1. 行業統計分類（之前名稱行業標準分類） 2. （臺灣）行業標準分類跟聯合國國際行業標準分類對照表，15 頁 每 5 年修訂一次，最近 2015 年，以進行工業與服務業普查	1. 三次產業劃分規定 2. 母法：國民經濟行業分類 約每 10 年修訂一次，最近是 2017 年 10 月
資料來源	聯合國統計處 Industry Classification	行政院主計總處，行業統計分類，111 頁，2021 年版	國家統計局，國民經濟行業分類

一、臺灣的分類辦法

1. 四級：除英文字母的大類外，剩餘三級分類的代碼組成共四位數的行業代碼。
2. 大類 19 個：英文字母 A 到 S，其中 G 大類爲批發零售業。
3. 中類 88 個：4 位數的前 2 位，像批發零售業的中類代碼爲 45 ～ 48。
4. 小類 449 個：4 位數的第 3 位數。
5. 細類 522 個：4 位數的第 4 位數，尾數爲 9 代表其他類。

二、臺灣的批發零售業的各類行業代碼

詳見表 1-8。

表 1-8　批發及零售業的中、小、細類行業代碼

大類	中類	小類	細類
批發	45 綜合批發類	451 商品批發經紀業	4510 商品批發經紀業
		452 綜合商品批發業	4520 綜合商品批發業
		453 農產原料及活動物批發業	4531 穀類及豆類批發業、4532 花卉批發業、4533 活動物批發業、4539 其他農產原料批發業
		454 食品、飲料及菸草製品批發業	4541 蔬果批發業、4542 肉品批發業、4543 水產品批發業、4544 冷凍調理食品批發業、4545 乳製品、蛋及食用油脂批發業、4546 菸酒批發業、4547 非酒精飲料批發業、4548 咖啡、茶葉及辛香料批發業、4549 其他食品批發業
		455 布疋及服飾品批發業	4551 布疋批發業、4552 服裝及其配件批發業、4553 鞋類批發業、4559 其他服飾品批發業
		456 家用器具及用品批發業	4561 家用電器批發業、4562 家具批發業、4563 家飾品批發業、4564 家用攝影器材及光學產品批發業、4565 鐘錶及眼鏡批發業、4566 珠寶及貴金屬製品批發業、4567 清潔用品批發業、4569 其他家用器具及用品批發業
		457 藥品、醫療用品及化粧品批發業	4571 藥品及醫療用品批發業、4572 化粧品批發業
		458 文教育樂用品批發業	4581 書籍及文具批發業、4582 運動用品及器材批發業、4583 玩具及娛樂用品批發業
批發	46 專業批發類	461 建材批發業	4611 木製建材批發業、4612 磚瓦、砂石、水泥及其製品批發業、4613 瓷磚、貼面石材及衛浴設備批發業、4614 漆料及塗料批發業、4615 金屬建材批發業、4619 其他建材批發業
		462 化學原材料及其製品批發業	4620 化學原材料及其製品批發業
		463 燃料及相關產品批發業	4631 液體、氣體燃料及相關產品批發業、4639 其他燃料批發業
		464 機械器具批發業	4641 電腦及其週邊設備、軟體批發業、4642 電子、通訊設備及其零組件批發業、4643 農用及工業用機械設備批發業、4644 辦公用機械器具批發業、4649 其他機械器具批發業

大類	中類	小類	細類
批發	46 專業批發類	465 汽機車及其零配件、用品批發業	4651 汽車批發業、4652 機車批發業、4653 汽機車零配件及用品批發業
		469 其他專賣批發業	4691 回收物料批發業、4699 未分類其他專賣批發業
零售	47 綜合零售類	471 綜合商品零售業	4711 連鎖便利商店、4712 百貨公司、4713 其他綜合商品零售業
		472 食品、飲料及菸草製品零售業	4721 蔬果零售業、4722 肉品零售業、4723 水產品零售業、4729 其他食品、飲料及菸草製品零售業
		473 布疋及服飾品零售業	4731 布疋零售業、4732 服裝及其配件零售業、4733 鞋類零售業、4739 其他服飾品零售業
		474 家用器具及用品零售業	4741 家用電器零售業、4742 家具零售業、4743 家飾品零售業、4744 鐘錶及眼鏡零售業、4745 珠寶及貴金屬製品零售業、4749 其他家用器具及用品零售業
		475 藥品、醫療用品及化粧品零售業	4751 藥品及醫療用品零售業、4752 化粧品零售業
		476 文教育樂用品零售業	4761 書籍及文具零售業、4762 運動用品及器材零售業、4763 玩具及娛樂用品零售業、4764 影音光碟零售業
	48 專業零售類	481 建材零售業	4810 建材零售業
		482 燃料及相關產品零售業	4821 加油及加氣站、4829 其他燃料及相關產品零售業
		483 資訊及通訊設備零售業	4831 電腦及其週邊設備、軟體零售業、4832 通訊設備零售業、4833 視聽設備零售業
		484 汽機車及其零配件、用品零售業	4841 汽車零售業、4842 機車零售業、4843 汽機車零配件及用品零售業
		485 其他專賣零售業	4851 花卉零售業、4852 其他全新商品零售業、4853 中古商品零售業
		486 零售攤販	4861 食品、飲料及菸草製品之零售攤販、4862 紡織品、服裝及鞋類之零售攤販、4863 其他零售攤販
		487 其他非店面零售業	4871 電子購物及郵購業、4872 直銷業、4879 未分類其他非店面零售業

1-8 批發及零售業營收

國際貨幣基金組織預估全球聯合國會員國（193 國）2023 年總產值 105.57 兆美元，其中美國 26.85 兆美元、中國大陸 19.37 兆美元，合計占全球總產值 43.8%，合稱兩大國（Great Two, G2），或全球經濟雙引擎。

一、全景：批發 vs. 零售業營收

1. 金額：12 兆元比 4 兆元。
2. 比率：3 比 1，或 75% 比 25%。

二、近景一：批發業

批發業營收分三個角度分。.

1. 金額：2021 年 12.16 兆元成長到 2022 年 12.7 兆元。
2. 成長率：2011 ～ 2022 年平均成長率 2.49%，是經濟成長率 2.94% 的 84.7%。
3. 分類：依產品五類區分爲綜合批發（45）（Wholesales of General Merchandise）與專業批發（46）兩大類。

三、近景二：零售業

1. 金額：2021 年 3.9855 兆元，2022 年 4.2815 兆元。
2. 成長率：2011 ～ 2022 年平均成長率 2.25%，只有人均總產值平均成長率 5.065% 的 44%，主因是新冠肺炎疫情造成軟封城（三級警戒），人們減少出外消費。
3. 兩分類

   依產品五類區分爲綜合商品零售業（47）（Retail Sale in Non-Specialized Store）、專業商品零售業（48）（Retail Sale of 某某產品 in Specialized Stores）兩大類。

4. 零售業營收粗分兩種

(1) 全部：2021 年 3.9855 兆元、2022 年 4.2815 兆元。

(2) 不含汽機車：2021 年 3.3249 兆元到 2022 年 3.5995 兆元。

在統計表 1-9 中可看出，2022 年汽機車業（484）營收 0.682 兆元，零售業營收 4.2815 兆元，一減便得到不含汽機車零售營收 3.5995 兆元。

表 1-9　2022 年批發及零售業營收　單位：億元

小計	批發 127,012		零售 42,815	
	綜合（45）	專業（46）	綜合（47）	專業（48）
食	（452）3,055 （454）12,872	（462）6,213	（4711）便利商店 3,821 超市 2,548 （4712）量販 2,491 （4713）百貨公司 3,946 （472）2,999	－
衣	（455）3,787	－	（473）3,494	－
住	（456）6,889	（461）14,498	（474）1,970	－
行	－	（464）55,057 （465）8,360	－	（484）6,820 （482）2,732
育	（457）8,264 （458）2,221	－	（475）2,146	－
樂	－	－	－	（483）2,736
其他	5,796	－	1,236	（487）4,062 （其他）1,814
小計	42,884	84,128	24,651	18,164

1-9　零售業的分類 I：依經營方式

零售業還有許多分類方式，斷簡殘篇不足以成文章，本書以行銷策略作架構，幾乎能「周延盡舉」，這就是「有系統」、「有架構」的「以簡御繁」。

一、商店的英文、中文

1. 英文

(1) 大店 Store：例如百貨公司（Department Store）。

(2) 小店 Shop：例如雜貨店（Grocery Shop）。

2. 中文

(1) 常用商店或「店」

(2) 本書較不使用「門市」，主要是「門」、「市」指的是市場。

二、依行銷策略區分

1. 依「80：20」原則

其中「80%」的部分再依「80：20」原則細分「64：16」。

2. 三分法

常見（占營收 64%）、少見（占營收 16%）、少見（占營收 20% 以下）。

三、行銷定位

以市場區隔與定位。

1. 地理

2. 人文變數

- 性別：全家、個人商品店，個人商品店中常見的是女性用品專賣店（Women's Merchandise Store），典型的便是藥妝店（Pharmacy）。
- 種族：不同種族用品專賣店

四、行銷組合：以第 1P 產品策略為例

1. 產品新舊

全新商品占 64%、新但過季的服飾在暢貨中心（Outlet）銷售。至於舊產品在二手商品店（Used Goods Store）銷售，店少，不成氣候；唯一例外的汽車：2023 年臺灣新車預估銷量 46 萬輛，中古車銷量 70 萬輛，約是新車的 1.52 倍。

2. 店員服務

區分有店員服務與自助購物商店（Self-Service Shopping Store），後者又區分出有收銀人員商店、無收銀人員商店（Cashierless Store）。

表 1-10　由行銷策略把商店分類

<table>
<tr><th colspan="3">行銷策略</th><th>占 20%</th><th>占 16%</th><th>占 64%</th></tr>
<tr><td rowspan="8">市場區隔與定位</td><td colspan="2">地理</td><td>—</td><td>—</td><td>—</td></tr>
<tr><td rowspan="5">人文</td><td>性別</td><td>女性用品專賣店</td><td>—</td><td>全家庭</td></tr>
<tr><td>年齡</td><td>嬰幼兒商品專賣店</td><td>銀髮族商品專賣店、少女配件</td><td>不分年齡</td></tr>
<tr><td>種族</td><td>東南亞商店專賣店</td><td>—</td><td>—</td></tr>
<tr><td>所得</td><td>—</td><td>—</td><td>—</td></tr>
<tr><td>其他</td><td>—</td><td>—</td><td>—</td></tr>
<tr><td colspan="2">心理</td><td>—</td><td>—</td><td>—</td></tr>
<tr><td colspan="2">行為</td><td>—</td><td>—</td><td>—</td></tr>
<tr><td rowspan="11">行銷組合</td><td colspan="2">行銷組合</td><td>特殊品</td><td>便利品</td><td>選購商品</td></tr>
<tr><td rowspan="4">產品</td><td>產品廣度</td><td>—</td><td>—</td><td>—</td></tr>
<tr><td>產品新舊</td><td>舊產品</td><td>新產品，但過季</td><td>新產品</td></tr>
<tr><td>以百貨公司為例</td><td>二手商品店、古董店（Antique Shop）</td><td>暢貨中心（Outlet）</td><td>百貨公司（department store）</td></tr>
<tr><td>店員服務</td><td>無收銀人員商店（Cashierless Store）</td><td>店員服務商店（主要是百貨公司）</td><td>自助購物商店（Self-Service Shopping Store）</td></tr>
<tr><td>定價</td><td>價格水準</td><td>溢價（Premium）：百貨公司、精品店</td><td>折價（Discount）：超市、量販店、美國 1 美元店、日本 100 日圓店（大創）、臺灣十元商店</td><td>平價（Regular）
1. 便利商店
2. 其他</td></tr>
<tr><td rowspan="2">促銷</td><td>會員制</td><td>付費會員制</td><td>零會費會員制</td><td>無會員制</td></tr>
<tr><td>顧客關係管理</td><td>量販店（好市多、山姆俱樂部）</td><td>量販店（家樂福、大潤發）</td><td>—</td></tr>
<tr><td rowspan="3">實體配置</td><td>商店實體</td><td>—</td><td>無店鋪販售（網路商店、電視購物、直銷）</td><td>實體商店（Bricks & Motar）</td></tr>
<tr><td>得來速</td><td>—</td><td>有得來速</td><td>無得來速</td></tr>
<tr><td>外送</td><td>—</td><td>有外送</td><td>無外送</td></tr>
</table>

五、全球 10 大零售公司

詳見表 1-11。

表 1-11　2022 年全球十大零售公司　　單位：億美元

排名	國 / 地	公司	英文	總營收	年度	行業
1	美	沃爾瑪	Walmart	6,110	2022.2～2023.1	超市 / 百貨
2	美	亞馬遜	Amazon	5,130	2022 年度	零售型電子商務
3	美	CVS	CVS	3,220	2022 年度	醫療保健等
4	美	好事多	Costco	2,310	2022 年度	量販
5	美	家得寶	Home Deport	1,570	2022 年度	家居
6	德	施瓦慈	Schwarz 控股	1,530	2022 年度	超市，Lidl、Kaufland
7	美	克羅格	Kroger	1,460	2022 年度	超市
8	中	京東	JD.com	1,440	-	零售型電商
9	美	沃爾格林	Walgreens	1,320	2021.9～2022.8	藥房 / 美妝
10	德	奧樂齊	Adi	1,200	2022 年度	超市
11	美	目標	Target	1,090	2022.2～2023.1	超市 / 百貨

資料來源：整理自 Yahoo Finance，20 Largest retailers in the world，2023 年 3 月 15 日。

1-10　零售業的分類 II：綜合零售業四中類

如何把零售業依店營業面積、產品價位高低來分類，本書以圖方式呈現。

一、X 軸：大分類，依品類、營業面積

1. 綜合零售業，五個品類以上，30 坪以上。
2. 專業零售業，四個品類以下，30 坪以下。

二、Y 軸：以產品價位

以服裝來分，很容易了解。

1. 平價（Regular Price Store）

以瑞典 H&M、日本迅銷公司（Fast Retailing Co.）旗下的優衣庫、極優（GU）等。

2. 溢價（Premium Store）

像精品服裝店中法國香奈兒（Channel）、路易威登（LV）、古馳（Cucci）等都是。

3. 折價商店（Discount Store）

像香港服飾品牌漢登（Hang Ten）等都是。

三、綜合來看

從銷售產品品類五種來區分

- 綜合零售業，五類以上
- 專業零售業，四類以下

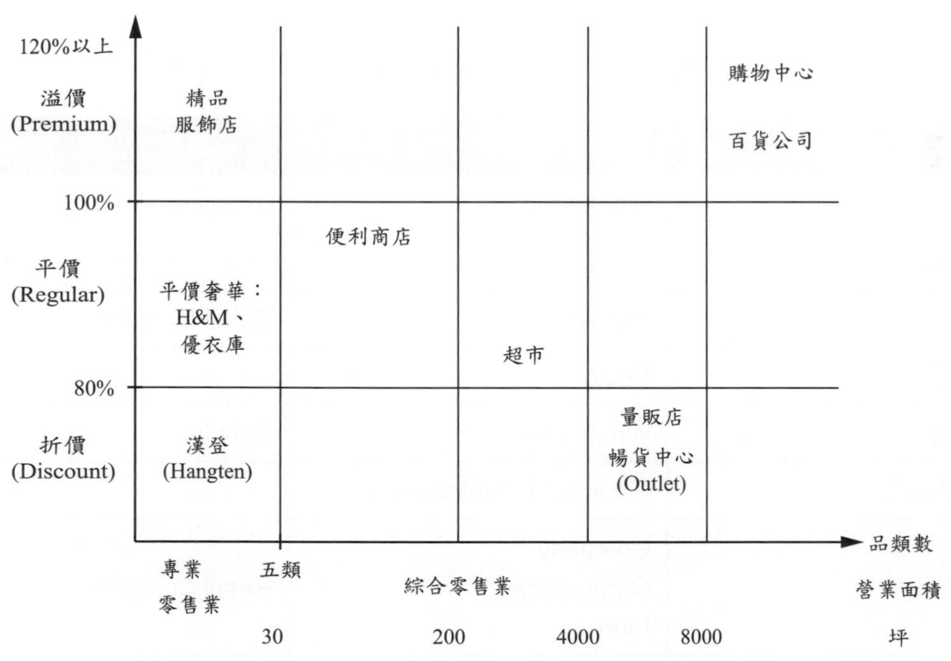

圖 1-2　零售業分類—以服裝店為例

1-11 批發、零售業組織型態

零售業經營的商業組織（Business Organization）型態，在本單元說明。

一、批發業

1. 經營型態

(1) 代理（Agent）：常見的是外國公司在國內「總代理」。

(2) 經紀（Broker）：不賺差價，只賺佣金。

2. 行業代碼

(1) 農業：453、454。

(2) 工業：衣（455、457）、住（456、461）、育（458）、行（油 463、465）。

二、零售業

由表 1-12 第三欄可見零售業經營方式。

表 1-12　批發及零售英文、中文

語文	批發（大、中盤）Wholesale	零售（小盤）Retail
又稱	Wholesaling	Retailing
一、行業	–	–
常用	Industry	Retail Industry
少用	Sector	–
二、組織	Wholesaler	Retailer
1. 商業組織	Business Establishment	–
2. 公司	Company Corporation Firm	Retail Company
3. 商號	–	Small Business
三、店	–	–
1. 大店	Store	百貨公司 Department Store
2. 小店	Shop	雜貨店 Grocery Store

三、商業組織型態

由表 1-13 第一欄可見，商業組織（Business Organization）可分為三類。

1. 全景：商業組織分類

(1) 民法。

(2) 商業登記法。

2. 近景：公司法

3. 商業組織結構

許多書（文章）、律師、會計師會講一堆那種商業組織型態的定義和適用時機，實務上卻很簡單，由表 1-14 第四欄可見，獨資占 53.38%、公司中的有限公司占 33.34%，合計占 86.72%。在零售業，一半以上都是獨資經營的小商號（Small Business），大部分由父親、母親經營，俗稱爸爸媽媽店（Mom and Dad Shop）。

表 1-13　2023 年 4 月臺灣商業組織結構

股東人數	家數	%
0 合計	1,707,041	100
一、公司	不含外資公司約 5,700 家	–
（一）無限	–	–
1. 無限	6	–
2. 兩和	5	–
（二）有限（Ltd.）	–	–
1. 有限公司（LLC）	569,195	33.34
2. 股份有限公司	183,668	10.76
(1) 公開性（Corporation）	178,820	–
(2) 閉鎖性	4,848	–
二、合夥	–	–
（一）有限合夥（Limited Partnership）	139	–
（二）合夥（Partnership）	42,802	2.51
三、獨資（Sole Proprietorship）	911,226	53.38

資料來源：整理自經濟部商業司，各類商業組織別登記月統計報表、公司登記統計。2009 年 4 月廢除公司最低資本額；詳見商業登記法。

一、選擇題

(　) 1. 零售業最主要的功能是 (A) 貨暢其流 (B) 地盡其用 (C) 人盡其才

(　) 2. 批發零售業在三級產業中屬於哪一級？ (A) 農業 (B) 工業 (C) 服務業

(　) 3. 一般來說，零售業在成本屬性上屬於 (A) 資本密集 (B) 勞力密集 (C) 知識密集

(　) 4. 美國的第一家大學大約何時設立零售系？ (A) 1907 年 (B) 1957 年 (C) 2007 年

(　) 5. 一般來說，零售、流通管理系屬於哪個學院？ (A) 管理學院 (B) 工學院 (C) 商學院

(　) 6. 汽車是消費品中的 (A) 非耐久品 (B) 半耐久品 (C) 耐久品

(　) 7. 在臺灣，零售型電子商務業在服務業中屬於 (A) 批發業 (B) 綜合零售業 (C) 專業零售業

(　) 8. 以便利商店一瓶 600c.c. 寶礦力 30 元來說，量販店售價大約會落在 (A) 25 元 (B) 30 元 (C) 40 元

(　) 9. 街邊的統一超商店面占地大約幾坪？ (A) 22 坪 (B) 32 坪 (C) 52 坪

(　)10. 臺灣大部分零售商店的商業組織型態爲何？ (A) 獨資（小商號） (B) 合夥 (C) 公司

二、問答題

1. 爲什麼品牌公司不直接設店銷售？爲何絕大部分汽車品牌公司都直接銷售？
2. 零售業的存在是剝削小供貨公司、消費者嗎？
3. 請分析美中臺零售業中的比率、成長率。
4. 有收會員費的商店少之又少（那全球大型的像好市多、山姆俱樂部），爲何消費者願意繳年費呢？
5. 零售型電子商務最大賣點有哪些？

Note

Chapter

02

零售業 SWOT 分析：機會威脅分析

2-1 零售業 SWOT 分析、行銷環境

2-2 美中臺總體環境分析：商機威脅分析

2-3 總體環境之二「經濟／人口」對消費的影響

2-4 家庭所得、消費與儲蓄資料來源

2-5 總體環境之二「經濟／人口」對消費結構影響

2-6 臺灣的批發業

2-7 以總體環境之二「經濟／人口」解讀臺灣零售業

2-8 零售業各類商品營收、結構

2-9 總體環境之二「經濟／人口」對零售業影響

2-10 臺灣人口、年齡結構預測

2-11 總體環境之二「經濟／人口」三化之單身商機

2-12 日、臺便利商店迎接老年化商機

2022 年 3 月一則旅遊節目，主持人在夜市中訪問一位行人，他說來逛夜市，主要是觀察什麼東西好賣，他再決定跟上。許多食物烹煮方式，二、三天便能上市，重點是要跟得上流行，那麼開店更是需要看清大勢。

2-1 零售業 SWOT 分析、行銷環境

經營零售業，大至全球企業的全球一哥美國沃爾瑪（Wal-Mart）公司，小至臺灣臺北市東區的攤販，都必須知道大環境趨勢，即主力客群是誰、流行商品是什麼。

一、贏在策略，店面管理在店內學即可

很多零售業管理教科書，內容層級都停留在商店店長（Store Manager）角度，談貨架商品陳列、進銷存電腦系統操作。這就如同財務金融系大二貨幣銀行學、金融機構管理課程，上課教學生如何用數鈔機數鈔，或 ATM 如何補鈔，這到銀行工作後，二小時後便會了。

本書《零售業管理》的重點在於羅馬詩人弗拉庫斯（Quintus H. Flaccus，-65 ～ -8）所說的：「好的開始，就是成功的一半」。

二、經濟學、會計學是企業管理的知識源頭

1908 年，美國第一家大學商學院哈佛大學商學院成立，會發現絕大部分師資都是經濟學、會計學博士，少數是心理學、社會學博士，這很自然。

從表 2-1 可見，企管、行銷學類中的 SWOT 分析、行銷環境分析，源頭都來自於經濟學，經濟學比較集大成的代表書首推第二欄馬歇爾《經濟學原理》書。

三、全景：04 領域商業、管理及法律

1. 0413 管理及行政學類中細學類管理中的策略管理
2. 0414 國際貿易、市場行銷及廣告學類中的市場行銷

由表 2-1 第四欄可見，1967 年阿吉拉（Francis J. Aquiliar，1932 ～ 2013）教授在《商業環境偵察》中提出 PEST 分析第一版，隨後其他學者逐步優化，其中總體環境部分分成四大類、八小類，其中「科技 / 環境」中的「環境」是伍忠賢（2021）所加。

表 2-1　經濟、企管中對總體、個體經濟分析

時	1890 年	1952 年	1967 年
地	英國劍橋市	美國馬里蘭州貝塞斯達市	美國麻州劍橋市
人	阿爾弗雷德．馬歇爾（Alfred Marshall, 1842～1924）	洛克希德公司發展企劃部	法蘭西斯 J. 阿吉拉（FrancisJ. Aquilar, 1932～2013）
事	《經濟學原理》一書，可說是個體經濟集大成	其中之一 Robert F. Steward，可說是 SWOT 分析第一版	在《商業環境偵察》（Scanning the Business Environment）書中提出 PEST 分析第一版
領域	03 社會科學	04 商業、管理及法律	同左
學門	031 社會科學	041 商業及管理	同左
學類	0311 經濟學	0413 管理及行政	0414 國際貿易、市場行銷及廣告
	0. 經濟學（Economics） 一、總體經濟（Macro-Economics） 二、個體經濟（Micro-Economics） （一）產業分析（Industrial Analysis） 1. 市場結構（Market Structure）	0. SWOT 分析（SWOT Analysis） 一、機會威脅分析（Opportunity / Threat Analysis, OT Analysis） 二、優勢劣勢分析（Strength / Weakness Analysis, SW Analysis） （一）五力分析（Five Force Analysis）	0. 行銷環境（Marketing Environment） 一、總體環境（Macro-Environment） （一）政治 / 法律 （二）經濟 / 人口 （三）社會 / 文化 （四）科技 / 環境 二、個體環境（Micro-Environment）

2-2 美中臺總體環境分析：商機威脅分析

企管學者發展出一些分析「大勢所趨」的方法，常見的是 SWOT 分析，本章著重在機會 / 威脅分析（Opportunity/threat analysis），也就是行銷管理當中的總體環境分析。

一、SWOT 分析中的商機威脅分析

1. 商機：總體環境之一、二、三

(1) 政治／法律：政治中的政策、法律會對各行各業有開放「自由化、民營化」或緊縮（保護消費者）不同方向。

(2) 經濟／人口：這是消費的「購買力」，經濟佳、人均所得提高，買的商品會更好（單價高）甚至更多。人口多，消費的「量」也會增加。

(3) 社會／文化：這主要反映消費者的偏好（例如愛用國貨）、流行潮流。

2. 威脅：總體環境之四「科技／環境」

「科技」的影響主要反映在替代品，例如網路影片網飛（Netflix）的興趣，把影帶出租業打垮，全球（至少全美）影帶出租業霸主百視達（Blockbuster）2010 年 9 月 23 日宣布破產。

二、總體環境量表

由於總體環境四大類、八中類項目中有些往有利、有時往不利方向發展，總的來說，對行業、公司是「利大於弊」呢？爲了回答這問題，伍忠賢（2022）開發了總體環境量表（Macro Enviorment Scale）。

1. 以採購經理信心指數爲準

採購經理信心指數 0 ～ 100 分，以 50 分表示「沒變化」，由表 2-2 第五欄可見，把 2023 年視同基期年，10 項每項皆 5 分，2025 年往有利發展項目會得 6、7 分；往不利方向則得 3、4 分。

2. 四大類、八大類，細分 10 小類

由表 2-2 可見，把「經濟／人口」中「人口」拆成「人口數」、「年齡結構」兩項，把「科技／環境」中，環境拆成「氣候」、「新冠肺炎」兩小項，總計 10 個項目。

三、美中臺比較

1. 美國 53 分

- 有利因素：經濟成長率較高，汽車晶片荒 2023 年解決，汽車等正常生產。
- 不利因素：2023 年「黑天鵝」、「灰犀牛」，主要是聯準會升息、地區銀行倒閉潮。

2. 中國大陸 53 分

- 有利因素：2019 ～ 2022 年中美貿易衝突（科技戰等）因素、新冠肺炎疫情「動態清零」程度逐漸緩和，經濟成長率可能達到 5.5%（2022 年 3%、2023 ～ 2031 年預測 4.6%）。
- 不利因素：「黑天鵝」事件每年都有。

3. 臺灣 50 分

由表第六欄可見，臺灣的綜合零售業面臨經營環境正負力量相抵，情況跟 2023 年「持平」，這不是好消息。

- 有利因素：2023 年 5 月全球新冠肺炎疫情結束，商店全開。
- 不利因素：人口數每年減少 3 萬人以上，人口老化速度全球第三。

表 2-2　總體環境量表：美中臺 2025 年綜合零售業比較

大／中／小類		1 分	5 分	10 分	基期年（2023年）	臺灣	中	美
政治／法律	政治	—	—	—	5	5	5	5
	法律	—	—	—	5	5	5	5
經濟／人口	經濟成長率	1%	2.5%	6%	5	5	6	6
	人口數量	—	停滯	—	5	4	5	5
	老年化人口比率	7%	14%	25%	5	4	5	5
社會／文化	社會	—	—	—	5	5	5	5
	文化	—	—	—	5	5	5	5
科技／環境	科技：手機世代	—	—	—	5	6	6	6
	環境：氣候	—	—	—	5	5	5	5
	環境：疾病（新冠肺炎）	—	—	—	5	6	6	6
小計		—	—	—	50	50	53	53

OR 伍忠賢，2022 年 1 月 13 日。

2-3 總體環境之二「經濟 / 人口」對消費的影響

大部分公司的衣食父母都是消費者，尤其是零售業。影響家庭消費的總體環境之二「經濟 / 人口」因素主要如下。

- 經濟：隨著人均所得提高，有能力儲蓄，消費率降低。
- 人口：以人的年齡為例，退休前存老本，消費率低。

一、經濟成長階段對消費率影響

1. 經濟成長五階段

由表 2-3 第一、二列可見，1960 年美國經濟學者羅斯托（Walt W. Rostow, 1916 ～ 2003）《經濟成長的階段》一書，把一國的經濟成長分成五階段，消費率由高（100%）下滑（例如 70%）。

在農業社會階段，所得低，僅夠餬口，消費率可能 100%，到了人均總產值 30,000 美元以上，以 2022 年臺灣來說，消費率 75%，「吃飽」只占所得的 9%。

2. 臺灣的經濟成長五階段

表中第三、四列，1951 年以來，臺灣歷經經濟成長五階段。2020 年消費率 75.5%，這是 2003 年 75.58% 以來新低，這是全球新冠肺炎疫情的影響，因軟性封城，造成人們無法正常消費；另一方面，擔心失業的原因，造成人們縮衣節食。

二、人口中老年人口比率對消費率影響

1. 55 ～ 64 歲存老本階段，消費率低

以一個人 65 歲退休來說，退休前 10 年，由於擔心勞工保險「破產」（預估 2028 年），加上月領退休金普遍偏低（1.8 萬元），許多人會降低消費率，把錢拿去買股票（或股票型基金），存老本。

2. 老年化比率 7% 左右

1993 年，老年人口比率 7%，消費率 69.26%，降到低點。

3. 老年人口比率 14% 起，消費率增

2018 年 3 月，老年人口比率 14%，消費率 78.29%。

表 2-3　臺灣經濟成長階段，老年人口比率對家庭消費影響

經濟成長階段	農業社會	起飛前準備	起飛	成熟	大量消費
人均總產值（美元）	1,200 以下	1,200 ～ 4,000	4,000 ～ 12,000	12,000 ～ 30,000	30,000 以上
時期	1951 ～ 1976 年	1977 ～ 1985 年	1986 ～ 1993 年	1994 ～ 2020	2021 年起
人均總產值（美元）	154 ～ 1,158	1,330 ～ 3,314	4,036 ～ 11,242	12,150 ～ 28,383	32,917
老年人口率（%）	2 ～ 3.64	3.83 ～ 5.06	5.28 ～ 7.1 1993 年 7%	7.38 ～ 16.07 2018 年 14.56%	16.85 ～ 2025 年 20%
家庭消費率（%）	100 ～ 82.3	–	–	0.83 ～ 0.81	0.71 以上
家庭儲蓄率（%）	0 ～ 17.70	20.02 ～ 23.16	24.36 ～ 30.74	17 ～ 19	–

2-4　家庭所得、消費與儲蓄資料來源

本書亮點之一是「給你釣竿」，也就是告訴你資料來源與如何查詢、分析資料，這是學生寫報告、上班族寫企劃案的基本能力。

一、資料來源

有關民間消費金額、結構，有兩個資料來源，由表 2-4 中第二列可見。

1. 國民所得統計

這是 1953 年聯合國國民所得會計制度下，比較像公司損益表，是應計基礎，例如自有房屋的家庭有「房租收入」；在家庭消費支出中，自有房屋家庭也有設算房屋租金支出。

2. 家庭收支調查

來自 900 萬個家庭抽 1.6 萬個家庭的家庭收支調查，一年一次。由於是抽樣調查，會跟母體有差異。

二、金額與比率

1. 金額

可分爲兩種「價格水準」，一是「當期價格」，一是「2016 年（每五年移動一次）基準年」。

2. 比率、結構

比率、結構（百分比）是由數個金額計算出的結果。

三、消費率 vs. 儲蓄率

家庭消費率、儲蓄率（一減消費率）兩種來源。

1. 國民所得統計，較少用

這是因爲 1996 年以來，平均消費傾向在 0.85 上下起伏，指標鈍化，故較少使用。

2. 家庭收支調查，常用

表 2-4 中第六列消費率、儲蓄率資料即來自此。

表 2-4　家庭所得、消費金額與結構

時	每年 10 月	隨時	每年 1 月
人	主計總處 地方統計推展中心	主計總處 綜和統計處	主計總處 綜和統計處
事	家庭收支和家庭收支調查－叁	國民所得統計 《國民所得統計摘要》	《國民所得統計年報》
金額	第 10 表，可支配所得、消費支出及儲蓄	第 17 項「家庭所得、家庭可支配所得及消費傾向」	第三章第 4 表家庭及民間非營利機構之收支
比率	同上	同上	同上
消費率、儲蓄率	－	第 18 項「民間消費結構」	第二章第 6 表民間消費
消費型態	家庭消費出結構按消費型態分	（EXCEL）	指，1981 年起

2-5 總體環境之二「經濟／人口」對消費結構影響

隨著人均總產值的提高，對家庭消費有兩大影響：

1. 消費率降低

當人們所得超過最低生活水準的「吃得飽、穿得暖、有屋住」，便行有餘力，可以存錢投資，以「積穀防飢」（尤其是存老本）。

2. 家庭消費支出結構

商品比率降低，服務比率提高，這是本單元重點。

一、圖示

由圖 2-1 可見，近 10 年間的消費支出結構，2010 年商品比率占 76%，2020 年降到 71%，這對零售業是個壞消息。

民間消費結構資料查詢

步驟一：語音輸入「國民所得統計主計總處」

步驟二：「主計總處統計專區」菜單有 13 項

步驟三：按第 2 項「國民所得為經濟成長」

步驟四：按第 2 項「電子書」

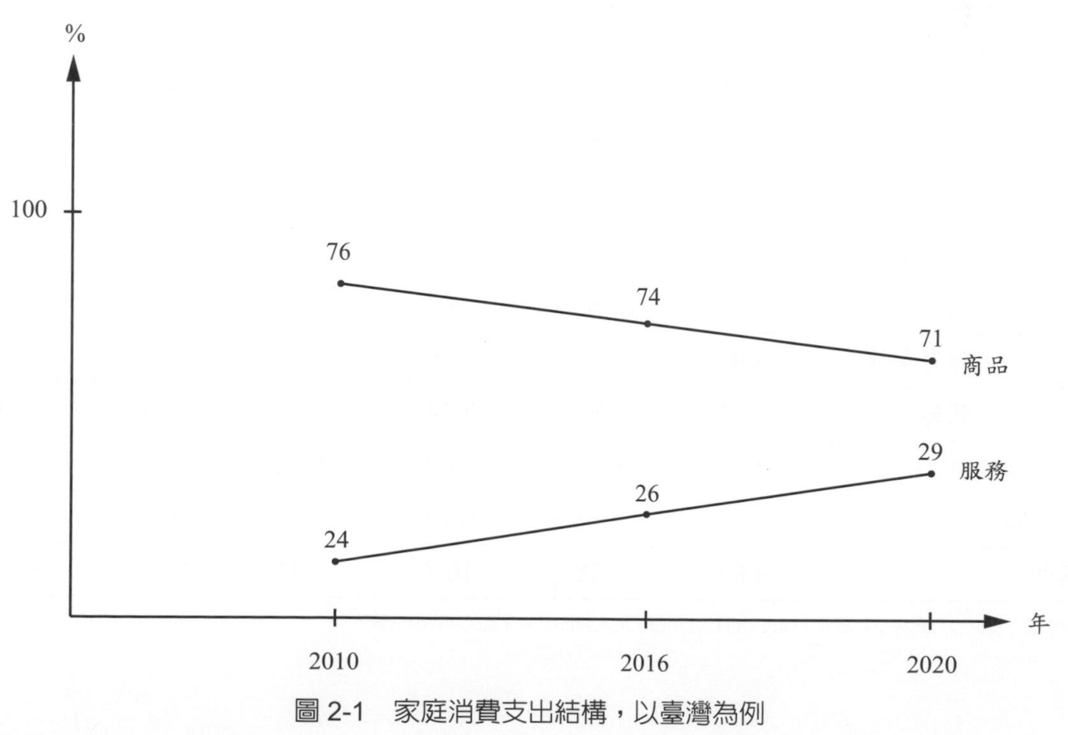

圖 2-1　家庭消費支出結構，以臺灣為例

二、2022 年服務支出占消費支出

由表 2-5 可見，在生活支出「食衣住行育樂」中有四項，偏重「服務」類。

1. 住：房租占約 17.59%

除了實際出租的房租外，主計總處對於自有房屋，也會依租屋行情設算房租支出。由表可見，這個項目一直維持穩定的比例。

2. 行：占 13.29%

包括交通（搭公車、捷運，甚至計程車）10.6% 與通訊（主要是手機月租費）2.69% 兩類。

3. 育：占 7.64%

包括醫療保健 4.33%、教育（學費）3.57% 兩類。

4. 樂：占 6.87%

娛樂消遣（主要是第四台、看電影）。

表 2-5　臺灣家庭消費支出結構　單位：%

年		1981	1990	2000	2010	2020	2022
食	食品	21.17	14.54	12.26	13.26	13.86	14.14
	菸酒	5.6	3.39	2.23	2.54	2.58	2.4
衣		6.1	5.69	5.19	4.52	4.82	5.34
住	＊租金	18.2	18.87	19.98	18.46	17.88	17.59
	家具	4.33	4.06	4.62	4.97	4.98	5.03
行	交通	11.01	16.73	11.61	12.12	10.82	10.6
	通訊	2.31	2.53	4.1	3.85	2.67	2.69
育	醫療保健	3.98	3.44	2.96	4.15	4.31	4.45
	教育	5.2	5.3	5.14	4.62	3.54	3.19
樂（休閒與文化）		4.33	6.13	8.47	8.62	6.93	6.87
餐廳與旅館		2.98	5.55	6.73	7.87	10.09	10.54
其他		14.81	13.78	16.7	15	17.52	17.15

資料來源：整理自行政院主計總處，國民所得統計年報，第八表民間消費及民間實際消費。

2-6 臺灣的批發業

批發業營收很大，但因屬於「企業對企業」經營方式，透過零售公司跟消費者接觸，消費者、媒體記者比較陌生。本單元從三個角度來分析批發業。

一、批發業業務範圍

批發業的業務範圍至少可依兩個方式分類：

1. 依營業區域

(1) 內銷占 65.7%：依國民所得統計中的國內生產總額細分為「中間消費」和「國內生產毛額」（GDP，即總產值、最終產品），其中大抵跟家庭消費有關的「貿易、批發及零售商」占 45.2%。

(2) 出口占 34.3%：主要是「電子零組件」（占批發業營收 31.4%），中國大陸占 21%、美國占 4.1%，東南亞占 4.2%

2. 依產品別

(1) 60 vs. 40 原則：資訊通訊產品及機械器具占 41.8%，電子零組件占 31.4%，其他占 10.4%。

(2) 建築材料占 12.2%，這大類較大。

二、批發業分析

1. 批發業占國內生產總額比率

(1) 2022 年 27.22%。

(2) 趨勢分析：2010 年 27.07%、2022 年 26.3%，2015 年曾降到 25.08%。

2. 零售占批發比率

(1) 2022 年 27.1%。

(2) 趨勢分析：2010 年 29.68% 降到 2022 年 28.4%，但 2015 年曾達 31.41%，差別在於出口金額的變動，2022 年批發業出口金額小幅增加。

表 2-6　臺灣批發、零售業占國民所得比率　　單位：兆元

項目		2010 年	2015 年	2020 年	2022 年
國民所得	(1) 國內生產「總」額 =(2) + (3)	35.35	38.07	40.67	48.28
	(2) 中間消費	21.33	21.05	20.98	25.58
	(3) 國內生產「毛」額（GDP）	14.02	17.02	19.71	22.7
批發業	(4) 批發業	9.57	9.55	10.506	12.7
	(5) 批發業占生產總額比率 = (4) / (1)（%）	27.07	25.08	25.83	26.3
零售業	(6) 零售業（不含汽車）	2.84	3	3.2	3.60
	(7) 零售業占批發業比率 = (6) / (4)（%）	29.68	31.41	30.46	28.4

2-7 以總體環境之二「經濟 / 人口」解讀臺灣零售業

零售業賣的是商品，主要是家庭（即自然人）買走，在進行零售業分析時，必須考量所得（購買力）、人口的影響，本單元以本書目錄之後的表四為基礎來分析。此表第一欄主要是幾個科目的除法，以取代公式；第一列中以 2022 年數字進行趨勢分析，並計算出 12 年變動率（第六欄）。

一、總體經濟之二：經濟 / 人口

1. 總產值（GDP，俗稱國內生產毛額）

(1) 金額：2022 年 22.7 兆元（+4.45%）、2023 年 23.835 兆元（+5%）。

(2) 成長率：2011 ～ 2022 年平均 4.93%，這是（實質）經濟成長率 3.1% 的 1.59 倍。

2. 人口

雖然 2020 年起人口衰退，但 2010 到 2021 年人口平均成長率 0.12%。

3. 人均總產值

(1) 金額：分成以臺幣、美元計價，美元計價是為了國際比較。

(2) 成長率：11 年平均臺幣計價 4.7%，跟總產值成長率相近。美元計價人均總產值成長率 6.5%，高於 4.7%，這是因爲美元兌臺幣匯率貶值。

二、全景：零售業

1. 零售業有兩個金額

(1) 零售業，即有包括（新）汽車機車及其零配件業營收，2022 年 4.28 兆元。

(2) 零售業不含汽機車，2022 年汽機車業營收 0.68 兆元，約占零售業營收 15.88%，比率甚高，爲了避免汽機車營收影響；全球主要國家談零售金額時用「不含汽機車」金額。

2. 零售總產值比率

(1) 零售總產值比率（Retail Sales GDP Rates）：在美國零售金額用 retail trade 這字。

(2) 2010 年 20.2567%，2022 年 15.82%，12 年降了 4.44 個百分點，平均一年降 0.37 個百分點。

3. 零售業所得彈性 0.327

零售業產值平均成長率 2%，人均總產值平均成長率 5.065%，2% 除以 5.065% 等於 0.395，這是零售業所得彈性，即（人均）所得成長 1%，零售業營收成長 0.395%，這對零售業不是好消息。

三、近景：零售業中綜合零售業

零售業分兩大類：綜合零售業（47）、專業零售業（48）。

1. 綜合零售業

(1) 金額：2023 年預估 1.53 兆元；

(2) 成長率：12 年平均成長率 3.54%，比人均總產值 5.065% 低；

(3) 所得彈性：3.54% 除以 5.065%，綜合零售業所得彈性 0.7，即所得成長 1%，綜合零售業成長 0.7%。

2. 比率：綜合零售業占零售業比率

2010 年占 31.17%、2022 年占 39%，即零售業漸由專業零售業向綜合零售業轉型，以強化「一站式購足」（One-Stop Shopping）的產品廣度。

四、近景：專業零售業中零售型電子商務

專業零售業中依有沒有商店二分法，分成「商店」（481～486）、沒有店面（487）。

1. 無店面專業零售業中 76% 是「電子購物及郵購業」

以 2022 年來說，無店面專業零售業營收 4062 億元，其中「電子購物及郵購業」營收 3103 億元。

2. 零售型電子商務＝電子購物及郵購業

電子購物（eletronic shopping, e-shopping）中的電子包括「廣播」、「電視購物頻道」、「零售型電子商務」（retail ecommerce），由於零售型電子商務比重太大（75%），所以乾脆把電子購物及郵購業視同零售型電子商務金額。

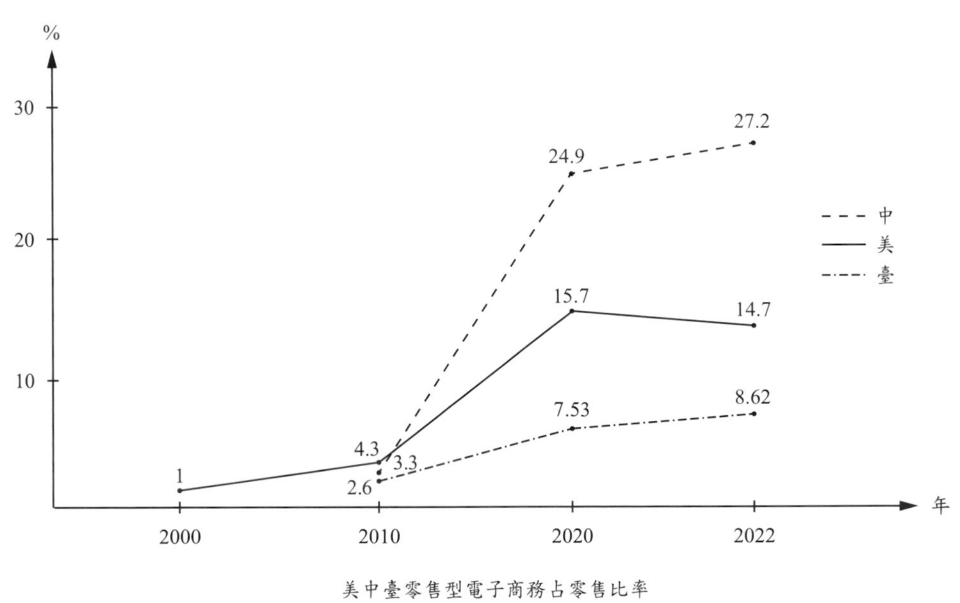

圖 2-2　美中臺零售型電子商務比率

2-8　零售業各類商品營收、結構

一、資料來源

經濟部統計處《批發、零售及餐飲業經營實況調查報告》。

臺灣零售及餐飲業經營實況調查報告

每年 7 月 1 日～ 8 月 31 日，經濟部統計處會從工商普查母體中，分業抽樣 3,800 家公司郵寄問卷進行調查，於 11 月 15 公布調查報告。

二、全景：零售業

零售業依生活項目「食衣住行育樂、餐飲與其他」來分大類，下列兩大類約占 52%。

1. 食占 27.3%：由表 2-7 可見，這分二中類。
2. 行占 25%：其中「汽車機車及零配件」占 16.7%、汽油瓦斯占 6.1%（註：瓦斯偏重「住」），加上「通訊」可能 2%。

三、近景：綜合零售業商品結構

1. 綜合零售業

由表第三欄可見，食占 53.4%，分成二中類。

2. 四大行業

(1) 便利商店業：食物類占 91.9%，這包括二中類，其中「食品」占 30.7%，指的是熟食。

(2) 百貨業：衣飾類占 36.2%，這包括三中類；比較成長快項目是第七類中「餐飲」占 16.7%（2015 年占 8.1%）。

(3) 超市：食物類占 69.7%，跟量販業相近。

(4) 量販業：食物類占 61%，其中「食品」指的是生鮮等，占 53.6%，飲料占 7.4%；住占 20.3%，其中「家庭電器」占 15.6%（2015 年 0.9%）。

四、特寫：專業零售業中零售型電子商務

專業零售業中無店面販售的大行業爲「電子與目錄零售業」，其中 70% 是零售型電子商務，由表第八欄可見其商品結構。食占 23.5%；衣飾占 9.4%，成長較快的是通訊、電腦及週邊，占 25.9%。

表 2-7　零售業與五大業種產品結構（2021 年）

生活項目		零售	綜合	便利商店	百貨	超市	量販	電子商務
營收（億元）		39,855	13,026	3,610	3,541	2,299	2,439	2,854
食	食品	19.3	32.5	30.7	4.7	56.6	53.6	23.5
	飲料	8.0	20.9	61.2	0.1	13.1	7.4	2
衣	衣服飾品	12.3	12.4	0.1	36.2	0.8	4	9.4
住	家具及雜貨	0.6	0.2	–	–	0.8	0.2	0.3
	家庭電器	14	12.2	0.7	20.2	14.7	12.8	18.9

（續）表 2-7　零售業與五大業種產品結構（2021 年）

生活項目			零售	綜合	便利商店	百貨	超市	量販	電子商務
行	交通	汽車機車	16.7	0.2	－	－	－	0.8	0.6
		汽柴油	6.1	0.4	－	－	－	1.7	－
	通訊、電腦及週邊		8.1	2.5	2	3.2	－	4.4	25.9
育	藥品、化妝		0.8	9.4	3	12.4	11.3	10.5	12.5
樂	文教、運動休閒用品		3.8	2.6	1.3	3.8	1.6	2.5	4.6
其他	餐飲		1.9	5.6	－	16.7	1	2.2	－
	其他		1.3	1.1	－	2.7	0.1	0.1	－

資料來源：整理自經濟部統計處，批發、零售與餐飲經營實況調查報告，表 8，2022 年 10 月。

2-9 總體環境之二「經濟／人口」對零售業影響

零售業賣商品，家庭是買方，家庭消費中商品比率越來越低，主因在「食品與非酒類飲料」項目的金額有其上限，即「人只有一個胃，吃飽喝足就夠了」。

一、恩格爾係數：食物支出占支出比率

1. 起源

由小檔案可見，德國政府官員恩爾格根據勞工家庭 1850 年消費支出結構，得到「恩爾格法則」（Engel Law），食物支出占支出比率，稱爲「恩格爾係數」（Engel Coefficient）。

2. 恩格爾係數的人性依據

西元前 91 年，西漢司馬遷在《史記》中「酈生賈陸列傳」的名言：「王者以民人爲本，而民人以食爲天」；1943 年美國心理學者馬斯洛需求五層級中的底層即「生存」，即「吃得飽，穿得暖」中的「吃得飽」。臺語也有一句諺語叫：「吃飯皇帝大」。

恩格爾係數的起源

1857 年，德國薩克森邦（Sachsen 或 Sanony）的統計局長恩格爾（Ernst Engel）針對薩克森邦的勞工，依所得分三層，高所得家庭食物支出占支出比率 50%、中所得 55%、低所得 62%。

二、恩格爾係數跟家庭所得的關係

聯合國糧食農業組織（Food and Agriculture Organization, FAO），把恩格爾係數由高到低分成六階段，詳見表 2-8 最後一列。根據美國農業部資料，2022 年美中臺情況如下：

1. 美國 9%，很富裕，由勞工部勞工統計局消費者支出調查結果。
2. 臺灣 13.86%，富裕，詳見圖 2-3。
3. 2021 年中國大陸 29.8%，第二次低於 30%。2019 年 28.2%，首度進入「富裕」階段，2020 年 30.2%，這是因防止新冠肺炎疫情蔓延而封城，以致勞工大量失業、降薪，所得降低，食物支出金額不變，食物支出占所得比率提高。2022 年約為 21%。

表 2-8　恩格爾係數跟經濟成長階段對映

經濟成長階段	農業	起飛前準備	起飛	邁向成熟	大量消費
俗稱	開發中國家	新興國家	同左	新興工業	工業國家
國家所得高低	貧窮	溫飽	小康	相對富裕	富裕 / 很富裕
國家數	34	約 111 國		10	35
人均所得（美元）	1,200 以下	1,200 ～ 4,000	4,000 ～ 12,000	12,000 ～ 30,000	30,000 以上
恩格爾係數	60% 以上	50 ～ 60%	40 ～ 50%	30 ～ 40%	20 ～ 30% 富裕 20% 以下很富裕

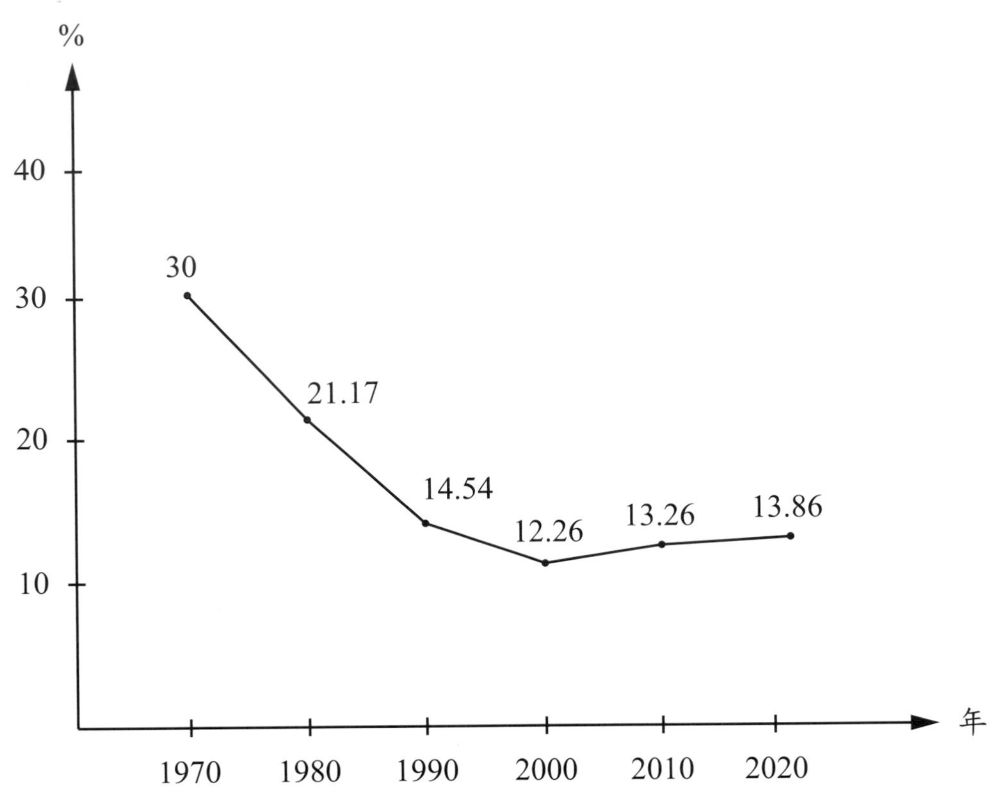

圖 2-3 臺灣歷年恩格爾係數

三、高房價低薪時代下的商品比率降低

在高房價低新時代，有自有房屋者，2022 年第 4 季房貸負擔率 40.25%，高於 30% 的合理水準，還房屋貸款，排擠了其他支出。對於租房屋者來說，可能爲了準備購屋的短期款，也是縮衣節食。高房價對家庭其他消費有排擠效果。

1. 房價所得比與房貸負擔率

內政部不動產資訊平台上的「房價負擔能力統計成果」，可以從中查詢「房價負擔能力指標」。

- 房價所得比：全臺灣 9.61 倍。

2-10　臺灣人口、年齡結構預測

各國人口數、年齡結構皆呈現趨勢，短期有波動（例如 2020 ～ 2021 年新冠肺炎疫情影響移入與死亡、新生兒數目），本單元說明預估臺灣 2070 年人口數目、年齡結構推估主管部會、資料查詢方式和分析。

一、主管部會

1. 主管部會

行政院國家發展委員會下轄四個業務處，其中「人力發展處」可說是中央政府的人力資源政策主管機構。人力發展處下轄 6 個科，其中第二科「人力供需科」，負責人口、人力供需推估及分析。

2. 資料來源：人口與人力供需推估

由底下小檔案，你可以查到 1961 ～ 2070 年人口數（2023 年起為推估）、年齡結構。

臺灣人口、年齡資料查詢方式

搜尋「國家發展委員會人口推估查詢系統」，進入網站點選「常用資料查詢」，點「總人口數」向左滑動，會出現「高中低估計」的「1960～2070」年人口數，點第五項可看見「三階段人口（占總人口比率）」，點第九項可看見「零歲平均餘命」。

二、人口三化之二：少子女化

1. 少子女化原因之一：總生育率全球最低

2021 年 7 月 1 日，美國中央情報局的「全球總生育率」報告、美國智庫「世界人口評論」（World Population Review）數字。

2. 1984 年起，總生育率 2.1

人口數不變（或稱世代平衡）情況是指婦女總生育率（Gross Fertility Rate, GFR）2.1 人，即生育年齡婦女（15 ～ 49 歲）一生生 2.1 位小孩，1984 年 2.06 人，1985 年 1.88 人，2022 年 0.87 人，詳見圖 2-4。

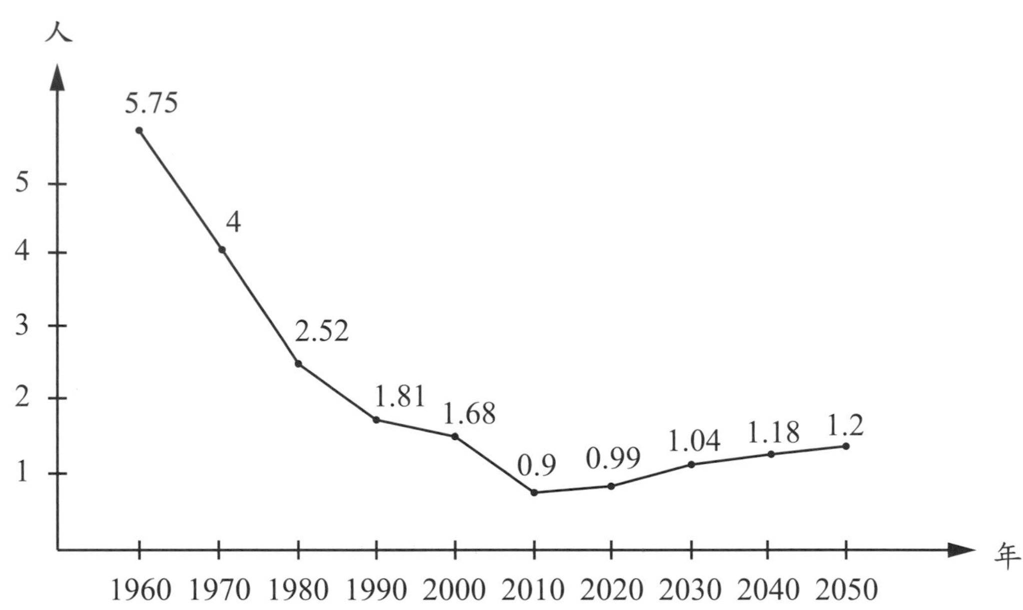

1984年2.06　2043～2070年　皆1.2　2020年後中估計

圖 2-4　臺灣生育年齡（15～49 歲）婦女總生育率

三、人口三化之三：老齡化

1. 老齡化三階段

由表 2-9 可見，三階段老年化時間，中、臺、南韓老年化速度全球數一數二。

表 2-9　臺灣老年化三階段人口年齡結構

項目	1993 年	2018 年	2025 年
中文	高齡化社會	高齡社會	超高齡社會
英文	Aging Society	Aged Society	Super-Aged Society
1. 65 歲以上	7.1%	14.56%（註 2018 年 13 破 14）	20%
2. 15～64 歲	67.75%	72.52%	68.1%
3. 14 歲以下	25.15%	12.92%	11.9%

2. 老年人口比率預估

由表 2-10，你可查到人口數、年齡結構、壽命等。

表 2-10　臺灣人口數、年齡預估

年		2020	2030	2040	2050	2060	2070
人口數（萬人，中估計）		2,356	2,309	2,208	2,043	1,839	1,622
年齡結構（%）	65 歲以上	16.07	24.1	30.6	37.5	41.4	43.6
	15 ～ 64 歲	71.35	65.3	59.9	53.3	49.8	47.8
	14 歲以下	12.58	10.6	9.5	9.2	8.8	8.5
年齡（歲）	平均餘命	81.32	82.84	84.29	85.67	86.89	88.05
	年齡中位數	42.68	48.4	53	56.5	59.4	59.6

註：2021 年起，針對在國外居住 2 年以上未返臺者，除籍約 18 萬人。

2-11　總體環境之二經濟／「人口」三化之單身商機

人口數與人口家庭狀況影響消費型態，以家庭狀況來說，這包括兩項：婚姻狀況（已婚、未婚、未婚包括未婚、離婚、喪偶三種）、家庭規模（指家庭人口數，2,320 萬人、900 萬戶，每戶約 2.6 人）。

一、單身的定義

有關「單身商機」（Solo Economy）的估計，有廣義、狹義兩範圍。

1. 廣義，不論已婚與否

2001 年，日本作家岩下久美子在《一人様》書中，指的是一個人一戶。

2. 狹義：指未婚成年人

2001 年 4 月 13 日，英國電影《BJ 單身日記》（Bridget Jone's Diary），小預算（0.25 億美元）、大票房（2.81 億美元）。2001 年 12 月 21 日 F.T.McCarthy 在《經濟學人》雜誌上，稱爲「單身女性經濟」（Bridget Jones Economy）。以適婚年齡中單身來說，約 300 萬人。

二、資料來源

有關適婚年齡人口結婚率（註：一減結婚率便是單身率），共有兩個資料來源：

1. 原始資料來源

內政部戶政司是原始資料來源，由統計處對外在「內政部統計月報」上，例如圖 2-5 是指「22 ～ 44 歲」。

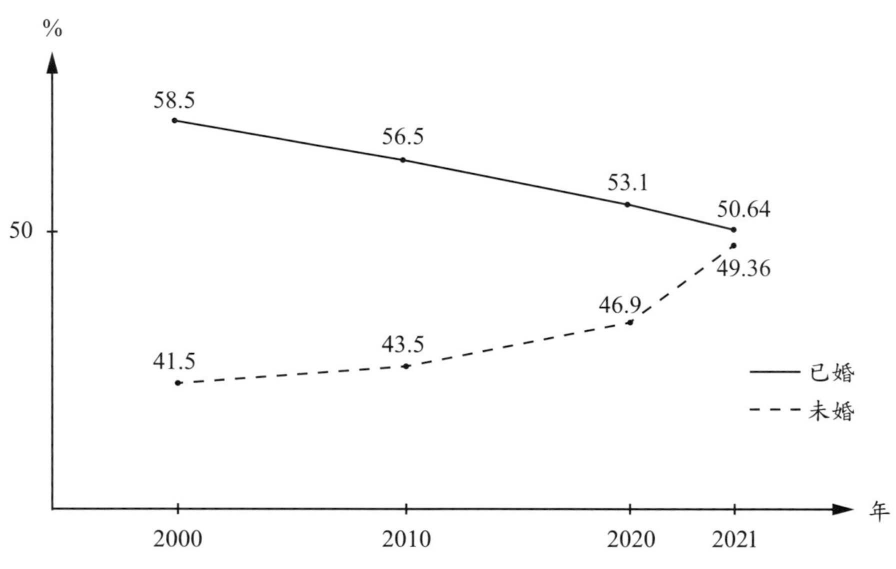

圖 2-5　成年人結婚率

2. 加工資料來源

行政院主計總處的綜合統計處，有兩種公布方式，一是綜合統計處的「國情統計通報」，另一是「人口普查」，例如 25 ～ 44 歲人口結婚率 2000 年 73.2%，2020 年 56.8%，單身 301 萬人。

三、便利商店吃一人商機

由表 2-11 可見，2011 年起，統一超商、全家大幅搶攻單身商機，在產品策略三項「環境、商品、服務」中，最重要的是環境，推出 32 坪以上有座椅、廁所，讓人們可以在店內微波爐加熱後，吃御便當、麵（含牛肉麵）、小火鍋。

表 2-11　2011 年起統一超商和全家搶「一人」商機

<table>
<tr><th colspan="3">產品策略</th><th>統一超商</th><th>全家</th></tr>
<tr><td rowspan="2">環境</td><td colspan="2">店面積</td><td>2011 年起 32 坪以上，2018 年起，擴大 40 坪以上店</td><td>俗稱「座位經濟」</td></tr>
<tr><td colspan="2">座位、廁所</td><td>4 桌以上，占全店數九成以上</td><td>－</td></tr>
<tr><td rowspan="12">商品</td><td colspan="2">整體</td><td>號稱三餐到宵夜；2013 年 3 月起，簡速餐廳（Iselect）</td><td>－</td></tr>
<tr><td rowspan="4">食</td><td>熟食</td><td>沙拉、義大利麵、火鍋；關東煮增加蔬菜類、麻辣味，成為主食</td><td>單身者家裡的廚房
有 20 多家設立「餐點調理區」現作排骨飯、燴飯</td></tr>
<tr><td>現煮咖啡</td><td>咖啡店、手搖飲店</td><td>－</td></tr>
<tr><td>蔬菜</td><td>「即可食」（Read-to-Eat）</td><td>220 公克包裝蔬菜，200 公克肉□類</td></tr>
<tr><td>水果</td><td>香蕉為主，芭樂為輔，甚至水果盤、鳳梨</td><td>同左</td></tr>
<tr><td colspan="2">衣</td><td>涼感衣</td><td>涼感衣、肖像服飾</td></tr>
<tr><td colspan="2">住</td><td>2017 年 9 月起，跟臺灣大旗下洗衣店合作推出「乾洗」，號稱商機 90.4 億元，另 400 家店自助洗衣。</td><td>2019 年 1 月 3 日，在新北市三重區開出第一家「自助洗衣複合店」，12 家店。</td></tr>
<tr><td colspan="2">行</td><td>－</td><td>－</td></tr>
<tr><td colspan="2">育</td><td>2021 年起，在 200 家店設立「寵物」區，有貓狗的食品（乾糧、罐頭、零食）、用品</td><td>少數店有寵物專區</td></tr>
<tr><td colspan="2">樂</td><td>書報雜誌</td><td>同左</td></tr>
<tr><td colspan="2">金融服務</td><td>icash pay、open 錢包</td><td>全支付、全盈支付</td></tr>
<tr><td colspan="2">其他服務</td><td>宅配物流</td><td>同左</td></tr>
</table>

日本全家公司成立成年人研究所

時：2010 年

地：日本東京都港區

人：全家（Family Mart）

事：成立「大人（成年人）」（便利商店）研究所

- 食：研究老人喜愛的口味和包裝
- 衣：開發老人奢侈品
- 住：提供家事外包服務
- 育：成立藥局複合店

2-12 日、臺便利商店迎接老年化商機

全球人口壽命每年延長（2000 年 66.5 歲，2020 年 72.7 歲，2050 年 77 歲），老人商機是全球趨勢，本單元說明零售業中地利之便是最高的便利商店如何迎接老年化商機。

一、政策

1. 2007 年

聯合國旗下世界衛生組織推動「高齡友善城市」（Age-Friendly City），有八大項目。

2. 2010 年

臺灣的衛生福利部國民健康署聯合 22 個縣市政府，推動設立「高齡友善城市推動委員會」。2021 年，《遠見雜誌》以八大項目中四項目，進行市民評分。

二、老人商機

針對銀髮族（65 歲以上，也有人指 50 歲以上）的商機，有廣義、狹義兩種範圍。

1. 廣義：銀髮行業（Elderly Industry）

最明顯的便是指長期照顧商機、安養院等。

2. 狹義：老年人市場（Market of Aging Population）

這是指 65 歲以上，有許多生活項目的調查，例如 2020 年 10 月，資訊工業策進會產業情報研究所的「銀髮住宅需求調查」。

三、便利商店業迎接老年人商機

1. 日本兩大便利商店作法

詳見表 2-12 中第二、三欄。

2. 臺灣的統一超商作法

詳見表 2-12 第四欄。

表 2-12　日本、臺灣的便利商店進軍老年市場

生活面向	日本 2010 年起		臺灣
	7-11	全家	統一超商
	2011 年起	2010 年起	2014 年起
食	提供 T-Meal 服務，滿 500 日圓外送；提供老人用碗筷、食材組合包	「宅配 COOK123」品牌、全家 +「天和鮮物」	「好鄰居送餐隊」、「幾點了」咖啡館等服務
衣	代收洗衣、提供成人紙尿布	全家 + 自助洗衣	–
住	提供家事服務仲介	提供家事服務仲介	–
行	–	–	–
育	提供藥品整理箱	設有社區老人健康中心；店內設藥房加藥師，可以拿慢性處方簽的藥	–
樂	提供運動器材、書法練習書冊、拼圖等	–	–
餐飲與旅館	–	全家 + 吉野家或其他	–
其他	–	行動商店卡車，販賣商品到偏鄉；設立自動販賣機	打造樂齡環境，包括友善設施

一、選擇題

( ) 1. 全球零售業營收第一大公司是 (A) 沃爾瑪 (B) 亞馬遜 (C) 好市多

( ) 2. 美國第一家大學設立商學院是 (A) 麻州理工大學 (B) 哈佛 (C) 耶魯

( ) 3. SWOT 分析由誰先發展？ (A) 華倫．巴菲特 (B) 比爾．蓋茲 (C) Robert F. Steward

( ) 4. 總體環境之四「科技／環境」對行業的影響主要在 (A) 替代品 (B) 增加營收 (C) 降低成本

( ) 5. 採購經理信心指數以多少數值爲正常值？ (A) 0 (B) 50 (C) 100

( ) 6. 美國經濟學者羅斯托的經濟成長五階段的「大量消費階段」，人均所得大約多少？ (A) 300 美元 (B) 3000 美元 (C) 30000 美元

( ) 7. 臺灣 900 萬個家庭大約消費率多少？ (A) 61% (B) 71% (C) 81%

( ) 8. 臺灣的恩格爾係數大約多少？ (A) 10% (B) 20% (C) 30%

( ) 9. 批發業交易的產品爲 (A) 中間品 (B) 最終產品 (C) 二者皆是

( )10. 臺灣 2025 年的老年人人口比率預估會達到多少？ (A) 7% (B) 14% (C) 20%

二、問答題

1. 大一經濟學、人口經濟學跟零售業管理有何相關？
2. 試以伍忠賢（2022）總體環境量表評比美中臺 2025 年的便利商店業或百貨業。
3. 說明老年化比率對消費率的影響。
4. 全聯福利中心迎接老人商機的作法有哪些？
5. 說明高房價對消費者結構的影響。（作表並以 2000、2010、2015、2020 年說明）

Note

Chapter

03

零售業 SWOT 分析：優勢劣勢分析

可衡量才可管理

1980 年以來，地球暖化問題越來越嚴重，影響氣溫、氣候（降水量、降水集中，水包括雨、雪），進而影響植物、動物生存。地球暖化、極端氣候皆可以衡量。同樣的，把「零售行業」當成動物，把「總體環境」當成棲息地，棲息地條件變好，動物生活也會變好。把「個體環境」當成某類行業（本章綜合零售業中便利商店業）、公司（統一超商）的棲息地。

3-1 臺灣綜合零售業總體環境：以便利商店業為例

在分析一個行業的總體環境時，利用伍忠賢（2022）「行業總體環境量表」（Industrial Macro-Environment Scale）跟基期年比較，可以指出「變好」或「變壞」。

一、伍忠賢（2022）總體環境量表

1. 四大類，比重 20、30、30、20%

由表 3-1 第一欄可見，四大類八中類，拆成 10 項，每項 1 ～ 10 分。

2. 基期年 2023 年

基期年每項皆爲 5 分，視爲「標準物」（Numeaire，計價標準）。比基期年好，則得到 6 ～ 10 分；反之，則得到 1 ～ 5 分。基期年滿分 50 分

這是仿照各國（美國是全國採購經理協會，National Association of Purchasing Management, NAPM）「採購經理信心指數」（Purchasing Manager Index，PMI）來編製的量表，以 50 分作爲分水嶺，高於 50 分，視爲「變好」；低於 50 分，視爲「變壞」。

本書特別以 2023 年爲基期年，往後三年的 2025 年作爲「未來」、「下一期」。

二、評分

以表 3-1 來說，2025 年 55 分，比 2023 年 50 分高，零售業情況看好。

1. 政治 / 法律占 20%

政治對行業的影響主要反應在進口關稅、營業稅等上面。

2. 經濟 / 人口占 30%

經濟中的影響主要來自經濟成長率。

人口影響分成兩小項：人口數量（減少，但不多）10 分，人均年齡（或年齡結構）10 分。

3. 社會／文化占 20%

社會影響消費方式有二：一是「以租代替購買」，一是上網購物（廣義上包括叫餐飲外送等服務）。

4. 科技／環境占 30%

科技主要是指上網普及率（尤其是手機），分母可分爲全部人口或 15 歲以上人口。

環境的影響主要有兩小項：

(1) 氣候：極端氣候（主要指高溫天數增加、下雨集中）對零售業有助。

(2) 疾病：以新冠肺炎疫情來說，2022 年 2 月起，歐美許多國家皆解封，臺灣「微解封」，年底「全解封」。

表 3-1 總體環境量表：美中臺 2025 年綜合零售業比較

大／中／小類		1 分	5 分	10 分	基期年（2023 年）	臺灣	中	美
政治／法律（占 20%）	政治	－	－	－	5	5	5	5
	法律	－	－	－	5	5	5	5
經濟／人口（占 30%）	經濟（成長率）	1%	2.5%	6%	5	6	6	6
	人口數量	－	停滯	－	5	5	5	5
	人均年齡（老年化人口比率）	7%	14%	25%	5	6	6	6
社會／文化（占 20%）	社會	－	－	－	5	5	5	5
	文化	－	－	－	5	5	5	5
科技／環境（占 30%）	科技：手機世代	－	－	－	5	6	6	6
	環境：氣候	－	－	－	5	6	6	6
	環境：疾病（新冠肺炎）	－	－	－	5	6	6	6
小計		－	－	－	50	55	55	55

3-2 臺灣綜合零售業個體環境：以統一超商為例

以 1980 年美國麥可．波特的「五力分析」來說，只能逐項分析，有好有壞，看不出整體方向。爲了解決這問題，伍忠賢（2022）標準行業個體環境（Industrial Micro-Environment Scale），本單元以臺灣便利商店業中龍頭統一超商爲主體，舉例說明。

一、伍忠賢（2022）行業個體環境量表

如同單元 3-1 伍忠賢（2022）行業總體環境量表的說明。

1. 擴增版一般均衡架構

表 3-2 第一欄中，把波特的「五力分析」，依據經濟學中「擴增版一般均衡」架構，分成三大類。

2. 比率

(1) 投入：生產因素市場占 20%。

(2) 轉換：占 60%。

(3) 產出：商品市場占 20%。

二、評分：統一超商 47 分

1. 基期年 2023 年。

2. 當期年：2025 年。

3. 幾個項目說明：

(1) 五力之二替代品：主要指超市，尤其是超市市占率 65% 的全聯實業公司，2021 年營收 1,590 億元，2022 年 1,650 億元（扣掉大潤發 250 億元），比統一超商本業（單家營收）的 1,829 億元少。

(2) 五力之五的商品市場，以消費者滿意程度來說，臺灣缺乏美國密西根大學類的消費者滿意程度調查，如果用遠見雜誌《服務業（店員）服務評鑑》，全家便利商店大都領先統一超商。

表 3-2　個體環境量表：便利商店業比較

大／中／小類			1 分	5 分	10 分	基期年（2023 年）	統一超商	對手
生產因素市場	勞工（公會）比率		50% 以上	25%	5% 以上	5	5	–
	資本		未上市	上櫃本益比 20 倍	上市本益比 20 倍	5	5	–
轉換：產業	替代品	功能（產品）	強 2 倍	同	低 0.4 倍	5	4	全聯
		價值	0.8 倍	1.5 倍	2 倍	5	4	–
	本業對手	市場結構	完全競爭	獨占性競爭	獨占	5	5	全家
		市場地位（本公司）	五線	二線	一線	5	5	–
	潛在競爭者	對手財力	5 倍	1 倍	0.1 倍	5	5	無
		產品力與價位	低	同	高	–	5	–
產出：商品市場	批發零售公司		–	–	–	5	5	品牌公司
	消費者：消費者滿意程度（%）		60	70	90	5	4	全家
小計			–	–	–	50	47	–

3-3　便利商店業消費行為

便利商店業是零售業中第二大行業，一個人平均 2.66 天去一次，不出門，看電視等，也會看到便利商店的電視廣告。便利商店是跟人民生活關係最密切的商店；相關電視新聞幾乎天天有。

一、資料來源

由小檔案可見，行政院公平交易委員會每年公布一次便利商店業的消費行爲，媒體記者很喜歡引用，以表 3-4 來說，只有第 2 項「來店人次（億次）」是特有的資料，來自財政部的統一發票開列次數。

便利商店業年度報告

時：每年 8 月 7 日

地：臺灣

人：行政院公平交易委員會

事：每年一次公布「連鎖便利商店產業調查」

對象；5 家 14 加 1，臺糖蜜鄰

支付方式：現金 79%、電子支付 21%（電子票證中悠遊卡，手機支付、信用卡）

1. 初級資料

由表 3-4 可見，便利商店業幾個資料來源，營收來自經濟部統計處、人口數來自內政部。

2. 以 EXCEL 試算表方式呈現

基於教學等多重考量，我喜歡把任何外界圖表以試算表方式呈現，大部分比率等都是兩項相除結果，連計算公式都可以不用背，也不須講解，一看就懂。

二、營收

1. 金額、成長率

(1) 金額：2021 年因 5 月 14 日～ 9 月的新冠肺炎疫情「三級警戒」（半封城），人們減少外出，只有零售型電子商務受益，連便利商店業營收都停滯。

(2) 2011 ～ 2022 年平均成長率 4.03%，這比人均總產值 5.06% 還低，即所得彈性 0.8 倍，「便利商店業」對人民是個正常品，即所得增加 1 個百分點，消費增加 0.8 個百分點。

2. 營收結構

便利商店營收來源分一大（商品販售）一小（服務），服務項目主要是 3 萬元以內的「稅」、「費」代收，由於大都是論件計酬（例如一張單七元），因此手續費收入有限。

由表 3-3 可見，營收結構中商品比率由 94% 提高到 95%。

表 3-3 便利商店業的經營績效

	項目	2010 年	2019 年	2020 年	2022 年	12 年平均
營收	營收（億元）	2,260	3,316	3,610	3,821	5.76%
	來店人次（億）*	30.21	30.64	32.28	–	0.685%（10 年）
	每人每次消費 = (1) / (2)	74.81	108.2	111.83	–	4.95%（10 年）
	公平會數字（元）*	67.62	82.62	84.16	–	–
營收結構	商品	–	–	95.09	–	–
	服務	–	–	4.91	–	–
	期中人口數（億）	0.2341	0.236	0.2356	0.2326	-0.005%
	店數	9,483	11,429	11,985	13,445	3.48%
	每店人口數（人） = (4) / (5)	2,469	2,065	1,966	1,730	-2.49%
	每人每年來店次數 = (2) / (5)	129	130	137	–	0.5%

註：2021 年 7 月後，公平會沒再公布新數字。

三、商店密集程度

1. 地理密集

以「店數除以土地面積」來說明「地理密集」，臺灣土地面積 36,197（簡記 3.6 萬）平方公里，以 2022 年 13,445 家店來說，0.37 平方公里一家店。

2. 人群密集

由表 3-3 第 6 項可見，一家店平均服務 1,730 人，全球第二低，僅次於南韓（1,200 人）、日本（1,137 人）；但這比較沒必要，因臺灣的便利商店都是大店。

3. 都市密集

臺灣人口大都集中在六都，同樣的，便利商店 75% 在六都，雙北店數比率比人口數約高，新北市占 19.5%，臺北市 14.27%。

四、來店次數

表 3-3 第 1 項便利商店 2010 ～ 2022 年平均營收成長率 5.76%，比人均總產值 5.065% 高，主因有二：

1. 來店人次成長率 0.685%

主因之一是便利商店成為網路商店的「取貨點」，這比「宅配」需要在家等物流人員方便，直接在便利商店「取貨」、「付款」。

2. 每人每次消費金額成長率 4.95%

表 3-4 中營收結構是我們計算數字，比行政院公平會數字高 18 元。

表 3-4　便利商店業各種數字資料來源

項目	資料來源
營收	經濟部統計處
來店次數	
營收結構	自行計算
期中人口數	內政部統計處
店數	流通快訊雜誌，表 16.4
南韓 1 家店服務多少人	經濟部統計處每年 5 月 15 日「產業經濟統計簡訊」

3-4 日本便利商店業

2009 年起，日本人口衰退，2020 年起，臺灣人口衰退，日本比臺灣早 11 年，在人口方面，日本經驗（Japan Experience）是各國的先行指標。

一、總體環境之二「經濟 / 人口」

由表 3-5 第四列可見日本人口數目。

二、便利商店業

1. 店數：2018 年高峰

店數成長到達高峰，原因在於「勞工缺乏」，以零售業來說，2009、2018 年勞工人數 105.9 萬人。由表 3-5 可見，2009 年 41,014 家店，2018 年 56,570 家店，增加 15,000 家店，沒有多餘人力再展店！

2. 營收：2019 年達到高峰 12.18 兆日圓

2019 年 10 月起，日本調升營業稅，但有許多優惠：外帶稅率低，現金以外支付有點數優惠，這些對便利商店業有利。2019 年行業營收 12.18 兆日圓，2020 ～ 2021 年度因新冠肺炎疫情衰退，2022 年成長 3.7%。

3. 異業競爭

2015 年起，便利商店業營收成長率 2% 以下，主因是超市、藥妝店向便利商店業的「飲料（含現煮咖啡）」、「熟食」傾斜，尤其藥妝店食品營收由 35% 逐步提高，越來越「不務正業」。

4. 每店每日來客數，2015 年起衰退

2022 年全年來客 149.7 億人次，每人平均光顧 120 次（每 3.04 天光顧一次），每次消費約 715 日圓。

三、特寫：7-11

1. 店數

2. 日本店數市占率逐年升高

表 3-5　日本經濟 / 人口對便利商店業影響

年		2009	2010	2015	2018	2019	2020	2022
經濟 / 人口	總產值（兆美元）	5.231	5.7	4.389	5.037	5.136	5.045	5.103
	人口數（億人）	1.28	1.28	1.2727	1.265	1.2626	1.258	1.249
	人均總產值（美元）	41,309	44,968	34,961	39,727	40,458	39,918	40,000
便利商店	營收（兆日圓）	7.45	7.39	11	11.98	12.18	11.64	11.18
	店數	41,006	41,895	54,510	56,570	56,500	56,540	55,838
	7-11	12,753	12,232	18,572	20,876	20,955	21,167	21,215
	7-11 市占率 = (6) / (5) （%）	31.1	29.2	34.07	36.9	37.09	37.43	38

3-5 總體環境之二經濟 /「人口」的影響：臺灣四大綜合零售業二漲二跌

一、便利商店業

1. 便利商店＝便利商店加藥妝店加餐廳

(1) 2010 年起，統一超商往大型店擴充。

(2) 2010 年起，32 坪以上店，偏重「餐廳」（早餐、午餐、晚餐）。

(3) 2018 年起，40 坪以上店，偏重「店內康是美」，至少 2.5 個貨架賣彩妝清潔用品。

2. 其他複合店

例如 2018 年 6 月 4 日，在臺北市行天宮附近的「運動複合店」，66 坪中有 30 坪給子公司統一佳佳公司擺跑步機、日用品 6 個貨架。

二、超市

1. 2022 年，全聯收購大潤發

2022 年 6 月，全聯收購大潤發，取得 20 家量販店的經營權。

2. 2022 年，全聯實業營收超越統一超商營收

2023 年全聯實業公司全聯店數目標 1,060 家店，營收（含大潤發）2,000 億元；2021 年 1 月 6 日跟優食（Uber Eat）合作外送；2022 年 1 月 13 日跟熊貓（foodpanda）合作，約 400 家店提供外送服務。

三、量販店

1. 一哥好市多

2020 年起，好市多在臺店數總共 14 家店，從 2017 年 1 月新北市新莊店、2020 年 11 月北臺中店，每三年才開一家店，開店速度減緩了。

2. 二哥家樂福

家樂福大開超市店型，2020 年 12 月以 32 億元向香港牛奶（Dairy Farm）公司，收購臺灣惠康百貨公司全部股權，2021 年 2 月起取得頂好（Welcome）、JASONS Market place 的經營權。2022 年 7 月 20 日，統一宣布收購家樂福，持有臺灣家樂福 60% 股權，包括 67 家量販店、246 家超市、129 家商場，2023 年交割。

四、百貨公司業

1. 兩大百貨公司店數、營收停滯

崇光、遠東百貨兩大公司的營收停滯，但新光三越 2023 年營收上看 920 億元，主因是臺北市信義區鑽石塔（Diamond Towers）開幕。

2. 暢貨中心打低價牌

百貨業營收仍有成長，主要是暢貨中心出現的緣故，例如 2017 年林口三井與環球購物中心、2020 年 6 月臺中梧棲三井購物中心等。

五、專業零售業中零售型電子商務

專業商品零售業 2022 年營收 3,103 億元，僅次於綜合零售業中的便利商店、百貨業，最可能在 2030 年，超越百貨業。

表 3-6　臺灣綜合零售業及四大行業與龍頭　　單位：億元

<table>
<tr><th colspan="3">年</th><th>2010</th><th>2015</th><th>2020</th><th>2021</th><th>2022</th></tr>
<tr><td colspan="3">總產值（兆元）</td><td>14.06</td><td>17.05</td><td>19.8</td><td>21.65</td><td>22.7</td></tr>
<tr><td colspan="3">人口（萬人）</td><td>2,314</td><td>2,346</td><td>2,358</td><td>2,347</td><td>2,331</td></tr>
<tr><td colspan="3">零售業（不含汽車）</td><td>28,433</td><td>30,062</td><td>31,996</td><td>33,249</td><td>36,000</td></tr>
<tr><td colspan="3">綜合零售業</td><td>9,011</td><td>11,168</td><td>12,921</td><td>13,026</td><td>14,042</td></tr>
<tr><td rowspan="3">百貨業</td><td colspan="2">行業整體產值</td><td>2,511</td><td>3,189</td><td>3,541</td><td>3,426</td><td>3,946</td></tr>
<tr><td rowspan="2">龍頭：
新光三越</td><td>產值</td><td>735</td><td>795</td><td>807</td><td>797</td><td>886</td></tr>
<tr><td>店數</td><td>15</td><td>16</td><td>17</td><td>15</td><td>15</td></tr>
<tr><td rowspan="3">便利商店</td><td colspan="2">行業整體產值</td><td>2,260</td><td>2,823</td><td>3,610</td><td>3,614</td><td>3,821</td></tr>
<tr><td rowspan="2">龍頭：
統一超商</td><td>產值</td><td>1,147</td><td>1,334</td><td>1,681</td><td>1,602</td><td>1,829</td></tr>
<tr><td>店數</td><td>4,750</td><td>5,032</td><td>6,024</td><td>6,400</td><td>6,631</td></tr>
<tr><td rowspan="3">超市</td><td colspan="2">行業整體產值</td><td>1,291</td><td>1,671</td><td>2,299</td><td>2,482</td><td>2,548</td></tr>
<tr><td rowspan="2">龍頭：
全聯</td><td>產值</td><td>570</td><td>850</td><td>1,450</td><td>1,590</td><td>1,650</td></tr>
<tr><td>店數</td><td>570</td><td>794</td><td>1,045</td><td>1,068</td><td>1,100</td></tr>
<tr><td rowspan="3">量販業</td><td colspan="2">行業整體產值</td><td>1,556</td><td>1,811</td><td>2,287</td><td>2,439</td><td>2,491</td></tr>
<tr><td rowspan="2">龍頭：
好市多</td><td>產值</td><td>約 400</td><td>600</td><td>約 840</td><td>1,025</td><td>—</td></tr>
<tr><td>店數</td><td>6</td><td>12</td><td>14</td><td>14</td><td>14</td></tr>
</table>

註：2019 年收購臺灣糖業公司 5 家量販店、3 家超市，2021 年收購頂好超市（199 家店）、Jason's（25 家店）。

3-6 四大綜合零售業的業態發展

2020 年起，臺灣人口衰退，而且人口三化問題越來越嚴重，綜合零售業四大行業，只有「地點便利」的便利商店、超市吃香，百貨公司與量販店越受害，超市越來越向便利商店看齊；量販店停滯，轉開超市店型；百貨公司量體太大，會被自己的重量壓垮，會變成 6,500 萬年前的恐龍，逐漸滅絕，這由圖 3-1 可以看得很清楚。

一、便利商店業

便利商店營業面積三階段沿革如下：

1. 2009 年以前，25 坪，雜貨店型。
2. 2010 年起，32 坪以上，偏重 4 個桌子，坐 8 個人，店內餐廳與咖啡店。
3. 2018 年起，40 坪以上，新增「超市」區、「藥妝品」區，還有其他複合店。

二、超級市場業

1. 全聯實業

品牌名稱「全聯福利中心」，2021 年 1 月 6 日起，透過外送，以彌補地利之不足。

2. 美廉社（Simple Mart）

2006 年起，這種才是雜貨店，主要是以乾貨爲主，頂多賣冷藏品（飲料）、冷凍品（冷凍食品、冰棒），約 800 家店。

3. 蝦皮店到店

2021 年 8 月起蝦皮購物開設「蝦皮店到店」，部分與美廉社合開，服務內容主要是「自取店」，順便販售少量飲料（含現煮咖啡）與零食。

三、量販業

量販業的「量販店」型店數成長極緩，營收成長主要來自超市店型，但超市店營收算在超市業。

四、百貨公司業

百貨公司往「餐廳」發展，占營收比重從 2010 年 8%，2021 年 17%。這前景有限，基本商品「衣飾」，被網路商店壓著打，在美國，亞馬遜效果（Amazon Effect）壓迫百貨業生存空間，這是全球工業國家普遍現象。

表 3-7　2010 ～ 2022 年四大綜合零售業平均成長率

行業	營收（億元）		平均成長率	人均總產值與成長率	所得彈性
	2010	2022			
百貨	2,511	3,946	4.76%	2010 年：607,596 元 2022 年：976,914 元 成長率：5.065%	0.94 倍
便利商店	2,260	3,821	5.76%		1.137 倍
超市業	1,291	2,548	8.1%		1.6 倍
量販店	1,556	2,491	5%		0.99 倍

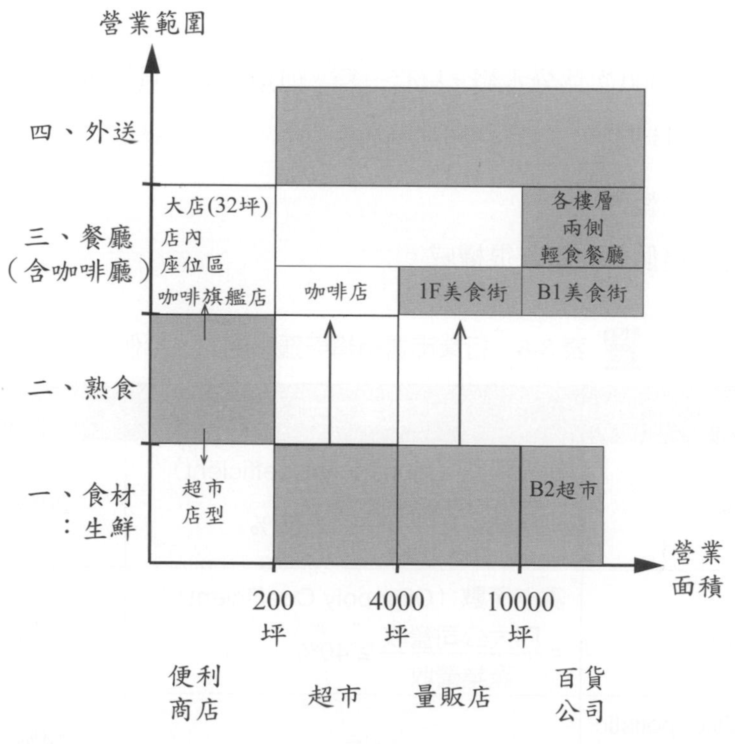

圖 3-1　四種綜合零售業在「餐飲」發展

3-7 零售業市場結構：獨占、寡占係數與公司淨利

在經濟學上，個體經濟的產業經濟或產業分析中的市場結構（Market Structure），可以看出行業競爭情況，以及對公司營收、淨利影響，詳見表 3-8。

一、個體經濟學中的市場結構

由表 3-8 第一欄可見，依單一公司主宰市場價格能力分成四種，由高往下。

二、研究論文

1. 1,150 篇論文

以「市場結構與公司績效」來搜尋論文，在美國全國經濟研究所（NBER，民間組織）約有 1,150 篇論文。

2. 重量級論文

以論文引用次數 1,000 次爲分水嶺，只有一篇，但這只是 7 頁短論文，在《統計與界面》期刊上，1987 年 11 月。

3. 美國勞工部的研究報告

由小檔案可見，這個研究報告很權威。

表 3-8　行業市場結構與獲利能力（舉例）

市場結構	衡量方式	毛利率	淨利率
獨占（Monopoly）	獨占係數（Monopoly Coefficient）$= \frac{\text{龍頭公司單家營收}}{\text{產業產值}} \geq 50\%$	20%	10%
寡占（Oligopoly）	寡占係數（Oligopoly Coefficient）$= \frac{\text{四大公司營收}}{\text{產業營收}} \geq 40\%$	16%	8%
獨占性競爭（Oligopolistic Competition）	–	14%	7%
完全競爭	–	10%	5%

美國零售業市場結構的影響

時：2021 年 1 月 21 日

地：美國

人：美國勞工部勞工統計局 Dominic Smith 與加拿大安大略大學 Sergio Ocamp

事：發表工作報告《The evolution of U.S. retail concentrating》，18 頁。

研究對象：美國零售業 18 個品類

地區：美國全國，20 大都市

期間：1992 ～ 2012 年

資料來源：商務部普查局的 Census of Retail Trade（CRT）

研究結論：

1. 營收市占率 1997 ～ 2007 年 20 大公司市占率 18.5% 到 25.4%。
2. 赫氏指數（HHI）：1997 年 1.3% 到 2007 年 4.3%。
3. 售價指數：上升 2.1 個百分點。

3-8　綜合零售業市場結構

四大綜合零售業的獨占與寡占情況，詳見表 3-9。

一、便利商店業

以市占率 50% 作爲獨占分水嶺，在便利商店業中，統一超商營收市占率 47.87%，已近似獨占。

二、超市

全聯實業營收市占率 64.76%，在超市業中已屬獨占。

三、量販店

四大量販店市占率 90.6%，其中好市多占 42%，已接近獨占。

四、百貨業

三大百貨公司市占率 43.72%，屬於寡占。

表 3-9　四大綜合零售業 4 大公司營收與市占率　　單位：%

	便利商店	超市	量販	百貨公司
產值（億元）	3,821	2,548	2,491	3,946
1	統一 47.87	全聯 64.76	好市多 42	新光三越 22.45
2	全家 22.55	家樂福（原頂好）5.9	家樂福 32.3	崇光 12.16
3	萊爾富 12	–	大潤發 11.7	遠東 9.1
4	OK 9	–	愛買 4.6	–
小計	91.42	70.66	90.6	43.71

3-9　便利商店業：統一超商獨占

在計算一家公司的市場占有率時，有幾個地方需要注意，本單元以臺灣便利商店業中的龍頭統一超商爲例說明。

一、以店數計算

由表 3-10 第二列來說，這是以店數來計算市占率，分子與分母須特別說明。

1. 分子：統一超商店數

本單元以統一超商年報上數字爲準。

2. 分母：便利商店業總店數

經濟部統計處、行政院公平會的店數大都來自流通快訊雜誌。

二、以營收計算市占率

由於統一超商旗下有 100 家子公司，合併營收不足以呈現「本業」，所以必須細看其「單家」（個體或母公司）損益表。簡單的說，個體（本業）營收約是合併營收 63%。

表 3-10　統一超商 12 年趨勢分析

項目		2010 年	2020 年	2022 年
店數市占率	便利商店業總店數	9,481	11,962	13,445
	* 統一超商店數	4,750	6,034	6,631
	店數市占率（%）	50.1	50.36	49.32
營收市占率	便利商店業營收	2,260	3,610	3,821
	* 統一超商（單店）	1,147	1,681.48	1,829
	營收市占率（%）	50.75	46.58	47.87
獲利能力（母公司）	* 毛利率	31.33	33.64	33.49
	營業利益率	4.82	4.47	3.33
	* 淨利率	5.78	6.09	5.08
	* 每股淨利（元）	5.51	9.85	8.91

* 資料來源：統一超商歷年年度報告書，2022 年，第 156 頁。

一、選擇題

( ) 1. 少子化衝擊較大的綜合零售業是 (A) 便利商店業 (B) 超市 (C) 百貨公司

( ) 2. 老年化衝擊較大的綜合零售業是 (A) 便利商店業 (B) 超市 (C) 量販店

( ) 3. 總體環境對綜合零售業越來越 (A) 不利 (B) 有利 (C) 持平

( ) 4. 勞工組工會，當工會比率超過 30%，對公司薪資成本會有何影響？ (A) 上升 (B) 下降 (C) 持平

( ) 5. 目前四大綜合零售業共同發展業務方向爲？ (A) 餐飲 (B) 服裝 (C) 賣書

二、問答題

1. 套用表 3-1，以 2023 年爲基期年，進行 2026 年總體環境展望。
2. 套用表 3-2，以 2023 年爲基期年，進行 2026 年個體環境展望。
3. 試說明美國亞馬遜公司如何大殺八方。
4. 試說明大潤發的法國母公司歐尚集團長期維持店數 27 家，不進則退，最後只好被迫出售？
5. 試說明全聯實業公司找歌手蘇慧倫來替全聯福利中心店內咖啡打廣告，業績如何？

Note

Chapter

04

運動服鞋零售業：美國耐吉與德國愛迪達的經營管理

小生意但親民

本書以四章（第四、五、九、十）篇幅討論全球運動鞋一哥美國耐吉（Nike，中國大陸稱耐克）的數位轉型、行銷，比較對象是二哥德國企業愛迪達（Adidas，中譯阿迪達），以營收、雇用勞工等重要程度來說，運動服飾、鞋在專業零售業中微不足道；但以生活切身程度來說，每個國家青少年以上人口，幾乎一半以上都有運動習慣，運動產品可說是不可或缺。

4-1 全球運動服鞋業霸主耐吉的重要性

若是馬上請你分享你所知道的耐吉公司的重要性，99.9% 的人頂多只能說三分鐘。對於生活中的許多人事，1999 年女歌手蕭雅軒的歌「最熟悉的陌生人」，大概可貼切的形容我和許多人。

本書以四章（第四、五、九、十章）來分析耐吉，在第一個單元中，將全面的說明該公司的重要性。

一、緣起：1874 年一般均衡理論

1874 ～ 1878 年，法國經濟學者瓦爾拉斯（Leon Walras, 1834 ～ 1910）在《純粹政治經濟學要義》論文中，提出「一般」（指生產因素、商品市場）均衡理論。

二、伍忠賢（2022）：公司重要性一般均衡架構

有了好的分析架構，如同有了建築的藍圖，但要把一棟建築蓋好，則須要營造人員的巧思。在經濟、企管等領域中，稱爲操作性定義。

1. 操作性定義

由表 4-1 可見，這是伍忠賢（2022）的「公司重要性之一般均衡架構」（The Importance of One Company by General Equilibrium Framework）。

2. 生產因素市場

表中第二欄生產因素市場中的第一項生產因素「自然資源」，在此用「環境－公司治理－環境」（EGS，一般用 ESG）來衡量。

3. 兩個市場至少九個項目資料來源

九個項目的資料來源須全球很權威，例如以品牌價值來說，全球最有名、時間最久也高度一致的是美國紐約市的國際品牌公司（Interbrand）。

三、為何股神華倫．巴菲特不鍾愛耐吉？

2003 年起，耐吉就成爲道瓊 30 指數成分股，而且在產業結構上是寡占，屬於產業中的龍頭，完全符合股神華倫．巴菲特的選股標準，但爲何沒能獲得他關愛眼神？

1. 曾經推薦

(1) 時：2005 年第四季～ 2010 年第四季。

(2) 人：蓋可公司（Geico），是汽車保險公司，是海瑟威．波克夏公司的子公司，由辛普森（Louis A. Simpson, 1937 ～ 2022）擔任投資長（他 1979 ～ 2010 年在此公司工作，1993 ～ 2010 年任投資長）。

(3) 事：持有 800 萬股，因辛普森退休而出清持股。

2. 瑜亮情節？

辛普森退休前，華倫．巴菲特曾表示，不打算接收辛普森的選股。（詳見 Will Ashworth 在 InvestorPlace 媒體公司辦 Buy Every Last Share of Nike Stock，2016 年）

表 4-1　耐吉公司在全球的重要性：一般均衡架構

項目	生產因素市場	項目	商品市場
I 自然資源		I 品牌	
時	2021 年 11 月 10 日	時	10 月 25 日
地	美國加州洛杉磯市	人	國際品牌公司（Interbrand）
人	Investors Business Daily，1984 年成立	事	（全球品牌 250 大）耐吉全球第 10 名，品牌價值 503 億美元跟第 9 名迪士尼 442 億美元同
事	100 Best ESG Companies，第一名美國微軟，76.3 分，耐吉 32 名，67.34 分	II 營收	註：愛迪達第 42 名，159 億美元
II 勞工		時	每年 8 月 5 日
時	每年 10 月 12 日	人	《富比士雜誌》
人	《富士比雜誌》與 Statista 公司另《財富雜誌》（Fortune）2022 年 5 月 13 日（Global 500）313 名	事	公布《世界 2000 大》（Global 2000） 耐吉 2022 年度 212 名，營收 467 億美元、員工 7.91 萬人
事	全球最佳雇主（World's Best Employers）愛迪達 16 名，耐吉 37 名，Puma 39 名，調查 58 國、200 家公司、15 萬名員工		註：耐吉年度 2021.6 ～ 2022.5

（續）表 4-1　耐吉公司在全球的重要性：一般均衡架構

項目	生產因素市場	項目	商品市場
III 技術			
時	2022 年 9 月 23 日，2005 年起編製	時	2021 年 2 月 4 日
地	美國麻州波士頓公司	地	德國漢堡市
人	波士頓顧問公司（BCG）	人	Statista 公司
事	公　布（The Most Innovative Companies）	事	全球運動服鞋業市占率耐吉第一，市占率 27.4%，愛迪達第二，市占率 14.88%、彪馬 3.92
	第一名蘋果公司，耐吉第 12 名，第 21 名豐田，第 35 名愛迪達	III 股票市值	
		時	每年 3 月 31 日
		人	資誠會計師事務所（PWC）
		事	每年出版（Global Top 100 Companies by Market Cap）（Apitalisative）報告，耐吉約 45 名，2,031 億美元
V 企業家精神			
時	每年 2 月 2 日		
人	財富雜誌		
事	全球最受尊敬公司（World's Most Admired Companies）	左述九項分二個市場	
	全球第 13 名耐吉，第 12 名可口可樂公司，第 14 名美國運通公司 在（服飾）業排第 12 名 在（運動服鞋業）排第 1，分數 8.21 分 共 9 項（只有社會責任排第 3，餘皆第 1）	（一）生產因素市場 7 項 1. 社會責任 2. 勞工：人資管理 3. 資本：公司資產運用、財務健全、長期投資價值 4. 技術：創新 5. 企業家精神：經營管理品質 （二）商品市場 2 項 1. 產品／服務品質 2. 全球競爭優勢	

4-2 運動服鞋行業

運動服鞋行業可說是美（耐吉）、德（愛迪達、彪馬）、日本（美津濃）等三國寡占市場，各國有地區性品牌（例如中國大陸李寧有限公司），但影響力有限。

一、服裝、鞋的分類

由圖 4-1 可見，運動服鞋業只是服裝、鞋的小分支。

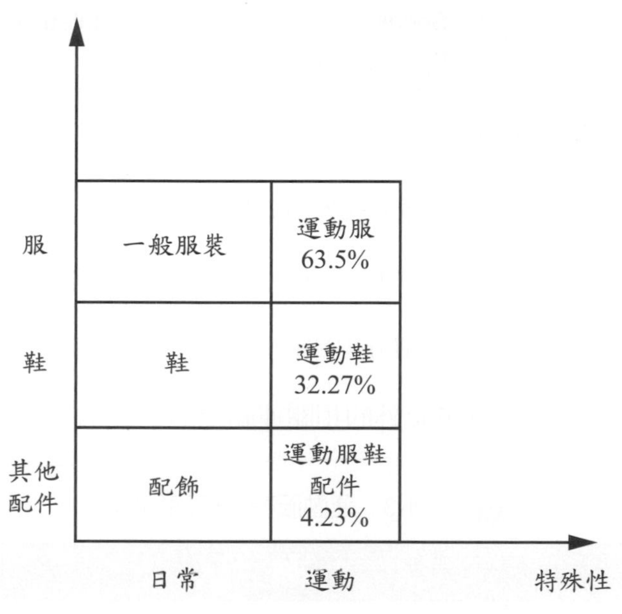

圖 4-1 衣服、鞋、配件的分類

1. 大分類：服裝、鞋

以鞋業來說，全球 80 億人，2019 年鞋業供給 243 億雙、需求 230 億雙達到高峰，87.4% 在亞洲生產（中國大陸、越南、印尼、印度等），消費地則是亞洲 54%、歐洲與北美各占 14.8%。但到了 2021 年只剩 222 億雙。

2. 中分類

運動服裝、鞋只是服裝、鞋的一個特殊用途。

以運動鞋來說，一年約銷售 14 億雙，約占全球鞋銷售量 6%。

二、英文、中文名詞

運動服鞋的英文、中文較無一致用詞，本書統整常見、少見的英文名詞與中文用詞，詳見表 4-2。

表 4-2 運動服、鞋常見、少見英文名詞與中文用詞

中文用詞	英文名詞（常見）	英文名詞（少見）
運動服飾	1. Active Apparel 2. Sports Wear	1. Sports Apparel 2. Athletic Clothes
運動鞋	1. Sneaker 2. Sports Shoes	Athletic Footwear

三、運動服鞋業產品結構

由表 4-3 第一欄、圖 4-1 可見，運動服鞋業包括三大類。

1. 運動服飾，約占整體 63.5%，可再細分為室外與室內的運動服飾。
2. 運動鞋，約占整體 32.27%，可再細分為球鞋與其他運動用鞋。
3. 其他：體育用品店中運動服、鞋以外的相關運動產品。

表 4-3 運動服鞋業產品結構

大分類	中分類	產品
運動服飾	室外運動服飾	球衣、登山服等
	室內運動服飾	韻律體操服、瑜珈服等
運動鞋	球鞋	籃球鞋、羽球鞋、足球鞋等
	其他運動用鞋	慢跑鞋、腳踏車鞋等
其他	—	球拍、護具、水壺、毛巾等

四、資料來源

由表 4-4 可見，全球運動服鞋業有許多市調機構，大多都是員工人數 100 人以內的公司。由於統計的國家、產品內容等差異，其統計資料的金額差異約有一至二成。

表 4-4　運動鞋、服裝重要市場調查公司

分類	國家與地區	公司	說明
運動服鞋	英國倫敦市	Euromonitor 國際公司	－
	美國紐約市	財富雜誌 Fortune Business Insights	每年 8 月在（Sports Footwear Market）共 150 頁，免費 10 頁
	美國加州舊金山市	Grand View Research	－
運動服裝	美國奧勒岡州	聯合市場研究公司（Allied Market Research）	2024 年全球市場約 5,470 億美元
	西班牙	Comprar Accivno	－
	美國紐約市	NPD Group Inc.	－
		Research Dive	每年 10 月 19 日 Global sports apparel market
運動鞋	印度邦加羅爾市	Infiniti 研究公司	每年 3 月 17 日 Global sports footwear market，2022 ～ 2026 年
	美國賓州	Sports Goods Intelligence 公司	1983 年成立的出版公司
	中國大陸廣東省	前瞻商業資訊公司	每年 4 月以前瞻產業研究院名義發表

4-3 全球運動服鞋產業分析 I：機會威脅分析

以產值來說，運動服鞋業在全球是個很小的行業，只是因為在亞洲某些國家（中國大陸、越南、印尼和印度）對就業很有助益，所以比較關心，詳見表 4-5。

一、跟全球總產值比

1. 2022 年

2. 2028 年占總產值 0.2%

3. 成長率

運動鞋服，2017 ～ 2019 年 1.9%，2020 年衰退，2021 ～ 2029 年 4.8%。

二、地理範圍分布

美國 31%、巴西 9.2%、中國大陸 7%、俄 6.6%、印度 6.2%。

表 4-5　全球與美中總產值與運動服鞋業產值　　單位：兆美元

項目		2020 年		2022 年		2028 年	
		金額	%	金額	%	金額	%
總產值	全球	84.71	100	102.4	100	140.3	100
	美	20.94	24.72	24.8	24.22	31	22.1
	中國大陸	14.72	17.38	18.463	18.03	27.56	19.64
運動服鞋產值	運動服鞋（Sportswear）	–	–	–	–	0.2675	註：0.3535
	運動服（Clothes）	0.163	–	0	–	0.21	–
	運動鞋（Shoes）	0.0514	–	0.06	–	0.075	–

4-4 全球運動產品業產業分析：耐吉與愛迪達市占率

以五力分析來說，比較關心的是「市場結構」，即同行間各公司的市占率。本書以耐吉爲主，以愛迪達爲比較對象。

一、運動鞋市場結構：寡占

1. 全景：市場結構寡占

由表 4-6 可見，運動鞋前兩大公司耐吉與愛迪達全球市占率便突破 40%。不過第三大彪馬等以下公司，市占率皆低於 5%。

表 4-6　全球運動鞋、服市占率　　單位：%

排名	國	公司	鞋	運動服飾	其他	股價（美元）	股票市值（億美元）
1	美	耐吉	23	同左	8.6	120	1847
2	德	愛迪達	16	同左	8.1	181.5	326
3	美	彪馬（Puma）	4	安德瑪（Under Armour）	2.8	7.6	32
4	日	亞瑟士（Asics）	–	露露檸檬（LuLuLemon）	–	377	480
5	美	新巴倫（New Balance）	–	–	–	–	–

2. 特寫：耐吉，圖 4-2

由圖 4-2 可見，2011 年耐吉全球市占率 16.77%，到 2020 年 27.4%，之後可能持平。

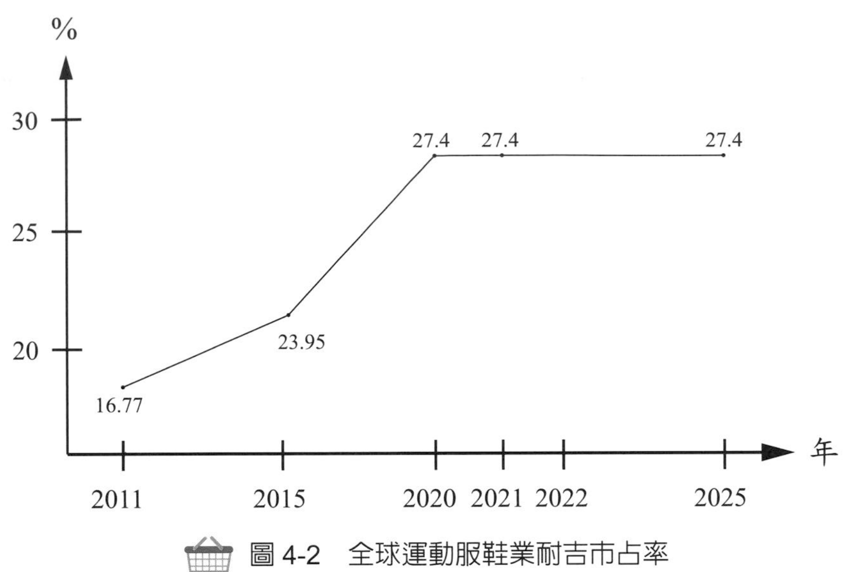

圖 4-2　全球運動服鞋業耐吉市占率

資料來源：Statista 公司，2021 年 2 月 4 日。

二、運動服市場結構：獨占型競爭

1. 市場結構：獨占型競爭

服飾的全球競爭比較激烈，一般服裝公司很容易撈過界，像精品服飾公司會推出高價位網球服裝、高爾夫球服裝。

2. 前兩大市占率 16.5%

耐吉跟愛迪達在運動服的全球市占率 8%，很接近。

三、耐吉與愛迪達公司小檔案

把耐吉與愛迪達的公司資料作在同一個表，很容易看出「人、事、時、地、物」，詳見表 4-7。

表 4-7 愛迪達與耐吉公司比較

公司	愛迪達	耐吉
成立	1949 年 8 月 18 日	1964 年 1 月 25 日
地	德國巴伐利亞州埃爾朗根縣	美國奧勒岡州華盛頓縣
創辦人	阿道夫．斯勒（Adolf Dassler）	菲律普．奈特（Philip Knight）、Bill Bowerman
資本額	109.2 億美元	158 億美元
董事長	Thomas H. Rabe	馬克．帕克（Mark Parker）
總裁兼執行長	卡斯帕．略爾斯鐵德（Kasper Rorsted），2016 年 10 月起	約翰．杜納霍（John Donahoe），2020 年 1 月起
運動鞋	2006 年 1 月收購英國公司銳跑（Reebok）	2022 年度營收 467.1 億美元 66%
運動服裝	38.74%	30%
體育用品（設備）	5.18%	4%
市值（億美元）（2023.5.12）	326（本益比 390 倍）	1,847（本益比 34.68 倍）
股價（美元）	181.5	120
員工數	59,300	79,100

4-5 全球運動鞋服產業分析 II：優勢劣勢分析

套用伍忠賢（2022）行業個體環境量表，來分析耐吉的優勢劣勢，詳見表 4-8。由量表計算可得出耐吉 51 分，2025 年預估會比 2023 年微幅改善，但愛迪達 45 分，越走越弱。

一、與愛迪達比較

1. 產品

(1) 外觀：在外觀上，耐吉的產品比愛迪達要有優勢。

(2) 品質：愛迪達比較注重品質，較有優勢。

2. 行銷

耐吉在行銷上比愛迪達更加積極，尤其會找運動明星來當廣告代言人。

二、評分

表 4-8　個體環境量表：運動服鞋業 2025 年比較

<table>
<tr><th colspan="3">分類</th><th>1 分</th><th>5 分</th><th>10 分</th><th>基期年（2023 年）</th><th>耐吉</th><th>愛迪達</th></tr>
<tr><td rowspan="2">生產因素市場</td><td colspan="2">勞工（公會）比率</td><td>50% 以上</td><td>25%</td><td>5% 以上</td><td>5</td><td>5</td><td>4</td></tr>
<tr><td colspan="2">資本</td><td>未上市</td><td>上櫃本益比 20 倍</td><td>上市本益比 20 倍</td><td>5</td><td>5</td><td>5</td></tr>
<tr><td rowspan="6">轉換：產業</td><td rowspan="2">替代品</td><td>功能（產品）</td><td>強 2 倍</td><td>同</td><td>–</td><td>5</td><td>4</td><td>4</td></tr>
<tr><td>價值</td><td>0.8 倍</td><td>1.5 倍</td><td>2 倍</td><td>5</td><td>7</td><td>4</td></tr>
<tr><td rowspan="2">本業對手</td><td>市場結構</td><td>完全競爭</td><td>獨占性競爭</td><td>獨占</td><td>5</td><td>5</td><td>5</td></tr>
<tr><td>市場地位</td><td>五線</td><td>二線</td><td>一線</td><td>5</td><td>5</td><td>4</td></tr>
<tr><td rowspan="2">潛在競爭者</td><td>財力（資產相對）</td><td>5 倍</td><td>1 倍</td><td>0.1 倍</td><td>5</td><td>5</td><td>5</td></tr>
<tr><td>產品力與價位</td><td>低</td><td>同</td><td>高</td><td>–</td><td>5</td><td>4</td></tr>
<tr><td rowspan="2">產出：商品市場</td><td colspan="2">批發零售公司談判能力</td><td>高</td><td>中</td><td>低</td><td>5</td><td>6</td><td>5</td></tr>
<tr><td colspan="2">消費者滿意程度（%）</td><td>50</td><td>70</td><td>90</td><td>5</td><td>4</td><td>4</td></tr>
<tr><td colspan="3">小計</td><td>–</td><td>–</td><td>–</td><td>50</td><td>51</td><td>45</td></tr>
</table>

4-6 耐吉的奈特家族

美國有許多著名上市公司是由創辦人家族信託持股（Family-Owned Public Company），在加拿大卑詩市維多利亞公司網站上可以查到「The World's Top 750 Family Business Ranking」，依營收排序，第一名是全球營收最大公司沃爾瑪、第五名是福特汽車公司，耐吉則排第 40 名。

一、美國股票市場的特殊名詞

由表 4-9 可見，美國的證券交易所，在股票、基金名稱後面會加上 A、B，兩者具有不同的涵義。

表 4-9　美國紐約證券交易所的股份

名稱	股票	基金
A 股	普通股	手續費前收（Front-End Load）
B 股	較類似特別股	手續費後收（Back-End Load）

二、耐吉的股權結構

由表 4-10 可見，耐吉的股權分成 A、B 兩種股票，依投資百科（Investopedia）的分析，其對 12 席董事的選舉權如下：

1. 普通股（A 股）選九席董事

A 股 97% 由奈特家族所持有，擁有董事 75% 席位的投票權。

2. 特別股（B 股）選三席董事

一般稱 10 大法人股東，持股 25%。

表 4-10　耐吉公司持股結構

董事會	股權	說明
1. 9 席	A 級股（Class A），即限制股票	菲律普．奈特家族擁有 97%A 級股 1. 菲律普．奈特：9.3%，另 B 級股 0.9 2. 崔維斯．奈特（Travig Knight） 3. 家族信託：由崔維斯．奈特持有 4. Swooch 公司
2. 3 席	B 級股（Class B），即流通在外股票	1. 馬克帕克 0.09% 董事：Andrew Campion 0.01? 2. Swooch 16.5% 3. 其他
實際 9 席	獨立 8 席	

資料來源：整理自 Investopedia，2020 年 4 月 20 日。

三、耐吉董事會

耐吉董事會的組成、功能可從幾個角度分析，詳見表 4-11，本處只說明「功能」部分，區分為兩種。

1. 經營董事三席

包括董事長馬克．帕克（Mark Parker，2006 ～ 2020 年 1 月擔任總裁兼執行長）、杜納霍（2014 年 9 月起，2020 年 1 月總裁兼執行長），另一席是 Cathleen Benko。

2. 獨立董事席

蘋果公司總裁兼執行長庫克（Timothy D. Cook）擔任獨立董事的召集人，2005 年起，擔任耐吉董事。

其中薪酬委員會負責人崔維斯．奈特（詳見單元 4-7）的獨立性存疑。

表 4-11　耐吉董事會組成分析

分類方式		實際	評價
國籍		11 席，美國人	可能會缺乏國際觀，例如中國大陸市場
人文特性	性別	男性 7 席，女性 4 席	可能太偏重男性思維
	種族	白人 8 席，非裔 3 席	缺乏種族多元性，缺黃種人（例如拉丁裔）
董事	經營董事	3 席	
	獨立董事	8 席	蘋果公司總裁兼執行長庫文

4-7 耐吉董事會的造王者：菲律普．奈特

在單元 4-1 中，我們詳細說明耐吉的重要性，令人奇怪的是，1971 ～ 2016 年 5 月，擔任公司董事長 45 年的菲律普．奈特很少接受訪問或發言，因此知名度不高。縱使他退休了，但由於股權緣故，他仍然是耐吉經營的掌舵者，董事長、九席董事、總裁兼執行長皆由他推舉。

一、造王者：菲律普．奈特

你由下列兩個資料，可以看見菲律普．奈特的「知恥近乎勇」。

1. 1992 年 7/8 月，《哈佛商業評論》編輯訪問

在單元 5-2 中，我們會說明 1985 ～ 1988 年，耐吉營收、股價受挫，奈特是如何「改過向善」，帶領耐吉「逆轉勝」。

2. 2016 年 4 月，奈特的自傳

詳見小檔案，該書主要說明 1964 ～ 1980 年創業初期的辛苦、挫折，沒有自吹自擂。

二、第五級領導

由小檔案《從 A 到 A+》一書可見，美國作者詹姆斯．柯林斯把公司董事長（少數情況下包含總裁）的能力分五級，其中「第五級領導」（Level 5 Leadership）可貼切的形容菲律普．奈特。

三、股權最大持有人：崔維斯．奈特

菲律普．奈特有兩位兒子，情況如下：

1. 長子：馬修．奈特（Matthew Knight）

2004 年，在薩爾瓦多拍片時，因潛水引發心臟缺陷以致心臟病發，辭世。

2. 次子：崔維斯．奈特（Travis Knight）

他是電影業人士，2018 年電影《大黃蜂》（Bumblebee）的導演。

跑出全世界的人：Nike 創辦人菲爾（Shoe dog：A memoir by The Creator of Nike）

時：2016 年 4 月 26 日

地：美國紐約市

人：Philip Knight

事：由西蒙與舒斯特公司（Simon & Schuster）公司（美國六大出版公司）出版，381 頁。

2017 年華倫．巴菲特讀後感：「Phil Knight … a very wise, intelligent and competitive fellow, who is also a gifted storyteller.」

《從 A 到 A+》

時：2001 年 10 月 16 日

地：美國

人：詹姆斯．柯林斯（James Collins）

事：出版《從優秀到卓越》（Good to Great）

2002 年 8 月臺灣版，遠流出版公司中文譯為《從 A 到 A+：企業從優秀到卓越的奧秘》，其中第五級領導：董事長沉默內斂，不愛出風頭，謙沖為懷，不屈不撓的專業堅持。

菲律普．奈特小檔案（Philip H. Knight）

出生：1938 年 2 月 24 日，美國奧勒岡州波特蘭市

現職：耐吉公司榮譽董事長

經歷：耐吉公司董事長兼執行長 1971 ～ 2016 年 6 月。

1964 年 1 月 25 日～ 1971 年 5 月 20 日，跟教練創辦藍帶體育公司

學歷：加州史丹福大學企管碩士 (1962)、奧勒岡大學學士

榮譽：2022 年（富比士）美國 400 大富豪，排第 15 名，579 億美元

4-8 耐吉與愛迪達第三階段數位經營的總裁：跟星巴克任用凱文．約翰遜比較

美國許多大型公司在總裁兼執行長的「經營者傳承」（Management Succession）都採取雙軌，一軌是董事會中董事「牛棚練球」，另一是營運長（Chief Operating Officer，COO）。星巴克可說是一個很典型例子，在耐吉公司看得到星巴克經驗的影子。

一、星巴克的經驗

由表 4-12 可看到星巴克任用凱文．約翰遜的過程。

1. 1986.1 ～ 2014 年資訊公司經驗

2. 2009 年 9 月起，擔任董事

2008 年 1 月起，星巴克進行數位轉型，2009 年起，10 席董事中有兩席來自科技業，凱文．約翰遜因在微軟公司擔任副總裁時，替星巴克提供資訊服務，認識星巴克董事長霍華．舒茲。

3. 2015 年 3 月～ 2022 年 3 月，擔任總裁

2015 年 3 月，霍華．舒茲延聘凱文．約翰遜接任總裁兼營運長，2017 年 4 月兼執行長，2017 年 6 月 26 日，舒茲從董事長退休。

二、耐吉

由表 4-12 可見耐吉任用杜納霍的過程。

1. 1982 ～ 2014 年經歷

2. 2014 年 6 月起，擔任董事

1999 年 1 月起，耐吉從事零售型電子商務，占營收比率逐漸提高，在電子灣公司擔任總裁兼執行長杜納霍，耐吉延聘擔任董事。

3. 2020 年 1 月起，擔任總裁兼執行長

2020 年 1 月 12 日，耐吉總裁兼執行長馬克．帕克（Mark Parker）已屆 65 歲，耐吉延聘杜納霍接班，帕克升任董事長。

表 4-12　星巴克與耐吉總裁兼執行長小檔案

項目	凱文・約翰遜（Kevin Johoson）	約翰・杜納霍（John Donahoe）
出生	1960 年 10 月 9 日，美國華盛頓州吉格港（Gig Harbor）	1960 年 4 月 30 日，美國伊利諾州庫克縣埃文斯頓鎮
現職	星巴克總裁兼執行長（2017.4 ～ 2022.3） Auction.com 董事，2014.9 起 高盛證券公司董事，2022 年底起	貝寶公司董事長（2015 年 7 月起） Service Now 公司（雲端運算公司，2020 年營收 4.5 億美元）
學歷	新墨西哥州立大學（1978 ～ 1981）	達特茅斯學院經濟學士（1978 ～ 1982）

資料來源：英文維基百科與領英（Linhedin）。

表 4-13　星巴克與耐吉總裁兼執行長經歷

耐吉／約翰・杜納霍	星巴克／凱文・約翰遜
一、耐吉 1. 董事 2. 管理職 二、電子商務背景 1. 雲端運算 2. 貝寶公司 3. 電子灣 4. 貝恩公司	一、星巴克 1. 董事 2. 管理職 二、科技背景 1. 瞻博 2. 微軟 3. IBM

4-9 耐吉與愛迪達組織管理能力

公司是一群人工作，經營績效有「七成來自正確策略，三成來自執行」，尤其許多美國的公司總裁都身兼執行長，董事會的功能萎縮到「監督」。

以這角度來分析耐吉與愛迪達的經營績效，總裁兼執行長的角色就非常重要。本單元開宗明義地說，2020 ～ 2021 年耐吉總裁兼執行長杜納霍能力、股市績效皆勝過對手愛迪達的略爾斯鐵德。

一、資料來源

1. 人力仲介公司 Comparably

由小檔案可見，此公司推出網站，讓各大公司員工可以對三級管理階層兩個問題評分。

2. 三級管理階層：總裁、副總裁、經理級

3. 兩個問題

(1) 領導型態

Do you approve of your CEOs management styles?

(2) 經營績效

How would you rate the effectiveness of your CEO to drive business results?

二、三級管理階層得分，耐吉勝

由表 4-14 第二列可見，耐吉與愛迪達三個管理層級，員工給的評分，耐吉全勝。

三、以總裁來說，耐吉大勝

由表 4-14 下半部，可見耐吉與愛迪達總裁的得分。

杜納霍 77 分似比略爾斯鐵德 71 分高 6 分，但由於員工給分在各大公司總裁皆在七十幾分，所以重點在看排名。杜納霍 77 分在兩種分類中涵意如下：

1. 同員工規模（1 萬名）公司 1338 家中：杜納霍排前 10%、略爾斯鐵德 71 分，排前 30%

2. 同業相比：杜納霍第一，略爾斯鐵德第三。

Comparably Inc. 公司小檔案

成立：2015 年

住址：美國加州聖塔莫尼卡市

董事長：四位創辦人

總裁：Jason Nazar

主要產品：人力資源仲介公司，每年進行最佳雇主評比

主要客戶：大公司、勞工

員工數：51 ～ 200 位

公司員工對二級主管評分資料來源

時：每天

地：美國加州

人：比較公司 (Companably Inc.)，2022 年 5 月被 Zoominfo 公司收購

事：大公司員工對公司三層級主管經營、領導評分。

表 4-14　耐吉與愛迪達員工對三層級主管的評分

<table>
<tr><th colspan="3">項目</th><th>耐吉</th><th>愛迪達</th></tr>
<tr><td rowspan="3">三個層級</td><td colspan="2">總裁</td><td>77</td><td>71</td></tr>
<tr><td colspan="2">副總裁級</td><td>69</td><td>65</td></tr>
<tr><td colspan="2">經理</td><td>69</td><td>67</td></tr>
<tr><td rowspan="10">針對總裁</td><td colspan="2">員工</td><td>497 位</td><td>230 人</td></tr>
<tr><td colspan="2">同規模公司比較</td><td>前 10%</td><td>前 30%</td></tr>
<tr><td colspan="2">同行比較</td><td>第一</td><td>第三</td></tr>
<tr><td rowspan="2">領導型態</td><td>認同</td><td>84%</td><td>50%</td></tr>
<tr><td>不認同</td><td>16%</td><td>50%</td></tr>
<tr><td rowspan="5">經營績效</td><td>極佳</td><td>23%</td><td>11%</td></tr>
<tr><td>佳</td><td>27%</td><td>11%</td></tr>
<tr><td>普通</td><td>32%</td><td>45%</td></tr>
<tr><td>不佳</td><td>9%</td><td>22%</td></tr>
<tr><td>極不佳</td><td>9%</td><td>11%</td></tr>
</table>

資料來源：整理自 The Comparably 公司，2022 年 3 月 11 日。

4-10 杜納霍的領導型態

大學中「管理學」的核心就四個字：「因人成事」，也就是管理一個組織（政府、公司等），當主管的在於「帶領」部屬，把任務（或目標）達成。這主要靠公司的使命宣言、企業文化，更實際的是靠執行長（董事長、總裁）的領導型態。本單元說明耐吉總裁杜納霍的領導型態：信任與僕人式領導。

一、資料來源

1. 信任領導的資料來源

這主要是 2013 年杜納霍在「領英」上的文章，2019 年 10 月 23 日，CNBC 電視台再深入訪談他。

2. 僕人式領導資料來源

這來自 2020 年 9 月 17 日，SGB 媒體公司（2003 年成立，亞利桑那州鳳凰城）的報導。

二、領導型態 I：信任領導

對部屬授權的前提是對部屬「信任」，由表 4-16 可見，在杜納霍高中畢業、進大學前三個月暑假，他在芝加哥市附近擔任啤酒物流中心卡車司機助理（在臺灣俗稱捆工），被司機們信任的經驗，讓他可以「有樣學樣」。

三、領導型態 II：僕人式領導

在杜納霍長期在貝恩顧問公司任職期間，他的主管也是職涯貴人、導師托瑪斯．蒂爾尼的僕人式領導言行帶給他深刻的影響，詳見表 4-17。

表 4-15 耐吉總裁杜納霍兩個重要文章

時	人	事
2019 年 10 月 27 日	美國紐澤西州恩格爾伍德鎮 CNBC	在 9 分 3 秒專訪中 “Lesoons incoming Nike CEO John Donaheo learned at a summer job”
2020 年 9 月 17 日	美國北卡羅納州阿什維爾鎮 SGB executive，公司 2003 年成立。	在（SGB Media）公司網站中，杜納霍跟貝寶總裁 Dan Schulman 對談

表 4-16　杜納霍領導型態：信任、授權

事實	杜納霍的體會
1978 年高中畢業時，他從朋友父親那裡得到在芝加哥市一個擔任啤酒物流中心卡車司機助理工作。 他必須加入國際卡車司機兄弟會（IBT），早上 6 點半就抵達物流中心協助卡車司機裝卸貨物，並把啤酒送到芝加哥市周圍的經銷商。 全程以現金交易而部分送貨點治安很差，他注意到有卡車司機在襪子裡藏槍。他坐在卡車裡把車門鎖上，因為曾發生有人打破助理的頭去偷車上啤酒的事。	他後來取得史丹福大學商學院企管碩士，但學會如何做企業領導的技巧都沒有 1978 年暑期工時那麼多。他 2013 年在專業社群媒體「領英」裡發文回應，他從中得到兩個難得經歷。 先必須跟不同的人合作，不能期待對方想法跟自己一樣，要了解每個人的不同個性、處事辦法和互動方式。這份工讓他結交了一班卡車司機、笨拙地學開卡車，和早上 7 點就開始喝啤酒。
一位卡車司機讓他開卡車進倉庫時撞到門口而造成數千塊美元損失，那司機自己扛起所有損失和責任。	這讓他學到什麼是信任。 那就是信任一個人之後，縱使出現過錯也會給予支撐和為此承擔責任。 他為回報那司機對自己的信任，整個暑期工作都全力以赴。他從中學到「假定信任」（assumed trust）的管理信條。 他認為既然大家是同一團隊，一開始可先假設對方值得信任，讓其有表現空間，用鼓勵方式來讓團隊裡每一個人都能成功。他過去擔任企業總裁時一直使用這「假定信任」信條。

資料來源：整理自工商時報，2019 年 11 月 24 日，A4 版，鍾志恆。

表 4-17　杜納霍對僕人式領導的體會

事實	杜納霍
托瑪斯．蒂爾尼（Tomas Tierney，1954 ～） 2015 年 7 月起電子灣公司董事長 1992 ～ 2001 年 1 月貝恩公司總裁兼執行長 1980 年加入貝恩公司，1987 ～ 1991 年擔任舊金山公司管理董事，採取僕人式領導（Servant Leadership） 杜納霍 1982 年加入公司：1999 ～ 2005 年成為總裁	1. 服務的範圍 公司外：對顧客、對社會 公司內：對同事 2. 服務的功用 二大靈感來源之一 另一個是耐吉的公司使命宣言 使你有復原力（Reaillierce）

4-11　耐吉與愛迪達能力與績效

在比較兩家同行業公司的經營績效時，我們採取大表方式，詳見 4-18 ～ 4-19，額外考量兩點。

1. 經營能力：以店數爲例

以零售、餐飲業來說，因爲有店面、員工數數字，所以可算出「每單位營業面積績效」（average sales per unit area）、員工平均績效。

2. 考量時間：十年

考量期間以十年爲宜，這大抵是一位總裁兼執行長的任期。

一、耐吉

1. 經營能力

(1) 店數：2018 年高峰 1182 家店，之後，開始衰退，主因是 2017 年 3 月起，大幅衝刺網路零售業務。

(2) 員工數：由 2019 年高峰 7.67 萬人，之後，開始衰退，但平均每店員工由 61.84 人，提高到 70 人，2022 年又再增加。

2. 消費者績效

(1) 消費者滿意程度：2019 年以前耐吉比愛迪達略低 2 分，2021 年，低 1 分。

(2) 淨推薦分數：2022 年 51 分，偏中間，星巴克 78 分，來自客忠誠度 83%。

(3) 品牌價值：2010 年 137 億美元，2022 年 503 億美元，成長 3.67 倍，比愛迪達成長 2.89 倍多。但差距越拉越大，這在單元 9-6 詳細說明。

3. 財務績效

耐吉的會計年度是從每年 6 月起至隔年 5 月，其營收可從幾個角度分析。

(1) 跟愛迪達比較：耐吉 467 億美元、愛迪達 251 億美元，愛迪達是耐吉 54 折。

成長率 12 年（2010 ～ 2022 年）營收成長率 12.15%，是全球經濟成長率 3 倍以上。

(2) 零售型電子商務：占營收比重，從 2010 年 1.37% 到 2022 年 24%，成長迅速。

(3) 淨利：淨利平均成長率 18.08%，比營收成長率 12.15% 高。

(4) 每股淨利：從 2010 年 0.917 美元，到 2022 年 3.75 美元。

(5) 股市績效：漲幅是道瓊指數的 3 倍，11 年平均上漲 65.5%。

股價 2016 年突破 50 美元，成爲藍籌股（Blue Chip Stock）。

二、愛迪達

1. 經營能力

店數：2016 年達到高峰 2811 家店，之後，便衰退。

員工數:2020 年員工人數達到 6.23 萬人，2020 年隨著新冠肺炎疫情關閉一些店而減少。

2. 消費者績效

消費者滿意程度：行業排第二，耐吉第三。

淨推荐分數：47 分左右，跟耐吉差不多。

品牌價值：2022 年 159 億美元，是耐吉 503 億美元的 32 折。

3. 財務績效

同耐吉分析方式。

表 4-18　耐吉經營能力與績效

項目 / 年		2010	2015	2016	2018	2019	2020	2021	2022
店	店數	689	931	1,045	1,182	1,152	1,096	1,048	1,046
	員工人數（萬）	3.44	6.26	7.07	7.31	7.67	7.54	7.33	7.91
消費者績效	消費者滿意	80	78	80	77	81	78	78	–
	淨推荐分數	–	–	–	–	–	–	30	51
	品牌價值（億美元）	137.06	230.7	280	280	324	348	303.43	503
經營績效	* 營收（億美元）	190	306	324	364	391	374	445	467
	* 電子商務（億美元）	2.6	16.43	21.13	35.24	52.18	85.71	106.39	112
	* 網售滲透率（%）= (8)/(7)	1.37	5.37	6.52	9.68	13.35	22.92	23.91	24
	淨利（億美元）	19.07	32.73	37.6	19.33	40.29	25.39	57.27	60.46
	每股淨利（美元）	0.97	1.85	2.16	1.17	2.49	1.6	3.56	3.75
	股價（美元）	18.66	58.19	47.89	71.58	98.85	139	166.67	165

表 4-19　愛迪達經營能力與績效

項目 / 年			2010	2015	2016	2018	2019	2020	2021	2022
店	* 店數	總店數	2,270	2,722	2,811	2,395	2,533	2,185	2,184	1,990
		暢貨中心	725	872	902	933	1,075	1,041	1,087	1,057
		概念店	1,351	1,351	1,757	1,341	1,333	1,029	987	834
		折價店	193	152	152	121	125	115	111	99
	員工人數（萬）		4.19	5.55	6.06	5.7	5.95	6.23	6.14	5.93
消費者績效	消費者滿意		82	77	83	78	83	77	79	–
	* 其他公司		80	78	79	80	79	77	–	–
	淨推薦分數		–	–	–	–	–	–	28	47
	品牌價值（億美元）		54.95	68.11	78.85	107.72	120	120.7	143	159
經營績效	營收（億美元）		159	187.8	213.47	259	265	226.7	251.2	247.62
	淨利（億美元）		7.56	7.04	11.25	20.18	22.13	5.166	27.79	2.508
	淨利率（%）= (8)/(7)		4.75	3.75	5.27	7.77	2.358	2.177	9.96	1.01
	每股淨利（美元）		1.87	1.75	2.76	4.97	5.6	1.26	6.45	1.364
	股價（美元）		48.89	89.81	150.15	182.4	297.9	165	170	67.74

資料來源：整理自德國 Statista 公司，Number of retail stores of the adidas Group，2023 年 5 月 20 日。
* 年度：當年 6 月～隔年 5 月

4-12 耐吉與愛迪達總裁經營能力評量

撇開 2022 年 2 月 24 日起俄烏戰事引發全球股市下跌，只以 2020 ～ 2021 年之兩年股價上漲幅度來分析杜納霍的績效，可以從兩個角度來看，詳見表 4-20。

一、絕對值

2020 ～ 2021 年新冠肺炎疫情期間，耐吉營收成長 19%，股價兩年累積上漲幅度 17.81%，股價上漲幅度是營收成長率的 0.937 倍。

二、相對值

這分成三個標竿。

1. 跟自己比

2018 ～ 2019 年漲 62%、2020 ～ 2021 年 64.5%，小幅進步。

2. 跟道瓊指數比價倫理

2017 ～ 2019 年，耐吉股價上漲 61.96%，道瓊指數 15.43%，耐吉是大盤漲幅 4.16 倍，但 2020 ～ 2021 年，只剩 0.95 倍。

3. 跟對手愛迪達比較

2017 ～ 2019 年，耐吉累積漲 61.96%，愛迪達 73.4%。

2020 ～ 2021 年，耐吉累積漲 17.81%，愛迪達跌 15.07%。

表 4-20　耐吉與道瓊指數漲幅與倫理

年	2017	2018	2019	3 年漲幅（%）	2020	2021	2 年漲幅
(1) 耐吉	62.55	74.14	101.31	61.96%	141.47	166.67	17.81%
(2) 愛迪達	167.15	182.4	289.8	73.4%	297.9	253	–15.07%
(3) 道瓊	24,719	23,327	28,538	15.45%	30,606	36,338	18.73%
(4) = (1)/(3)	–	–	–	4.1 倍	–	–	0.95 倍
(5) = (1)/(2)	–	–	–	0.84 倍	–	–	–0.8 倍

一、選擇題

(　) 1. 全球比較權威的公司品牌評價公司是哪家？　(A) Interbrand　(B) Brand Finance　(C) Finance PR.com

(　) 2. 耐吉公司最大持股人士是誰？　(A) 創辦人菲律普．奈特家族信託　(B) 先鋒集團　(C) 貝萊德（Black Rock）

(　) 3. 全球運動服鞋業一哥是哪家公司？　(A) 美國耐吉　(B) 德國愛迪達　(C) 日本美津濃

(　) 4. 耐吉創辦人菲律普．奈特屬於第幾級公司領導者？　(A) 第三級　(B) 第四級　(C) 第五級

(　) 5. 耐吉公司品牌價位在全球公司大抵排第幾名？　(A) 第 11 名　(B) 第 111 名　(C) 第 1,111 名

二、問答題

1. 2020 ～ 2022 年全球新冠肺炎疫情，美歐等國封城等，經濟活動降溫，爲何耐吉營收不降反升？
2. 試說明耐吉公司董事會任用一位沒有運動服鞋產銷經驗的杜納霍當總裁兼執行長的原因。
3. 如何衡量一家公司三級管理階層的能力？
4. 公司間競爭如同兩軍作戰，元帥（公司總裁兼執行長）的能力產值如何評估？
5. 表 4-19 ～ 4-20 是本書作者發展出的公司經營績效量表，請試著用另一家同行業公司比較。

Chapter

05

零售商店產品策略：1972 ～ 1984 年耐吉 PK 銳跑

時勢造英雄，英雄造時勢

在總體環境四大類中，第三類「社會／文化」在 1970、1980 年代，耐吉、銳跑皆因抓得住美國人的偏好，大發利市。

5-1 鞋子的三種用途與構造

當你看耐吉、銳跑、愛迪達幾乎殺手級鞋款的英文文章，會發現許多英文生字，而且各鞋款的各年式款大同小異的描寫很細。本單元中詳細介紹不同的鞋款與用途，以便後續內容上的理解。

一、鞋子用途

如表 5-1 所示。

表 5-1　三大類鞋的中小分類

大分類	中分類	小分類
穿著（Dress）	（一）上班穿 （二）工作鞋（Work Boots）	馬靴（Boots）、皮鞋等
休閒（Causal）	（一）休閒鞋（Leisure Shoes） （二）便鞋	旅遊鞋（Travelling Shoes） 涼鞋（Sandals）
運動功能鞋（Performance Shoes）	（一）依用途 1. 球鞋（由上往下）	(1) 籃球鞋（Basketball Shoes） (2) 網球鞋（Tennis Shoes） (3) 有氧運動鞋（Aerobic Shoes） (4) 足球鞋（Football Shoes）
	2. 徑賽	(1) 田賽鞋（Field Shoes） 登山鞋（Climbing Shoes） (2) 徑賽 / 慢跑鞋（Jogging Shoes） (3) 跑步鞋（Running Shoes、Track Shoes、Spike）
	（二）依專業等級	1. 選手級（Athelic Shoes） 2. 訓練級（Trainees）

二、鞋子材料

表 5-2 中，將鞋子依照由上往下的部位說明其材料。

表 5-2　鞋的三大類用途與鞋各部分名稱材質

鞋的部位			材質	運動鞋	休閒鞋	穿著
鞋外觀	鞋口		–	–	–	–
	鞋高	高筒	–	✓	–	✓
		中筒	–	籃球	–	✓
		低筒	–	網球	✓	✓
	鞋舌		–	–	–	–
	鞋帶		魔鬼氈	–	✓	✓
			鞋帶	✓	–	–
	鞋面		真皮（牛、豬、鹿）	–	–	✓
			人造皮（PU、PVC）	–	✓	–
			尼龍織物	✓	–	–
			帆布		–	–
鞋內	鞋墊	材料避震	海綿	✓	–	–
		結構避震	PU 鞋墊	✓	✓	✓
鞋底	內底（Upper Sole）		–	–	–	–
	中底（Mild Sole）	氣墊	–	✓	✓	✓
		沒氣墊	EVA、TPU	✓	✓	✓
	大底（Bottom Sole）	厚底	四種橡膠	✓	✓	✓
		薄底	–	✓	✓	✓

5-2　全球運動鞋的發展

要了解德國愛迪達、美國耐吉和銳跑，甚至日本美津濃、亞瑟士等運動服鞋業公司的發展，從歷史角度來看才能知道時空背景。

一、全球

現代運動鞋主要特點在於橡膠底，這在 1852 年才發明出來，依工業水準依序發展。

1. 1870 年代英國首先推出橡膠底運動鞋。
2. 1892 年，美國的橡膠公司跟上，推出美國第一雙橡膠底的運動鞋。
3. 1906 年，日本美津濃跟上。
4. 1920 年，德國愛迪達前身，從小鞋店作起。

二、美國

美國麻州波士頓市有三大運動服鞋公司，銳跑在表 5-3 第三欄，另兩家如下。

1. 1906 年麻州波士頓市

新伯倫（New Balance），這家公司因股票沒上市，新聞較少，2020 年營收 53 億美元，員工 5,000 人，營收停滯。

2. 1908 年，匡威

詳見表 5-3 第四欄。

三、全球運動人口

這粗分成兩種，如下說明：

1. 球類運動粉絲人數

每年 1 月 23 日左右，Sports Show、Sports tell 公布全球最受歡迎 10 項（球類）運動，我們比較 2020、2022 年數字，幾乎沒變，詳見表 5-4。其依據 15 個標準來計算排名，限於篇幅，本書不討論。

2. 跑步

以賽跑來說，國際田徑總會（World Athletics）統計，從事賽跑的人口大約 800 萬人。至於慢跑則比較缺乏統計，大約占全球人口 9%，以 2023 年 80.5 億人來說，約 7.2 億人。

表 5-3　英德日美重要運動鞋公司發展沿革

鞋	球鞋（網球）	跑步鞋	籃球鞋	日本
一、外國			足球鞋	
時	1870 年代	1895 年	1949 年 8 月 18 日	1906 年 4 月 10 日
地	英國	英國曼徹斯特縣博爾頓鎮	德國巴伐利亞州埃維爾朗根	日本大阪市
人	英國許多鞋子公司	J.W.Foster & Sons 公司，銳跑的前身	阿道夫・達斯勒	水野利八
事	1. 球類 (1) 網球 (2) 槌球 2. 休閒	1924 年法國巴黎奧運，英國隊獲得 100、400 公尺男子賽跑冠軍	愛迪達公司，作跑步鞋、足球鞋	成立美津濃（Mizuno），日本最大運動服鞋公司
二、美國				日本
時	1971 年 5 月 30 日	1979 年	1908 年	1949 年
地	美國奧勒岡州	美國麻州波士頓市	麻州馬爾發鎮	日本神戶市
人	菲律普・奈特（Philip H. Knight）	費爾曼（Paul Fireman）	匡威（Marquis M. Converse）	鬼塚喜八郎
事	成立耐吉，前身是藍帶體育用品公司（1964/01/25～1971/05/29），代理日本鬼塚公司跑步鞋	成立銳跑國際公司，先代理英國銳跑的跑步鞋	成立匡威公司（Converse）1917 年生產出籃球鞋，帆布鞋面	成立鬼塚公司，跑步鞋名稱為鬼塚虎（Onitsuka Tiger）1977 年，跟另一公司合併，改名為亞瑟士

資料來源：部分整理自英文維基百科 Sneakers。

表 5-4　全球球類運動粉絲人數

排名	球	億人	洲	國家
1	足球（Soccer）	40	歐、非、美	英、德、西班牙、義大利、巴西
2	板球（Clicket）	25	歐、亞	英、印度
3	曲棍球（Hockey）	20	歐美	美、加
4	網球（Tennis）	10	歐、美、亞	英、美、澳
5	排球（Volleyball）	9	歐、美、亞	—
6	乒乓球（Table Tennis）	8.75	歐、亞	中
7	籃球（Basketball）	8.25	美、亞	美、加、中、菲
8	棒球（Baseball）	5	美、亞	美、日、南韓
9	美式足球（Rugby）	4.75	英、歐	美、英、法
10	高爾夫球（Golf）	4.5	歐美	美、加等

資料來源：整理自 Sports Tell，2023 年 1 月 7 日。

5-3 耐吉與銳跑的產品對決 I：1972 ～ 1984 年

耐吉 2022 年度（2021.6 ～ 2022.5）營收 467 億美元、2022 年德國愛迪達 247.5 億美元、美國銳跑 16 億美元。耐吉的全球運動服鞋業一哥地位，是在 1972 ～ 1984 年靠四個鞋款打下基礎。

一、愛迪達與彪馬

愛迪達贏在起步早，1920 年兩兄弟先從小鞋店出發，1936 年德國柏林奧運，美國非裔選手傑西．歐文斯穿達斯勒鞋廠釘鞋，拿下四個徑賽金牌，鞋廠大紅。

1948 年，兩兄弟分家，二弟阿道夫．達斯勒的愛迪達作大了；大哥魯道夫．達斯勒的彪馬（Puma），2007 年被法國開雲集團（Kering）收購，2022 年營收 88.9 億美元，只有愛迪達的三分之一。

二、美國耐吉

美國耐吉的「導入一成長期」如下：

1. 1964～1971 年 5 月，賺進第一桶金

菲律普．奈特與他的大學田徑教練比爾．包爾曼各出 500 美元成立藍帶體育用品公司，成爲日本鬼塚公司鬼塚虎運動鞋的批發商。

2. 1971～1984 年，靠四個鞋款奠定全球一哥地位

1971 年 5 月 30 日，藍帶體育用品公司結束，兩人另成立耐吉（希臘神話中勝利女神名字），1971 年 5 月至 2016 年 6 月，奈特擔任董事長，可用中國大陸最偉大朝代唐朝的唐太宗李世民來比喻。

三、美國銳跑

銳跑 1982 年推出的有氧運動鞋「隨性」，再加上 1984 年推出籃球、網球鞋，1987～1989 年的營收一度超越耐吉。但 1988 年耐吉等公司也推出有氧運動鞋，再加上砸大錢打廣告，1990 年起把銳跑打趴了。銳跑兩度易手，2021 年被愛迪達轉賣給「正宗品牌集團」（Authentic Brand Group），2022 年營收約 23 億美元，是家曇花一現的公司。

表 5-5　1972～1984 年耐吉與銳跑基本產品對決

時間	1972 年	1978 年	1982 年	1984 年
社會文化	1970 年代的街頭文化	1970 年代的健身（Fitness）	1970～1980 年代有氧運動狂熱（Aerobics Crazy）	1970 年代的炫耀性消費
二、市場結構				
（一）鞋子	跑步鞋	氣墊鞋	有氧運動鞋	籃球鞋
（二）一哥	愛迪達 亞瑟士	愛迪達	耐吉	美國匡威
三、挑戰者				
（一）公司	耐吉	耐吉	銳跑	耐吉
（二）鞋子	柯爾特斯（Cortez）		隨性（Freestyle）	飛人喬丹（Air Jordan）

5-4 耐吉與銳跑的產品對決 II：1979 ～ 1988 年

2022 年 2 月 24 日，俄國入侵烏克蘭，電視新聞每天把烏克蘭地圖作背景，說明在烏克蘭北（主要是首都基輔市）、東部（頓巴斯）、南部（主要是敖德薩市與港）。

1979 ～ 1987 年美國耐吉與銳跑的市場攻防戰，跟俄烏戰爭地圖很相似，詳見圖 5-1。

一、耐吉占大塊

耐吉的優勢有三：

1. 先行者優勢（First Move Advantage）

1964 年 1 月，就作運動鞋代理，比銳跑 1979 年，早 15 年。

2. 董事長經營能力強

菲律普．奈特的經營能力十分卓越，用美國暢銷企管作者詹姆斯．柯林斯（James Collins）1996 年出的書《從 A 到 A+》中的概念來看，奈特可說是第五級領導：「謙虛個性和專業的堅持，建立起持久的卓越績效。」

3. 功能能力

產品研發與組合能力強（圖 5-1 上右半部）、行銷能力極強（第九、十章中說明）。

二、銳跑占小塊

由圖 5-1 可見，銳跑占的市場區隔較小。

1. 後起之秀

1979 ～ 1981 年，美國銳跑從代理英國銳跑三款跑步鞋起家。

2. 創辦人費爾曼

費爾曼大學肄業，策略「雄心」只限於發財，靠一個利基產品——有氧運動鞋「隨性（Freestyle）」賺到機會財，但因經營能力有限，公司紅七年（1982 ～ 1989 年）便後繼無力，他可說是第三級領導：「能夠組織人力和資源，有效能的追求目標。」

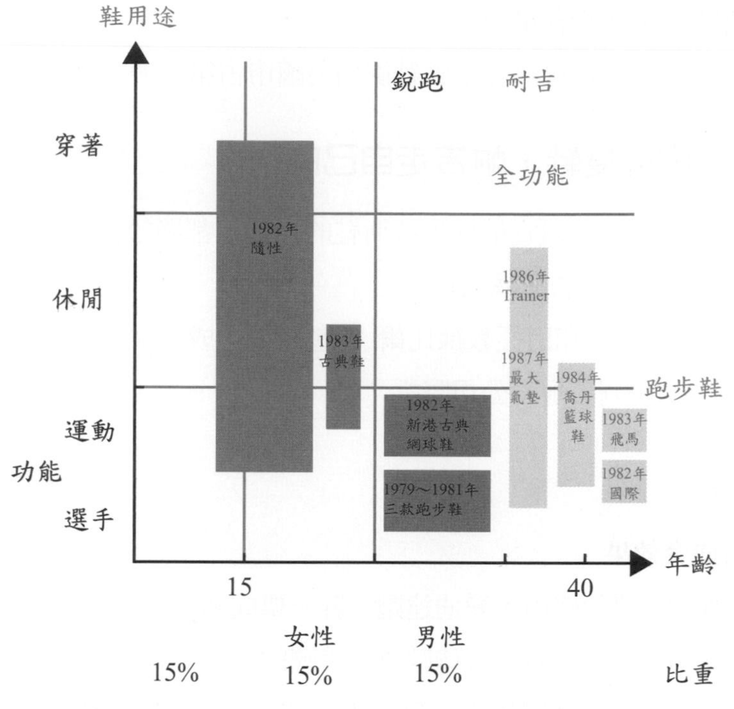

圖 5-1　1979～1988 年耐吉與銳跑市場定位

5-5 耐吉殺手級跑步鞋柯爾特斯 I：開發過程

1971 年 5 月 30 日，耐吉公司成立（前身是藍帶體育用品公司），1972 年 8 月 26 日靠著跑步鞋柯爾特斯（Cortez）一炮而紅，如同「灰姑娘」的故事。

但套用 1076 年宋朝蘇軾《稼說送張琥》的成語「厚積薄發」，柯爾特斯鞋只是「薄發」中的第一發，本單元說明 1966～1972 年這雙鞋研發、命名至上市的苦難過程。

一、1964～1971 年 4 月，藍帶體育用品公司

1. 1966～1967 年

由表 5-6 可見，在美國奧勒岡大學擔任田徑教練的比爾．包爾曼（Bill Bowerman，1911～1999）相信質輕的跑步鞋，會讓選手比較不費力，能跑更久更遠。1966～1967 年研發了柯爾特斯鞋（Cortez）。此鞋由日本品牌公司鬼塚公司發行，美國總經銷藍帶體育用品公司進口銷售。

2. 1970 年，鬼塚虎美國跑步鞋第一

1970 年，藍帶體育公司把鬼塚虎運動鞋衝到美國市占第一。

二、1971 年，由這雙鞋，耐吉走自己的路

1. 1971 年，藍帶體育用品公司宣稱柯爾特斯鞋的名稱等都屬於自己，只是藉名登記在鬼塚公司名下，前者因此控告鬼塚公司。
2. 1971 年，菲律普 ‧ 奈特和田徑教練比爾 ‧ 包爾曼另成立耐吉公司。
3. 1974 年，美國的法院判決耐吉公司勝訴。

三、產品上市

1. 奧運會有點石成金效果

(1) 1932 年美國加州洛杉磯市，愛迪達跑步鞋一舉成名。

(2) 1936 年德國柏林市，匡威的籃球鞋成為美國隊的指定鞋。

(3) 1960、1964 年，義大利羅馬市、日本東京都，馬拉松賽伊索比亞的阿比比．比基拉（Abebe Bzhila），捧紅了亞瑟士。

2. 1972 年 8 月，德國慕尼黑奧運

比爾 ‧ 包爾曼擔任美國隊田徑隊總教練，選手穿柯爾特斯鞋取得好成績，此鞋大紅大紫，也跟著大賣。

表 5-6　耐吉龍興的鞋「柯爾特斯」研發、上市沿革

時間	1966 ～ 1967	1967 年	1958 年 2 月 12 日
地點	美國奧勒岡州尤金鎮	日本神戶市	德國
人 / 公司	比爾．包爾曼（Bill Bowerman）	鬼塚公司	愛迪達
事件	花二年研發	在鬼塚公司的鞋子編號：鬼塚虎 24 號（Onitsuha Tiger 24，TG24）	律師函，宣稱藍帶體育用品公司的艾茲特克，抄襲愛迪達鞋子「艾茲特克黃金」（Azteca Gold）

時間	1968 年 10 月 22 日	1971～1971 年	1972 年 8 月 26 日
地點	墨西哥墨西哥市	美國	德國慕尼黑市
人／公司	藍帶體育用品公司	藍帶體育用品公司	耐吉（公司 1971 年 5 月成立）
事件	在墨西哥奧運中，美國隊穿了柯爾特斯鞋	控告鬼塚公司，表示自己是「柯爾特斯」鞋的發明人，1974 年，法院判耐吉勝訴	奧運時，此鞋上市，為美國隊中田徑選手比賽鞋，成績極佳

資料來源：整理自英文維基百科 Bill Bowerman。

5-6 耐吉殺手級跑步鞋柯爾特斯 II：產品上市

1944 年 6 月 6 日，美國爲首的聯軍在法國諾曼第海灘登陸，接著花了 3 個月才成功向內陸推進。同樣的，2007 年 6 月 29 日蘋果 iPhone 手機上市，一年一款，這是蘋果公司手機的諾曼第之役。

1972 年 8 月，耐吉殺手級跑步鞋柯爾特斯上市，從 1972 年到 1976 年，花了四年才站穩市場。

表 5-7　耐吉柯爾特斯鞋產品四階段發展

時間	1968～1972 年	1973 年	1975 年	1976 年
市場定位	男性功能之一「選手級」	男性，跨界「休閒」、功能之二「運動」	偏重功能之二運動，甚至選手級	女性
主訴求	跑步鞋 馬拉松鞋	皮面，可以搭配休閒服	號稱全球最輕跑步鞋	鞋子名稱「柯爾特斯小姐」（Senorita Cortez）
考量	強調使用「耐吉纖維」（Swoosh Fiber）	22.9 美元，售價低，一鞋兩穿	1973 年皮面鞋太重，好看但不耐跑	耐吉 Swoosh 標誌紅色

資料來源：整理自 Sneaker Magazine，“45 years of Nike Cortez”，2017 年 6 月 20 日。

一、1968 ～ 1972 年功能鞋中偏選手級跑步鞋

從此鞋的報紙廣告，可看出鞋子特性，以鞋底三層來說：

1. 上層（Upper）底：空氣動力上層（Aerodynamic），強調使用「滿勾纖維」，有三個優點，透氣（Ventilation）、抗潮濕（Moisture Resistant）、非伸縮性（Non-Stretchable），這是眞皮、帆布鞋面比較缺乏的特性，而且重量更輕。
2. 中層底（Mild Sole）：連續型（Continuous）海綿吸塞。
3. 鞋底（Outer Sole）：橡膠厚底，較重。

二、1973 年，跨界跑步鞋

1. 訓練級（Trainee）

2. 吃二個市場

(1) 休閒跑步（Casual Running）、慢跑（Jogging）

(2) 一般休閒時穿

三、1975 年

1. 用途：都市馬路、鄉村跑步鞋

跟汽車有都會型、越野（Off-Road）一樣，此鞋也是跨界。

2. 特性：以尼龍材質當鞋面

尼龍（Nylon）取代兩種鞋面材質（眞皮、帆布），強調全球最輕跑步鞋。

四、1976 年，柯爾特斯小姐鞋

這是運動服鞋公司較早推出的女性運動鞋，只是把耐吉商標「滿勾」用紅色，產品並沒有不同。這雙鞋名稱使用西班牙文「柯爾特斯小姐」（Senorita Cortez）命名，因下列兩部電視影集、電影小紅過一陣。

1. 1976 年法拉．佛西

1976 年美國電視影集「霹靂嬌娃」（Charlie's Angels），第一代三位嬌娃之一的法拉．佛西（Farrah Fawcett）穿著該鞋溜滑板，此鞋價格便隨著佛西爆紅也水漲船高。

2. 1992 年電影「夜驚情」（Consenting Adults）

五、21世紀以後

1. 代言人

饒舌歌手肯卓克・拉馬（Kendrich Lamar）。

2. 聯名款

(1) 日本時尚品牌Comme des Garçons。

(2) 刺青師馬克・馬查多（Mark Machado）。

(3) 小名是「卡通先生」（Mister Cartoon）。

5-7　總體環境之三「社會／文化」I：柯爾特斯鞋大賣

耐吉的柯爾特斯鞋是運動鞋躋身時尚商品的成功例子，本單元說明其大賣的背景：

一、第一波紅：1970年代

柯爾特斯鞋一上市便大賣，部分原因是符合當時街頭服飾的需求。

1. 1970年代起流行街頭文化

(1) 人：非裔美國人，猶太裔、墨西哥裔，白人以外家庭。

(2) 服裝：財務狀況較弱，小孩生得多，所以父母給小孩買大幾號衣服（T恤）可以穿久一點，久而久之，穿著唱歌、跳街舞，稱爲「街頭服飾」（Streetwear）。

2. 音樂：說唱（Hip-hop，音譯嘻哈）、DJ

3. 街舞（Street Dance）：機械舞、霹靂舞

4. 塗鴉（Graffiti）

二、第三波紅：1991～1994年

1. 1991年的美國橄欖球超級盃中場秀，超級巨星惠妮・休斯頓正是穿這雙鞋表演。

2. 1994年，電影《阿甘正傳》

由表5-8第四欄可見，電影《阿甘正傳》（Forrest Gump）中，阿甘穿著柯爾特斯鞋上山下海跑了三年，帶動一群粉絲跑著，這部電影在電視上重播率極高，當年票房6.77億美元，許多人跟著買來穿，因此此鞋又稱「阿甘鞋」。

表 5-8　1970 ～ 1994 年耐吉柯爾斯特鞋走紅原因

時間	1970 年	1991 年 1 月 27 日	1994 年 7 月 23 日
地點	美國	佛羅里達州坦帕市	阿拉巴馬州
人物	以嘻哈歌手 Eazy-E（1963 ～ 1995 年）為例	惠妮．休斯頓（Whitney E. Houston, 1963 ～ 2012 年）	男主角阿甘（Frorest Gump）
事件	Eazy-E 創立潮牌 Ruthless。	在美式橄欖球超級盃比賽中場休息時，惠妮．休斯頓穿柯爾斯特鞋表演。	在電影《阿甘正傳》中，阿甘穿著女主角珍妮送的耐吉柯爾斯特鞋，在美國東西岸來回跑了三年，因此又稱「阿甘鞋」。

三、市場定位圖

1. **X 軸：性別、年齡。**
2. **Y 軸：服鞋的用途。**

由圖 5-2 可見，我們把服裝、鞋的用途分三項。

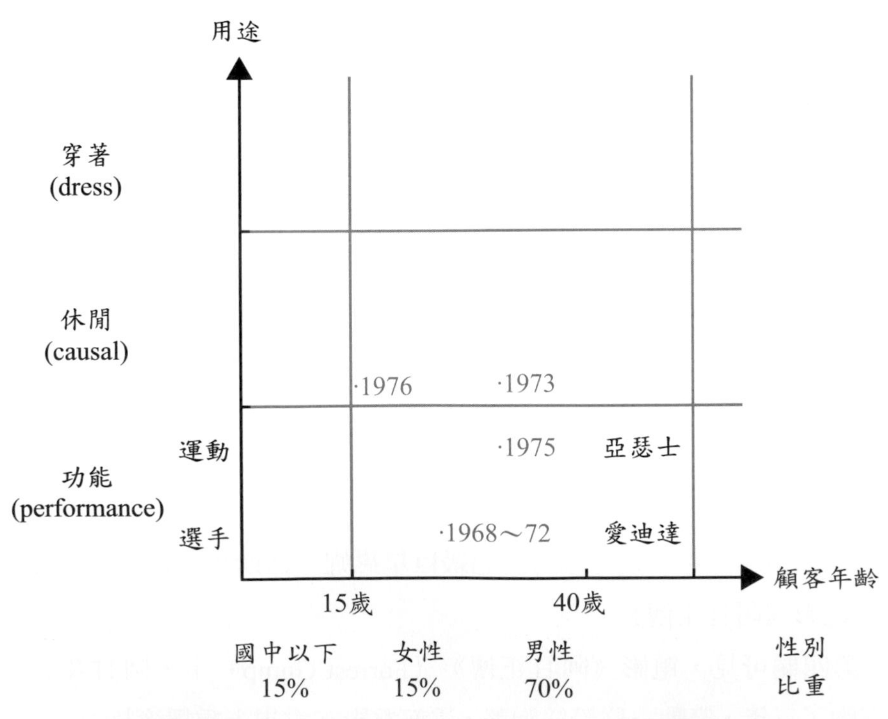

圖 5-2　耐吉柯爾斯特斯 1968 ～ 1976 年市場定位

(1) 功能（Performance）：再細分「運動員」（Athlele）、一般人運動（Sports Workout）、健身（Fitness）。

(2) 休閒（Causal）：又稱生活型態。

(3) 平常（Dress）：尤其指外出、上班。

由表 5-9 可見，柯爾特斯鞋走紅一個原因是跨界，一鞋兩穿，可用於運動，也可穿便服時當休閒鞋穿。

表 5-9　汽車、運動鞋跨界緣起

時間	1972 年	1979 年
人物	耐吉	美國汽車公司（AMC，1954～1987年）
事件	跨界運動鞋柯爾特斯把「運動」（Atheletic）加「休閒」（Leisure）創新字「運閒」（Athleisure）	跨界休旅車（Crossover Sport Ulility Vehicle, CUV）「老鷹」（Eagel）
正式（Formal）		
休閒（Leisure）	✓	✓
運動（Atheletic）	✓	✓

5-8　耐吉喬丹鞋

以全球汽車一哥日本豐田汽車公司爲例，1973 年成立，推出豐田品牌，1989 年推出高價汽車品牌凌志（Lexus）。同樣的，耐吉籃球鞋分平價款（1972 年 Bruin、Blager 高筒鞋，1982 年空氣動力 Air Force1）與高價款籃球鞋喬丹鞋（Air Jordan）。本單元說明喬丹鞋的產品生命週期。

一、導入期

由表 5-10 可見，1985 年 3 月，喬丹鞋 1 號（Air Jordan, AJ1）上市，由於喬丹出色的戰績（最佳新秀），再加上美國職業籃球協會（NBA）的服裝處罰，每場 5000 美元，每次處罰都有媒體大幅報導，俗稱「罰款廣告」（banned advertising），即耐吉替喬丹付罰金，效果等於免費廣告。

1985 年喬丹鞋營收 1.3 億美元，喬丹 1 號鞋號稱運動（精準的說籃球）鞋中「全時最偉大」（Sneaker of GOAT，greatest of all time），是各媒體票選運動鞋的結果。

二、成長期：1988 年喬丹鞋 3 號

麥可．喬丹跟耐吉簽五年約，到了 1988 年，傳說他想跟愛迪達簽約。耐吉推出強烈麥可．喬丹色彩（表 5-10 中空中飛人 Jumpman Logo）的喬丹鞋 3 號，在促銷的廣告方面，則是跟非裔喜劇演員史派克．李一起打廣告。

此鞋售價 100 美元（跟喬丹鞋 2 號一樣），使耐吉的喬丹鞋由平價款晉升到高價款，之後，也單獨開設喬丹品牌店，銷售喬丹品牌商品，有運動服、鞋等。

表 5-10　喬丹鞋第一、二經典款

時	1985 年 3 月	說明	1988 年	說明
0. 喬丹鞋	1 版（AJ1）	籃球鞋 GOAT	3 版（AJ3）	俗稱 Jumpman
一、麥可．喬丹戰績	俗稱 Air Ship 1984 ～ 1985 年球季，每場得分 28.2 分、籃板球 6.5 分、助攻 5.9 次、抄截 2.4 次	（全時最偉大）最佳新秀	1987 ～ 1988 年球季，喬丹每場得分 35、籃板球 5.5 分、助攻 5.9 次、搶斷 3.2、阻攻 1.0	號稱喬丹色彩鞋第一年
二、耐吉				
（一）產品				
1. 設計師	彼得．摩爾（Peter B. Moore，1944 ～ 2022）	設計處處長（1977 ～ 1987 年）	汀克．哈特菲爾德（Tinker Hatfield，1952 ～），他晉升至耐吉設計與專案副總裁	1987 ～ 2000 年 12 年都是他設計
2. 產品	此鞋是 1985 年耐吉灌籃鞋（Dunk）雙生款	此鞋鞋跟有 Wing Logs		

時	1985年3月	說明	1988年	說明
喬丹特色	X，耐吉Swoosh Logo，但AJ II便不再使用		「Jumpman」，即喬丹騰空右手單手持球扣籃	此鞋具有傳奇性、球鞋服飾
顏色	紅色底，加黑色邊，但幾乎沒有白色			
皮	–		漆皮、鏡面皮（Patent Leather）號稱籃球鞋第一雙	有大象皮型
鞋底空氣墊	×	缺乏防震性	ü，採用耐吉Air Max鞋，AJ2已有	墊氣鞋（Air Sole）
（二）定價	65美元	平均價	100美元，其他籃球鞋平均價高32%，比匡威「武器」鞋高	奢侈運動鞋，早已100美元
（三）促銷：廣告	靠美國職籃協會（NBA）罰喬丹穿喬丹鞋出賽，博占版面		麥可．喬丹跟喜劇演員史派克．李（Spike Lee，1957～）打廣告	把文化跟運動鞋結合
三、銷售成績	1985年1.3億美元			

5-9 現象級運動鞋：耐吉「飛人喬丹鞋」

2007年6月29日，蘋果公司iPhone手機上市；2020年3月13日起，特斯拉Model Y車款上市大賣，造成電動汽車熱潮；這是常見的兩個現象級產品的影響。1985年3月上市的喬丹鞋，在1990年代起便有「現象級影響」。

一、喬丹鞋造時勢

1. 1987 年，飛人喬丹鞋成爲潮牌

1987 年，喬丹鞋第二版（Air Jordan 2），售價 100 美元，超過籃球一哥匡威全明星鞋款定價 32%，喬丹鞋已成運動鞋中的精品時尚。

2. 1990 年代街頭文化

990 年代，由籃球大帝麥可．喬丹帶來的籃球盛世，引發「潮牌文化」，潮牌店一家一家開，穿球鞋成爲一種流行，尤其是籃球鞋。

由表 5-11 可見，這是比較權威說明喬丹品牌是現象級影響的運動鞋。

表 5-11　耐吉喬丹品牌的現象級影響

時間	2021 年 2 月 18 日	2019 年 4 月 18 ～ 28 日
地點	法國巴黎市，Edition Jalou 公司	紐約市曼哈頓
人物	Greta Jelen	Los York 娛樂公司
事件	在美國 L'officiel 月刊上文章“How Michael Jordan's sneakers shaped baseball and fashion history”中有提到。	拍攝紀錄片“Unbanned: the Legend of AJ1（註：Air Jordan 1）”，訪問許多人說明喬丹 1 號鞋的影響。

二、耐吉鞋船隊中的航空母艦—喬丹鞋造就耐吉球鞋

蘋果公司 iPhone 手機占公司獲利一半以上，由表 5-12 可見，2020 年前，耐吉旗下喬丹品牌已到成熟期，2021 年再更上一層樓。1984 ～ 2003 年麥可．喬丹打職籃期間，是喬丹品牌營收的黃金二十年，也是使耐吉成爲精品時尚運動鞋公司地位的大功臣。

表 5-12　耐吉營收中喬丹品牌的貢獻　單位：億美元

年度	2017	2018	2019	2020	2021	2022
(1) 營收	344	364	391	374	445	467
(2) 喬丹品牌	30.98	28.56	31.38	36.09	47.7	51
(3) 喬丹品牌占營收比 = (2) / (1)（%）	9	7.85	8	9.05	10.6	10.92

5-10　總體環境之三「社會／文化」II：兩期炫耀消費

從有人類以來，就會有一些「穿金戴銀」的炫耀行銷（flaunt marketing），主要是炫耀財富（Flaunt Wealth）以取得較高社會地位，這對求偶、工作（含創業）、社交等皆有助益。學者有關炫耀性消費的研究，詳見表 5-13。以大學 11 個領域來說，涵蓋兩個領域：

一、1899 年第三領域社會科學、新聞學及圖書資訊領域

時空背景是全球第二次工業革命，1895 年美國超越英國，成為全球最大經濟國。

1. 0314 社會學及相關學類

由表 5-13 第二欄可見，一開始由 1899 年社會學者韋伯倫（Thorstein Veblen, 1857～1920）在《有閒階級論》中用「炫耀性消費」（Conspicuous Consumption）這名詞。

2. 0311 經濟學

個體經濟學稱「價格彈性大於 1」，即價格漲 1%，但商品需求量增加 1% 以上的商品稱為「韋伯倫商品」（Veblen Goods），名車、精品等都是，又稱為炫耀性商品，可滿足人類「我買得起，那你呢？」的虛榮心。

二、1950 年起，第四領域商業、管理及法律領域

1950 年代起，第三次工業革命（資訊），美國挾科技優勢，如虎添翼，經濟快速成長。電視普及，更方便品牌公司打廣告，說服民眾買汽車、精品，去突顯自己財富、所得、品味。此時的學術研究，由第四領域「商業、管理及法律」接手，主要是下列兩個小分類。

1. 0414 國際貿易、市場行銷及廣告學類；詳見表 5-13 第三欄。

2. 0416 批發及零售學類。

到 1990 年代，第三領域中的社會學小類，消費社會學的書大賣。

表 5-13　美國研究炫耀性消費的書與論文

年代	1865 ～ 1890 年	1950 ～ 1980 年代	
科技	第二次工業革命	第三次工業革命	
經濟成長階段	起飛	邁向成熟、大量消費	
時間	1899 年	1992 年	1997 年
地點	伊利諾州芝加哥市	科羅多拉多州波德市	
人物	韋伯倫（Thorstein Veblen），時任芝加哥大學助教	Christine Page，科羅拉多大學副教授	彼得．柯睿耿（Peter Corrigan）
事件	《有閒階級論》（The Theory Of Leisure Class），三篇論文合集，說明美國生意人的炫耀性消費（Conspicuous Consumption）	《行銷研究》期刊上論文 “A History of Conspicuous Consumption”	《消費社會學》（The Sociology Of Consumption: An Introduction）說明 1950 年代起消費主義（Consumerism）、物質主義
頁數	184	82 ～ 87	
論文引用次數	818	118	1157

5-11　總體環境之三「社會 / 文化」III：美國炫耀性消費

炫耀性消費（Conspicuous Consumption）是指馬斯洛需求層級中「社會親和」、「自尊」、「自我實現」的消費，也就是早已過了「生存」、「生活」的「吃飽穿暖」階段，到了「有（之後）就要更好」，這背後要有全國的經濟支撐。以個人、家庭來說，俗稱「口袋要深」。本單元說明 1950 ～ 1970 年，美國經濟成長階段到了第五階段的大量消費，衍生出炫耀性消費。

一、羅斯托的經濟成長階段五階段

1960 年，英國劍橋大學羅斯托（Walt W. Rostow，1916～2003）在劍橋出版社出版了《經濟成長的階段》（The Stages Of Economic Growth），依人均總產值分成五階段：農業社會、起飛前準備、起飛、成熟與大量消費。

二、1900～1940 年代，邁向成熟階段

1870 年起第二次工業革命（電力、電器），加速美國成爲全球第一大經濟國，再加上 1908 年起，美國福特汽車公司的平價車款 T 型汽車上市。

美國許多家庭中有電器（冰箱、洗衣機、電燈）、出門有汽車。美國在經濟成長階段已達第四階段「邁向成熟」。

三、1950 年代起，大量消費階段

由表 5-14 可見美國的總產值、人口數，進而算出人均總產值。

1. 人均總產值

這是當時的幣值，1950 年幣值約是 2022 年的 6 倍。

2. 相關名詞

(1) 富裕社會（Affluent Society）

(2) 金塊世代（Gadget Economy）

(3) 中等所得階層：雅皮士（Yuppie），即都市內的專業人士。

身分地位產品（Status Goods）：公司推出快時尚產品，以求商品更新速度，其中一支稱爲「文化品類」（Cultural Categories），消費者以炫耀自己的品味，強調社會優越（Social Superior）。

(4) 攀比（Emulate）：這是「輸人不輸陣」的心理，例如藝人的炫富，有些民眾會盡力趕上，使開名車、戴名錶變成社會風潮。

四、社會地位鞋

社會地位鞋（Status Shoes）的沿革如下。

1. 1920 年起，精品鞋

法國香奈兒（Channel）、威登（LV）、迪奧（Dior）。

2. 1988 年起，喬丹鞋成運動鞋中的精品鞋

1988 年，飛人喬丹鞋 3 版售價 110 美元，穿喬丹鞋不是上籃球場打籃球，而是上街給別人看。

表 5-14　1950 年代起，美國進入大量消費階段

年代		1940	1950	1960	1970	1980	1990
一、經濟成長階段		邁向成熟	大量消費				
二、經濟 / 人口	(1) 總產值（兆美元）	0.1293	0.3	0.542	1.073	2.857	5.963
	(2) 人口（億人）	1.32	1.51	1.79	2.03	2.26	2.49
	(3) 人均總產值 = (1) / (2)（美元）	775	1974	3007	5234	12275	23899

資料來源：Statista 公司，Annual GDP and real GDP in the U.S. from 1930 ～ 2020，2022 年 1 月 17 日。

5-12　銳跑有氧運動鞋「隨性」：利基產品

1979 年成立的美國銳跑公司，1979 ～ 1981 年代理英國銳跑的三雙跑步鞋後，賺到第一桶金。有錢走自己的路，開發自己的鞋，在跑步鞋由耐吉、籃球鞋由匡威、足球鞋由德國愛迪達占得穩穩的情況下，必須另闢戰場，作為「諾曼第」登陸的橋頭堡，才能進一步往內陸推進。本單元說明 1982 年銳跑推出有氧運動鞋「隨性」（Freestyle），號稱第一雙專為女性設計的運動鞋，如入無人之境，出奇制勝！

一、1950 年代起，女性開始穿運動鞋

像 1972 年耐吉的柯爾特斯。

二、問題

1981 年銳跑公司業務代表古巴裔美國人馬丁尼茲（Angel R. Martinez）參加太太的健身班，發現一半人沒穿鞋。

1. 有穿跑步鞋

但運動鞋不太適合轉向、側向動作（Sideways Movement）。

2. 不穿鞋

像女演員珍・芳達（Jane Fonda）早期錄影帶，她跟學員跳有氧舞時都沒穿鞋。

三、解決之道

1. 靈感與提案

他發現健身運動的需求，向老闆費爾曼（Paul Fireman, 1944～）提議，費爾曼雖沒把握，但英國大老闆喬・福斯特（Joe Foster，1935～）同意。健身鞋以女性為市場定位，這屬於處女地，尚無競爭對手，再加上打廣告，一炮而紅。馬丁尼茲也因此官運亨通，2003 年 4 月～2005 年 3 月，爬到行銷長（執行副總裁）的位置。

2. 設計、開發

由 Paul Brown 設計、Steve Liggett 開發。

四、「隨性」鞋

1. 顧客人文屬性

(1) 顧客性別：女性

(2) 顧客年齡：部分吃到高中、大學生市場

2. 產品用途：運動、休閒、正式穿著三用

詳見表 5-15，定價 50 美元，但紐約市售價較高，54.11 美元，買方以其數字簡稱 5411，有點炫耀自己穿著高檔鞋。有些女生覺得售價不高，縱使鞋子不耐穿，一旦穿壞了，再買一雙就可以，而且鞋款很多，換另一鞋款有新鮮感，這塊竟成為鞋子暢銷主因。

表 5-15　銳跑「隨性」鞋的產品線深度發展

項目	1982 年	1983 年	1984 年
鞋面	服飾真皮（Garment Leather） 1. 頭層皮（Full Grain Leather） 2. 磨砂皮（Nubuck Leather）	合成皮（Synthetic 或 Imition Leather） 1. 聚氯乙烯（PVC） 2. 聚氫酯（PU）	合成皮的優點如下 價：比真皮低 量：較真皮輕 質：可耐水但質感較差 時：易擦拭
鞋色：7 款	基本款白色 1. 古典白色（Classic White） 2. 白色	特殊色	特殊色 ● 電子 ● 泡泡糖粉紅（Bubble Gum Pink）
鞋高 低中高筒	低筒（籃球鞋）	中筒（籃球鞋）	高筒（比較像半筒馬靴），搭裙子突顯長腿、身材
鞋底	橡膠鞋底（Rubber Sole）		
其他：鞋帶	—	魔鬼氈雙扣（Velcro）	

資料來源：部分整理自 Miguel Silva, “Reebok Freestyle H”，Linkedin，2020 年 6 月 3 日。

5-13　總體環境之三「社會 / 文化」IV：美國有氧運動狂熱

俗話說：「時勢造英雄」，1982 年銳跑推出有氧運動鞋「隨性」，一推出便大賣，這是因為 1970 ～ 1989 年美國的「健身狂熱」（Fitness Craze）。

一、投入：必要條件

由表 5-16 第二欄可見，盤尼西林治療性病的梅毒病，1960 年起口服避孕藥的推出，讓婚姻外的性行為在性病、未婚懷孕的預防更有效，於是美國再次掀起「性革命」。

未婚男女想得到做愛機會，至少外表要「秀色可餐」，也就是需要「健康」、「健壯」（Fitness）。

二、轉換：有氧運動推動

由表 5-16 第三欄可見，想健身便須運動（Workout），1968 年《有氧運動》一書出版，被賈姬．索倫森（Jacki Sorensen，1942～）發展出「有氧舞蹈」，搭配上音樂，一群人跳有氧舞蹈不會無聊，她也得到「有氧舞蹈之母」的稱譽。

三、產出：追求健康美麗

1980 年代，嬰兒潮世代（1946～1964 年生的人）已三十歲上下，有錢且追求健康，許多人參加健身俱樂部，女性則參加有氧運動（Aerobic Exercise）班，可說是「有氧運動狂潮」（Aerobics Craze）。

表 5-16　有關 1980 年代健身狂熱的前因後果

階段	投入：1955～1960 年	轉換：1969 年	產出：1970～1989 年
時間	1950 年代中期	1968 年	1981 年
事件	青黴素（音譯盤尼西林）藥品治療人的梅毒病，使感染梅毒性病死亡率大減	Kenneth H. Cooper 醫生寫了《有氧運動》（Aerobics）書	有氧舞蹈公司有 1,500 家店、4,000 位教練，17 萬位學員
時間	1960 年起	1969 年起	1981 年 11 月 2 日
事件	避孕藥上市，全球第一個是英國西爾製藥公司的 Enovid	賈姬．索倫森（Jacki Sorensen）發明有氧舞蹈（Aerobic Dancing），她從波多黎各開始教學生	《時代雜誌》的封面為 Fitness Craze: America Shapes Up
時間	1960 年代	1982 年	1982 年
事件	一波性革命（Sexual Revolution）未婚成年人性行為大增。	女星珍．芳達（Jane Fonda）推出有氧運動錄影帶，大賣	賈姬．索倫森推出「賈姬」有氧運動鞋

資料來源：整理自中文維基百科「性革命」、中文維基下賈姬．索倫森、英文維基百科 Jane Fonda's Workout。

一、選擇題

(　) 1. 一般把鞋子的用途分成幾大類？ (A) 二大類 (B) 三大類 (C) 四大類

(　) 2. 耐吉公司第一雙殺手級鞋是 (A) 隨性 (B) 柯爾特斯鞋 (C) 飛人喬丹鞋

(　) 3. 1950 年代～ 1970 年代，美國社會風氣如何？ (A) 勤儉持家風 (B) 獨善其身 (C) 炫富風

(　) 4. 1982 年銳跑公司有氧運動鞋隨性賺什麼錢？ (A) 機會財 (B) 管理錢 (C) 研發錢

(　) 5. 1970 ～ 1980 年代美國人在運動方面偏重 (A) 慢跑 (B) 打籃球 (C) 健身操

二、問答題

1. 美國運動服鞋公司如何迎合社會流行（潮流），推出鞋子呢？
2. 臺灣、中國大陸各在何時有不同的炫富方式？
3. 1970 ～ 1990 年代，美國年輕人有哪些炫富方式？
4. 1970 年代起，有氧運動風潮起，1980 年銳跑公司推出有氧運動鞋「隨性」，公司會不會慢好幾拍呢？
5. 銳跑公司 1980 ～ 1989 年當過「一代」拳王，爲何撐不久呢？

Note

Chapter

06

商店綜合吸引力：兼論環境、服務吸引力

人有人格，店有店格

「投其所好」是落實消費者策略的貼切描寫，由表 6-1 可見，在消費者消費決策過程中，零售公司在 AIDAR（詳見 6-3）各階段，會採取適配的行銷策略。

有關於商店內顧客行為實地研究，探索（Discovery）頻道在「人體解碼」的節目中，數次播出英國廣播公司（BBC）製作的 1 小時影片，透過專家、學者訪談，涵蓋服飾店、超市、購物中心、3C 專賣店、耐吉（Nike）旗艦店等，可說是研究零售業管理的必看教材。本章以表 6-1 為架構，把上述電視節目內容作為血肉，讓本篇活靈活現起來。

表 6-1　顧客消費決策過程中零售公司的行銷策略：以美國梅西百貨為例

顧客消費決策過程	注意（attention）	興趣（interest）	慾求（desire）	購買（action）	續購（repurchase）
一、零售公司行銷組合	第 3P（促銷）：廣告、郵寄 DM	第 1P（商店、商品）	第 3P（促銷）：促銷、節慶行銷	第 2P（定價）	第 3P（促銷）：忠誠方案
二、美國梅西百貨					
（一）部	公司溝通部	品牌長（行銷長）	數位與顧客長	總店長	數位與顧客長
（二）人 *	Bobby Amirshahi	Richard A. Lennox	Matt Baer	Marc Mastronardi	Matt Baer
三、臺灣					
（一）部	總公司營業本部行銷企劃室	各店顧客服務處			各店顧客服務處
四、本書相關章節	Chapter 9、10	Chapter 6	-	Chapter 8	-

資料來源：整理自 Macy's inc, Management Team，2023 年 5 月。

6-1 顧客消費行為第一步：選擇去哪家店

1969 年起美國伊利諾大學教授 John Howward、J. H. Sheth 等人在《行銷》、《採購與物料管理》等期刊上發表論文，提出「買方行爲模型」（Model of buyer behavior），又稱爲霍華德謝思（Howard & Sheth）消費者行爲模型，論文引用次數 1600 次。

一、購買動機

人的消費決策可依「時間急迫性』與「價格敏感程度」區分，以「時間急迫性」來作大分類。

1. 3 分鐘內要買到的東西，到便利商店

這個消費決策最容易，在臺灣，平均 2.66 天每個人會去便利商店，花 85 元購買熟食、飲料等便利品（convienice products）。

2. 不急的東西，定期去買

不急於一時的商品，美國人 40% 會在固定時間去買，最常見的是量販店、超市。

二、去哪家店買？

不急之需的商品，依價格敏感程度分成三類。

1. 高度價格敏感程度的選購品

碰到「過生活」的選購品（shopping products），大部分人會例行公事的「固定時間」、「固定地點」去買，這大部分指的是量販店，其次是超市。

只有碰到某量販店推出獨特的促銷週才會碰到「商店移轉」（store switch）的人來撿便宜貨。

2. 中度價格敏感商品：例如家電

許多家電單價比較高，大部分人會等「會員日」或「節慶行銷」之類的促銷活動，趁打折時再來買。

3. 低度價格敏感的百貨公司特殊品

百貨公司賣的化妝品與珠寶、服裝等特殊品（speciality products），大部分人都是不急之需，當然，每年一次的週年慶（臺灣大抵是 10 月，美國大抵是每年 11 月 24 日左右），也是有一些小資族趁打折來大買囤貨，一個月營收可達全年 12%。

表 6-2　商品分類與消費者選擇（4711 是指主計總處行業標準分類）

大分類	中分類	綜合零售業	經營地區 人口數
消費時間急迫性	價格敏感程度		
一、高	便利品 （convience products）	4711　便利商店 481　專業零售店	0.2 萬人
二、中	選購品 （shopping products）	1. 平價店 量販店 超市 2. 折價店	 10 萬人 0.5 ～ 2 萬人 0.5 萬人
三、低	特殊品 （speciality products）	1. 百貨業 4712 暢貨中心 百貨店 購物中心	 0.5 萬人 30 萬人 50 萬人

® 伍忠賢，2022 年 5 月 14 日。

6-2 顧客在店停留時間

對於綜合零售、專業零售業各店來說，顧客在店內停留的時間會影響各店的營業面積、環境、動線規劃等。基於資料的可行性，本單元以美國綜合零售業爲例說明。

一、美國人時間運用資料來源

由小檔案可見，美國勞工部勞工統計局，統計 15 歲以上可以工作的人，了解其時間運用，主要是想了解其上班時數、通勤時間，也有調查工作以外的時間運用。

二、各個零售業資料來源

針對各零售業的顧客在店時間，我們用下列英文關鍵字搜尋：「average time spend in ○○」，○○是表 6-3 第一欄的綜合零售業；限於篇幅，專業零售業就不列上來。

三、綜合零售業顧客在店內時間

由表 6-3 可見，商店方面關心下列兩件事，這又依「性別」、「年齡」、「交通方式」而有不同，一般會取平均數。

1. 一年到店次數

像量販店、超市，平均約 4.6 天去一次，超市頻率比量販店稍高，可能店數較多，顧客交通時間較短，所以比較常去。

2. 在店內時間

表中第 3 欄，顧客在店內時間由高往低排列。

美國人時間運用調查

（American Time Use Survey Summary，ATUS）

時：每年 7 月 22 日

地：美國

人：勞工部勞工統計局

事：

調查期間：每年 5 ～ 12 月

資料來源：ATUS

每日購物時間：2020 年 17 分鐘（2019 年 22 分鐘）

固定購物日：（15 歲以上）占 34%（2019 年 40%）

表 6-3　美國消費者光顧零售商店時間

店型		到店頻率	在店時間	說明	資料來源
百貨業	購物中心		5 小時	13.1%	國際購物中心協會（ICSC），在《華爾街日報》上文章
			4～5 小時	15.6%	
			3～4 小時	22.5%	
			2～3 小時	32.5%	
			2 小時內	16.3%	
	百貨公司		106 分鐘	65 歲以上	“Time well spent”，2016 年 6 月 30 日，Statista 公司
			121.3 分鐘	55～64 歲	
			135.5 分鐘	45～54 歲	
			132.9 分鐘	35～44 歲	
			158.4 分鐘	18～34 歲	
	量販店	一週 1.5 次 週日最多 週末下午 4～5 點人最多	41 分鐘 一年約 53 分鐘 但網路購買占 12%	2021 年 在店內消費金額 55.18 美元 網路購物 71.76 美元	2021 年 8 月 20 日，在 Spend Me Not 公司網路，Teodora Mitova 的文章
超市	超市	2019 年 1 週 1.6 次		平均 3530 平方公尺（1068 坪）	中店 1115～2322 平方公尺 2020 年 11 月 27 日 Statista 公司
	雜貨店		約 30 分鐘	2018 年美國東部 10 家雜貨店待最久（33.52 分鐘）全食超市	2022 年 1 月 27 日 Statista 公司
	便利商店	下午 3～7 點占 36%，10～下午 3 點占 32%	3 分鐘內，買東西後，1 時內 83% 的人會吃掉商品	住宅附近 10 分鐘會有一家店，64% 的人 5 分鐘路程	美國維吉尼亞州的全國便利商店協會（NACS） 但許多加油站附設便利商店

6-3 商店綜合吸引力量表

一、吸引力的重要性

生活中最常見的吸引力是地心引力，它把萬物吸在地面；太空中，星球吸引力則會拉近小行星或太空隕石等。

一般人關心自己的「人際（關係）吸引力」，以了解如何提高自己的人緣，當個「萬人迷」。廣告主、廣告公司關心模特兒的吸引力，這跟廣告效果有關。

同樣道理，商店關心商店吸引力，以求顧客「不遠千里而來」、「聞香下馬」，目標是「門庭若市」。

二、商店綜合吸引力量表

爲了全面、有系統的了解商店吸引力，伍忠賢（2022）提出商店吸引力量表（Store attractiveness scale），以下說明推理過程：

1. 消費者的五個需求層級

本書以 1943 年美國心理學者馬斯洛的需求層級爲消費者消費「動機」的基礎架構，消費者花錢消費，是爲了滿足「身」（馬斯洛需求層級中生存、生活）、「心」（社會親和、自尊）、「靈」（自我實現）等動機。

2. 消費者的採購程序：AIDAR

消費者很少盲目的找家店亂花錢，絕大部分消費者都是按「attention – interest – desire – action – repurchase」（簡稱 AIDAR）的架構進行消費。

3. 產品五層級

產品（或服務）五層級是很生活化的觀念，一般人錢少時，先求「有」（核心產品），再求「好」（基本產品）；更有錢時，再求「更好」（期望產品）、「特好」（擴增產品）、「超好」（潛在商品）。

4. 系統考量：行銷組合架構

公司主要是透過行銷組合來滿足消費者的消費目標。

三、竅門在 4 大類商品項目比重不同

1. 商品的比重永遠最重要

消費者花錢取得商品 / 服務，目的是在「解決（生活）問題」，所以商品的效能永遠排第一。

2. 價格是消費者第二、三重要考量

消費者在消費時有預算限制，因此商品價格是消費者消費的限制條件。

對於價格敏感程度較高的選購品，主要由兩個業態服務消費者：

- 超市「價格」占 30%：超市商品占 30%、實體配置策略占 20%，這項比量販店 10% 高，主要是店較多，使消費者有「地利」之便。
- 量販店「價格」占 40%。

表 6-4　商店吸引力量表中五大類因素在四大綜合零售業的權重（單位：%）

馬斯洛需求層級	AIDAR	產品五層級	行銷組合	便利商店	超市	量販店	百貨公司
五、自我實現	五、續（購）（推）薦	五、潛在	五、其他	10	10	5	10
四、自尊	四、購買	四、擴增	四、實體配置策略 （二）宅配 （一）店址	30	20	10	10
三、社會親和	三、慾求	三、期望	三、促銷策略 （三）顧客關係管理 （二）促銷 （一）廣告	10	10	15	20
二、生活	二、興趣	二、基本	二、定價策略 （二）支付方式 （一）價位水準	20	30	40	20
一、生存	一、注意	一、核心	一、商品策略 （三）人員服務 （二）商品 （一）環境	30	30	30	40
小計（%）				100	100	100	100

® 伍忠賢，2022 年 5 月 12 日。

6-4 商店吸引力之環境

一、總體環境之二經濟／「人口」

1946～1964 年的嬰兒潮世代大量誕生，週末父母會帶小孩出遊，1955 年起，迪士尼遊樂場、大型購物中心崛起，因爲賣場可以「不只銷售香皂、汽水」，還可結合銀行、漫畫小說出租店，甚至俱樂部活動場所。整個家庭只需要出門一趟，便能夠沉浸在各式主題環境裏，滿足各自的偏好。

二、商店環境的重要性

在美國電影中，常常會看到要追女友的男人，透過口香劑、玫瑰、香檳、音樂再加上柔美燈光，塑造出談情說愛的氣氛。同樣的，商店的店內氣氛營造也該面面俱到，以免美中不足。

人們對於去哪裡（商圈、商店）買東西，也常常取決於我們對哪一家店有好感，願意一去再去。因此，商店本身有自己的店格，對顧客來說，不再只是個「買東西的地方」，也就是購物過程是種樂趣（帶來愉悅的體驗），而不只是單純的「買東西」罷了！如果只是想買東西，那麼電子灣網站上有 4000 萬種商品，是任何百貨公司（4 萬樣商品）的 1000 倍，根本不需要出門購物。

如同吃東西時「色香味俱全」所形容的一樣，賣相好才會令你我食指大動，否則一旦看了覺得噁心，那自然胃口全無。

簡單的說，「逛街購物」（shopping）中逛街的部分也很重要，商店能讓顧客高興，顧客才會近悅遠來，這也是商店能夠獨樹一格的空間。

吃飯不只是嘴巴吃而已，許多人願意花大錢到高檔餐廳（例如主題餐廳），很可能「醉翁之意不在酒」，而是衝著特殊的進餐廳環境而來的，這也是一般顧客付高價時自我解嘲的「吃裝潢」、「買氣氛」。

三、店內氣氛的理論研究

1973年，美國西北大學行銷學教授柯特勒在《零售期刊》（Journal of Retailing）上發表一系列前瞻性論文，歸納商店的作法，宣稱「刻意營造氣氛，可以提高購買傾向」，這是（購物）環境心理學（Enviroments Phychology）。

1990年代以後，零售業期刊上的文章更是採用了「棲息地適合性」、「生態研究」和「遷徙」等術語，來描述商店對促進消費者行爲的用心。

1982年，西澳大利亞大學Robert Donovan和J. R. Rossiter教授在《零售期刊》以「刺激一個人一反應」（S-O-R）模型爲研究架構，請顧客在商店中評量店內氣氛跟自己的心情（註：此文引用次數2400次），結果發現當顧客覺得店內氣氛越好時，他們越會產生愉快心情。Dobovan等（1994）延續之前的研究，在百貨公司內，也發現店內氣氛跟顧客心情具有正向關係。爲何店內氣氛會影響顧客心情？德國漢諾威市K. Spies等（1997）在《行銷研究國際期刊》論文（引用次數474次）提到，店內良好氣氛會讓顧客勾起美好的回憶（例如旅行中發生的趣事），因而使顧客產生正向心情。

在這方面的文獻回顧中，美國賓州州立大學休閒研究所教授安娜．馬蒂拉（Anna S. Mattila）與國立新加坡大學教授約亨．維爾茨（Jochen Wirtz）（2008）的整理做得很好（圖6-1），除了眾所周知的常識外，她們有兩項推論值得特別注意。

消費者情緒狀態模型

（PAD emotional state model）

時：1974年

地：美國麻州伍斯特市

人：Albert Megrabian和James A. Russell；前者是克拉克大學教授

事：在《An approach to environmental psychology》書（論文引用次數：11000次）書中指出人的情緒（emotion）分三項：愉悅（pleasure）、激發（arousal）、主導（dominance），適用於非語文溝通（例如行為語言）、消費行為。

四、店內氣氛的重要性

美國許多購物中心皆強調購物過程（俗稱逛街）對消費者也是一種享受，也就是上購物中心不只是像光顧電視購物、網路商店一樣「買東西」而已！

由圖 6-1 可見，店內的零售環境（又稱服務場景，service scape）。因此，縱使銷售的是標準品（例如家電），但是透過零售環境的塑造，對消費者也足以造成差異化。這具有下列雙重意義：

1. 針對無店鋪零售

實體商店對付無店鋪零售最大的武器就在於「有形」，包括環境、商品、服務等，皆是看得到、感受得到。

2. 針對實體商店

針對同業的實體商店，各商店透過氣氛（atmosphere）的營造，也可以吸引更多顧客「聞香下馬」！由表 6-5 可見，在環狀情緒模型（Circumplex Model of Affect）、服務場景與店內氣氛三個方面上，都有重量級的論文提供相關的論述。

表 6-5　環狀情緒模型與服務場景、店內氣氛重要論文

時	1980 年	1992 年 4 月	2000 年 8 月
地	加拿大英屬哥倫比亞大學保留地	美國亞利桑那州坦帕市（Tempe）	美國肯德基州鮑靈格林鎮
人	羅素（James A. Russell），英屬哥倫比亞大學教授	瑪麗．喬．比特納（Mary Jo Bitner），亞利桑那州立大學教授	L.W. Turley 與 R.E. Milliman，西肯塔基大學教授
事	在《人格與社會心理學》期刊上論文“A circumplex of affect”，第 1161 ～ 1178 頁	在《行銷期刊》上論文。“Servicescape:The impact of physical surrounding on customers and employee”，第 57 ～ 71 頁	在《Business Research》期刊上論文，“Atmospheric Effect on Shopping Behavior”，第 193 ～ 211 頁
論文引用次數（2023 年）	19,000 次	12,000 次	3,700 次

美國行銷大師科特勒（Philip Kotler）認為店內氣氛（store atmosphere）是一種「無聲溝通語言」，會對進入店內的任何人進行刺激並引發無意識反應。

1978年奧地利建築師格倫（Victor Gruen，1903～1980）認為，業者必須努力施展能力來操控陷於恍惚的顧客，也就是把賣場（尤其是購物中心）設計成能讓原本只想購買某種商品的顧客，轉而成為無特定目標的衝動購買，又稱為「格倫遷移（Gruen Transfer）」。

3. 中國大陸，作到極致，顧客不重視

2022年4月1日，宜家（IKEA）宣布中國大陸貴州省貴陽市店關閉，7月宣布關閉上海市楊浦店。網路商店中國大陸連鎖經營協會秘書長彭建眞表示，影響商店營運的第一個因素是消費習慣的遷移。宜家的困境代表了絕大多數商店面臨的困境，縱使把體驗做到極致，如果消費者生活方式的變化無法逆轉，商店客流下降的趨勢就難以止住。（摘自經濟日報，2022年8月22日，葉文義）

不同氣氛的購物環境會勾起消費者不同的心理感受，由圖6-1則可見，情感環境至少可分為四大類。

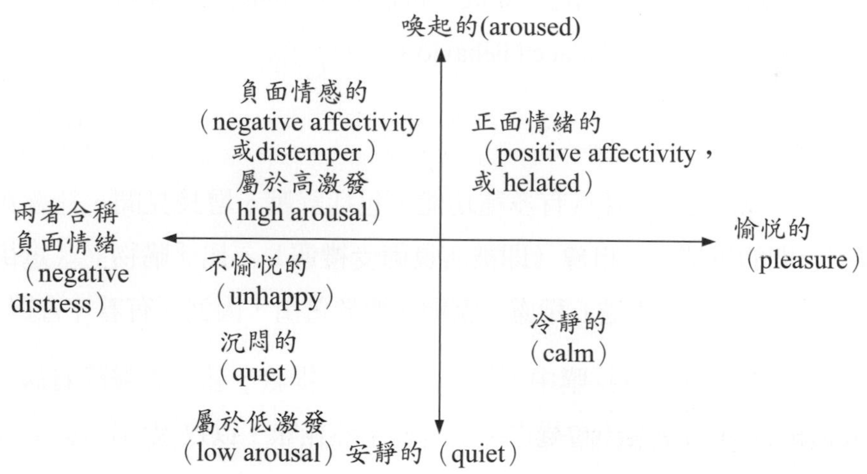

圖6-1　環狀情緒模型（Circumplex Model of Affect）的分類

（一）色香味俱全的感官刺激

在零售環境（retail environment 或 settings）中可以二分爲軟體（即店員服務）和硬體（即實體環境，physical environment）二部分，合稱服務環境（service scapes）。如同人們用「色香味俱全」來讚美美食，套用到商店環境上，把「色香味」中「味」去掉，改成「聽」，因爲悅耳的聲音會令顧客心曠神怡，使其在賣場中流連忘返。

（二）情緒

由圖 6-1 可見，店內氣氛佳會對顧客有二階段的影響：

1. 愉快

顧客覺得店內環境舒服，會不由自主的多停留一些時間，甚至「衝動購買」（impulse buying），即不按購物清單採購。

2. 心動

行動的前提是心動，也就是激發顧客的購買情緒，否則顧客只是袖手旁觀，人潮還是無法變成錢潮，百貨業者稱爲提袋率低。

以上兩者稱爲「店面引發的情緒」（store-induced emotions），心動引發行動則稱爲「店面引發的消費行爲」（store-induced behaviors）。

（三）愉快消費

「逛街」（shopping）本身具有多種功能，包括舒壓、增長見聞、社會親和（尤其是老主顧跟店員間的感情）、自尊（即被店員備受禮運），比「購物」（逛街的結果）的功能更廣。因此，商店無不處心積慮，讓顧客樂於逛街，因爲「有看才會買」。

但是更難的挑戰在於例行採購中，例如去銀行存提款、甚至去醫院看病，如何注入愉快（injecting fun），令顧客不會覺得採購過程索然無味，以致視爲畏途。

（四）最佳刺激

針對服務業（或者聚焦到零售業）的服務水準，公司該採取多少的刺激才不會「過猶不及」或「少一味」呢？這就是最佳刺激理論（optimal stimulation theories）的主要精神。新加坡大學約亨．維爾茨等三位教授（2000）主張應該注意下列三點：

1. 目標導向

每一位顧客都會「因時、因地、因事」（situation-specific，情境）而有不同的「消費滿意程度目標」（target）或「目標—激發狀態」（target-arousal states），所以公司應傾聽消費者聲音，才能一舉中的，不會下手太重以致浪費資源或用力不夠以致功虧一簣（圖 6-2）。

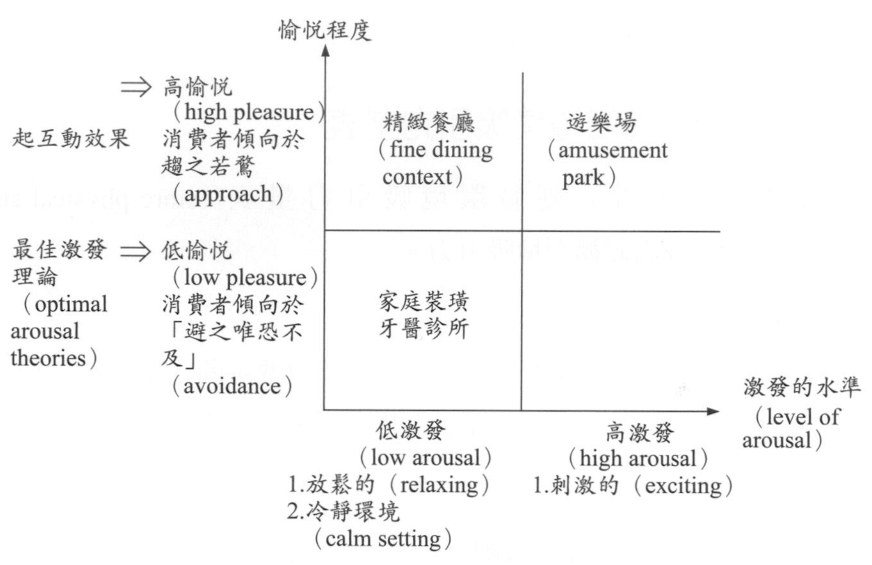

圖 6-2 愉悅—激發的關係

2. 「激發」所扮演的角色

依據「唯樂原則」（pleasure principle），顧客都有「趨吉避凶」的心態。至於「激發」是愉快的放大器（amplifier）。由圖 6-2 可見，不同行業的激發的水準必須跟愉快程度適當搭配，否則容易弄巧成拙，例如精緻餐廳就適合「低激發、高愉悅」的環境。

最佳激發水準理論
（optimal arousal level theory）

時：1943、1952 年

地：美國麻州波士頓市

人：Clark Hull，耶魯大學教授

事：提出「最佳激發水準理論」或稱「喚起理論」，表示「人」（甚至動物）為了自己的舒適感，須把「驅動力」（drive）維持在一個指定的「喚起水準上」。

6-5 商店環境吸引力量表 I

一、商品策略三類之一：環境

購物是種感官體驗，人們在潛意識中會記下商店外觀、燈光、走道是否亂七八糟、標價是否清楚、商品是否好找這些事情。

二、伍忠賢（2022）商店環境吸引力量表

伍忠賢（2022）（商店）硬體環境吸引力量表（store physical surroundings attractiveness scale）衡量商店硬體環境吸引力。

1. 表 6-6 第 5.1 項：廁所

以廁所爲例說明，百貨公司女性顧客占八成，女性對洗手間（尤其是馬桶）的清潔程度要求極高，由於顧客在店內停留時間 2 小時以上，百分之百會用到洗手間，洗手間清潔成爲必要條件。

2. 表 6-6 第 6 項：賣場清潔，明亮、寬敞

以英國超市量販店一哥特易購來說，爲了給顧客更舒服的環境，要求每個走道要有兩台購物推車寬的距離，貨架間要留十格磁磚的間距。每天開店營業之前，特易購店長會帶各區營業主管巡視賣場，有未達標事項（例如購物車）立刻處理。

3. 表 6-6 第 9 項：採購方便性

以商店自動化來說，這包括許多，例如在商店內以平板電腦讓顧客上網查價、自助結帳機台、停車自助繳費機等。

三、同業鄰近兩家商店評比

由表 6-6 第 8、9 欄，我們舉例以同業鄰近兩家商店評比。

1. A 商店 90 分

A 商店環境得 90 分，可說「秀色可餐」。

2. B 商店 75 分

B 商店環境 75 分，中等水準。

表 6-6　商店硬體環境吸引力量表

馬斯洛需求層級	AIDAR	硬體環境五層級	項目	1	5	10	A店	B店
五、自我實現	五、續薦	五、潛在	10.2 賣場氣味 (5 分)	臭	愉悅	–	5	4
			10.1 賣場音樂 (5 分)	噪音	悅耳	–	5	4
四、自尊	四、購買	四、擴增	9 商店自動化：停車繳費機	機台少，不好用	機台數中	機台多，好用	8	7
三、社會親和	三、慾求	三、期望	8 商品展示	雜亂無章	中	顯而易懂	8	8
			7 商店布置	雜亂無章	中	井然有序	8	7
二、生活	二、興趣	二、基本	6 賣場清潔、明亮、寬敞	色彩不悅眼		色彩吸引	8	8
			5.2 空氣調節（冷氣、暖氣）(5 分)	差	舒適	–	4	3
			5.1 廁所 (5 分)	不易找，且不夠	易找，足夠	–	4	3
一、生存	一、注意	一、核心	4 電梯（無障礙空間）	少，也不方便	夠，且方便	–	9	7
			3 交通（停車場）	不好停車且不夠	尚可	好停車且足夠	9	6
			2 新冠肺炎防疫設施	看不到		明顯	10	9
			1 消防逃生設施	看不到		明顯且易用	10	9
小計							90	75

® 伍忠賢，2022 年 5 月 12 日。

心理學領域	投入 刺激（stimuli）	轉換 態度，稱爲完形評價（geatalt evaluations） 情緒性反應（emotional response） 對商品的評價（product evaluation 或 hoeistic evaluation）	產出 行為（behavior）
消費心理學	零售環境（retail envionment）即環境刺激（environmental 或 ambient stimuli）	尤其是店內評價（in-store evaluations），甚至是購物經驗（shopping experience）	消費行為（consumer behavior）

一、服務面（service scapes）
㈠服務（§6.9）

環境心理學（environmental psychology）
1.色彩心理學
2.音樂心理學

㈡實體環境（physical environment）以塑造氣氛（atmospherics）稱爲店內氣氛（store atmosphere）
1.色（視覺，color）
(1)空間佈置（layout），包括賣場樓層別、高度、走道寬度、廁所位置
(2)光線（亮度、顏色）
(3)顏色（背景顏色、店員制服）
2.香：味道（scent 或 odors）
例如鼓勵或放鬆的味道
3.聽（聽覺）：音樂（即背景音樂）
(1)熟悉的音樂
(2)音樂的節奏（快 vs. 慢）

對商品有美學上的補強效果（esthetic comptementary）

二、商品
1.商品分區
2.貨架展示

愉悅（pleasure）跟自己情緒期望（affective expectation）相比
1.在店內多停留一些時間
2.多買一些（unplanned shopping 或 impulse buying)

→ 喚起購買情緒（arousal）
1.在店內停留時間，此稱爲喚起水準（arousal level）影響
2.衝動購買，受喚起密度(arousal intensity）影響
3.喚起品質（arousal quality）

→ 消費行爲（shopping 或 buying behaviors）
1.滿意水準
2.正面 vs. 負面消費反應

圖 6-3　店內氣氛對消費行為的影響

資料來源：整理自 Mattila & Wirtz（2001），pp. 273-276。
爲了避免雜亂，本圖上不標示各主要貢獻學者。

6-6 商店環境力之店面設計和內部空間規劃

如果把商店視為人類採集、狩獵的場所，人類從遺傳基因中本能的會採取一些適應環境的措施。把人類學應用於零售業，稱為零售人類學（retail anthropology），這是店內設計和內部空間規劃的理論基礎，至於美學的考量，反倒是屬於戰術層級的。

一、商店佈置的重要性

商店佈置具有三大影響，前二項是以顧客角度來看，第三項是以零售公司角度來看。

（一）影響商店形象

商店佈置（store layout）是創造商店形象很重要的一個因素，從外觀（招牌到展示櫥窗）的商店設計（store design），到內部的裝飾、貨架排列，都是商店佈置的一部份。

零售公司把商品跟具有吸引力的生活方式結合，主要是為了激發顧客情感需求的買氣。這種焦點轉移蔚為風潮後，很多零售公司急於聘請「氣氛營造師」，苦心發展出合宜的「環境策略」。舉二個極端的例子來說明：

1. 百貨公司門面很重要

講究高格調的百貨公司，會在營業部下設櫥窗設計組，由經理帶領，先在地下室試作，等主管核可後，才能上架。

2. 亂中有序的古董店

古董店刻意創造出一種雜亂印象，將店裡的商品任意擺放，讓顧客認為他們可以意外挖到寶藏。這種「失序」的氣氛，在平價成衣連鎖店也可以看到，衣服在持續促銷（例如每日一物）的展示櫃裡堆積如山，顧客往往期待在煤碳中找到鑽石。

（二）影響店內氣氛、動線

店內賣場佈置（selling floor layouts）會影響顧客動線（in store traffic patterns）與購物氣氛（例如寧靜 vs. 擁擠、公開 vs. 私密），這些都匯進一步影響顧客的購物行為。

（三）影響營運效率

包括需要店員人數和商品上架時間等。

二、貨架三大排列方式

商店佈置方式（store layout type）有三種基本型，詳見圖 6-4，其餘方式大抵可用「萬變不離其宗」來形容，大多是基本型加上一點變化，或其中二種基本型的組合罷了。

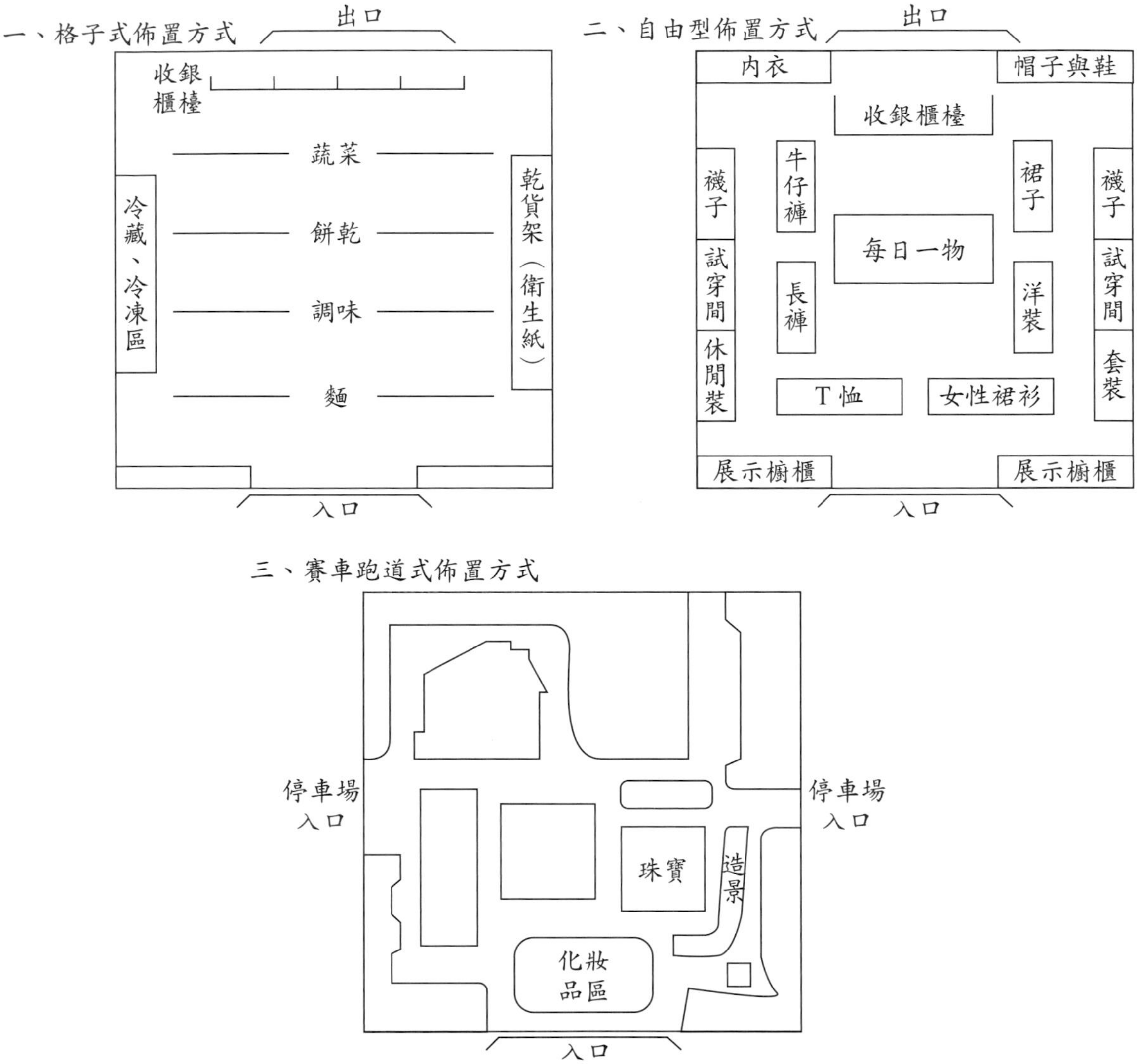

一、格子式佈置方式
出口
收銀櫃檯
蔬菜
冷藏、冷凍區
餅乾
乾貨架（衛生紙）
調味
麵
入口

二、自由型佈置方式
出口
內衣
帽子與鞋
收銀櫃檯
襪子
牛仔褲
裙子
襪子
每日一物
試穿間
長褲
洋裝
試穿間
休閒裝
套裝
T 恤
女性裙衫
展示櫥櫃
展示櫥櫃
入口

三、賽車跑道式佈置方式
停車場入口
停車場入口
珠寶
造景
化妝品區
入口

圖 6-4　商店佈置三大方式

由表 6-7 可見三種基本型的優缺點，不論是哪種排列方式，都還是有各自的缺點，重點在於「適配」（match），例如強調方便性的便利商店用書架式佈置（grid layout，同業稱爲島狀佈置）；至於自由式佈置（free form layout）有點像原野，讓顧客可以任意走動。賽車跑道式佈置（racetrack layout）或服飾店式佈置（boutique layout）有點像森林，讓顧客有「峰迴路轉又一村」的驚奇。

表 6-7　三種常見的商店佈置方式

商店佈置	書架式（grid）	自由式（free form）	賽車跑道式、服飾店式（racetrack / boutique）
商品展示	方便尋找	方便顧客瀏覽	依商品主題分區
顧客動線	循線快速前進	任何方向都可以走動	不明顯，想像走迷宮
適用商店	便利商店（店內3排貨架） 超市、量販店	流行商品商店 例如百貨公司	婦女服飾店、禮品店等高級商品專門店和高級百貨公司（例如購物中心）
優點	適合便利品，快點買到	有利於顧客待在店內久一點	顧客有如逛遊樂園，充滿著發現新大陸的驚奇，即有趣的購物經驗（entertaining shopping experience）
店員需求	很少	中間	最多，每區都要有店員解說商品，服務顧客等

資料來源：整理自 Adam P. Vrechopopuloes etc.（2004.1），“Virtual Store Layout”, Journal of Retailing, p.14，論文引用次數 390 次。

6-7 商店環境吸引力量表 II

店裡的氣氛常常是有感染性的，當銷售氣氛被炒熱，消費者的購買慾望也會增強。製造熱銷氣氛的方式歸類有下列四種：

一、店面

1. POP

小型海報（POP）展示（point-of-purchase display）是商品陳列（commodity display）的必備品，但是只有好的 POP 設計才能達到「讓商品自己介紹自己」的絕佳效果。

2. 商品豐富感的營造

消費者在決定購買一項商品前，往往會貨比三家，以免吃虧。所以店內必須能提供不同品牌的多重選擇，給人商品豐富的感覺。另一種豐富感的製造就比較另類些了，許多店家利用部分消費者的盲從心態，以爲有很多人買的商品才是好東西，因而在店門口堆放空紙箱，讓人感覺好像已經賣出去很多商品，增加消費者對店家的信心，有人稱其爲「堆積陳列」（stacking display）。然而，這樣的方式倒也不是放諸四海皆準，在以高階客層爲主要目標的百貨公司或家電專賣區，商品或紙箱擺設凌亂，顧客恐怕就不會上門了。

二、動線設計

1. 動線的規劃

如何從顧客的角度來看「動線設計」（traffic flow design）是否妥當，常見二種作法。

- 店內安全監視器

  透過監視器拍下在同一貨架區中，分析每位顧客行進路線、在每一貨架、品類停留時間長短等，得到相關的結論。

- 導航式掃描

  顧客走進超市等商店先會左顧右盼的進行導航式掃描，不見得會乖乖的照店家安排的動線去走。

- 遠景

  在英國，綠州服飾店（註：有點像臺灣的 Net）透過顏色、圖案、燈光，塑造出好看的遠景，讓顧客覺得前面還有更多更好東西可看，因此會一直移動腳步往前，去尋幽訪勝！

2. 走道寬度

一般來說，店內走道應維持在 120 ～ 180 公分，依每一家店的大小來做調整。

3. 商品動線

商品動線安排則須依照店內格局來設計，在寬敞處和狹隘處擺設的商品和陳列方式應有不同，狹隘處切忌硬塞入大型商品，例如冰箱、洗衣機等。整體來說，商店應依照其商品的大小高低調整擺設（例如洗衣機置前、冰箱靠後），佈置出店內商品陳列的層次感，營造「引人入勝」的氣氛。

4. 依營業地區特性和定位調整擺設

商品的擺設方式和動線安排宜隨著店家的定位不同而有相對的調整，每家店所在的營業區域特性影響著商品的陳列方式。舉例來說，位於臺北站前商圈的店家，其入口樓層的擺設就必須以能吸引年輕客層的數位商品（例如：手機、數位相機）爲核心；而位於住宅區的商店，其一樓櫥窗的展示商品就可能以電視機等傳統家電爲主。

三、貨架陳列

1. 消費者眼界攝影機

利用美國太空總署（NASA）運用於太空人的設備，稱爲消費者眼界攝影機（eye-mark camera），追蹤顧客眼角膜移動的方向、位置，得到的結論如下：

- 貨架中段才是主要購買地區

  顧客推著購物車，在轉進下一個貨架時，轉角處幾乎變成死角，視線都會集中在新貨架的中段，所以應該把暢銷品類擺在此處。

- 不同購買者的視線

  乳製品中的優格有 25% 情況是由兒童拿到父母親推的購物車中，所以店家會把優格放在冷藏櫃中較低處，以便兒童拿取。

- 比視平線低

  顧客通常以比視平線（eye level）低 15 ～ 30 度的角度看貨架，擺在視平線上方的商品，只有「打入冷宮」般的待遇。

2. 易於觀看和觸摸

商品是商店的主角，在陳列上應考量與顧客的距離，使顧客容易親近商品。

3. 黃金位置

商品陳列的目的就是要讓消費者看得到並看得清楚，因此陳列高度就顯得格外重要。一般來說，最佳的視覺高度在 130 ～ 150 公分，在這個範圍內，商品的能見度最高，消費者對商品的感知力也最強，因此又稱爲「黃金位置」。

1.3 ～ 1.7 公尺	毛利第二高商品
0.8 ～ 1.3 公尺	毛利第一高商品
0.5 ～ 0.8 公尺	毛利第三高商品
0.5 公尺以下	體積大、重量大、低毛利商品

4. 「比較商品」共同陳列

在主力商品的旁邊、消費者的視線範圍內，最好一同陳列比較商品。

5. 「延伸商品」共同陳列

當消費者被主力商品吸引時，如果旁邊有相關商品做延伸搭配展示，順便購買的機率便提高。例如服飾店店頭陳列以穿著當季流行新裝的模特兒作示範，成爲視覺的中心吸引顧客注意。其四周擺置相互組合的相關商品，例如主力商品是襯衫搭配裙子，在旁邊展示搭配褲裝的感覺、搭配外套的模樣、皮包、鞋子等陳列，這一類多元的搭配陳列可以刺激消費者的想像力，因此購買二件以上商品的機率也提高。

6. 「特賣品」、「限量品」共同陳列

把最新流行跟特惠、限量連結，更能讓消費者產生不買可惜的慾望，而提高了行動力。（本段修改自王瑤芬，「化衝動爲行動的偶然行銷」，突破雜誌，2004 年 12 月，第 105 ～ 106 頁）

四、如何透過商品陳列讓顧客「衝動購買」？

1. 論文

1940 年以來，從杜邦研究機構開始研究消費者的衝動購買（impulse buying，或衝動性購買），較近的論文詳見表 6-8。

認知學者最喜歡追本溯源的知道緣故，以人腦的神經科學研究來說，大腦中的杏仁核（amygdala）受到壓力時，會激起神經內分泌，讓人容易做出未經深思的決定。

2. 最明顯的例子

- 網路商店：透過直播主帶貨，或雙 11 的限時限量促銷，許多網友都成了「剁手族」，即買了之後後悔，發誓以後不再衝動購買。
- 以消費來說，常見的是「限時限量」、「一群人」排隊搶購。

表 6-8 有關網路、商店消費者衝動性購買論文

時	地／人	論文
2011 年 5 月	John D. Wells 等 3 人，美國三家大學教授	在《資訊系統協會》期刊上論文 “Online impulse buying”，第 32 ～ 56 頁，論文引用次數 259 次。
2021 年 7 月	M. Mandolf. 和 L. Lambert；義大利米蘭市，米蘭理工大學管理系	在《frontiers in Psychology》期刊上論文 “Past, present and future of impulse buying research methods: A systematic literature review”，第 1 ～ 40 頁，論文引用次數 11 次。

6-8 整體環境的塑造

婚紗攝影禮服店的廣告詞之一是「氣氛美，燈光佳」，會讓來店的人油然生起「我們結婚吧！」的念頭。本段簡單說明如何塑造店內氣氛。

一、環境行銷

商店總是想盡各種辦法要讓顧客「一來再來」，即商店寵顧性（store patronage）或商店忠誠（store loyalty）。環境心理學者主張採取環境行銷（environmental marketing）方式，透過軟硬體環境讓顧客有個好心情，以便顧客願意掏腰包消費，屬於一種感性廣告（emotional advertising）。

1. 綜合效果

各項刺激有各別效果，也跟其他刺激互相作用，也就是顧客對店內氣氛的感覺是綜合評分的，各種刺激共同創造出綜合效果（ensemble 或 global configurations effects）。因此，在營造店內氣氛時，不宜只盯著一項因素來看。

二、賣場氣味

1. 味道對商店風格的影響

早在西元前 1000 年，埃及、巴比倫的商店便已採用「商店味道」（店味）去吸引顧客。有關嗅覺行銷（scent marketing），宜家的德國店就曾經做過相關的研究，結果顯示良好的味道可以增加顧客停留時間 54%，營收增加 6%，顧客的滿意度也提高 7%。

2. 重要書刊

- 2005 年，Martin Lindstrom 著《收買感官：信仰品牌》，商智文化出版。
- 2015 年，艾弗瑞．吉爾伯特（Avery Gilbert）的書《異香》（What the noise know the science of smell in everyday life）

2. 對味才重要

2001 年 4 月美國賓州州立大學馬蒂拉（Anna S. Mattilla）和維爾茨（J. Wirtz）在《零售》期刊上發表論文“Congruency of scent and music as a driver of in-store evaluations and behavior”，pp. 273 ～ 289，論文引用次數 1760 次。

店內味道對人決策的重要書

時：2014 年

地：以色列特拉維夫市

人：塔爾瑪．洛貝爾（Thalma E. Lobel）

事：英文書《Sensaction: The new science of physical intelligence》，Simon of Schuiter 出版；

此書在中國大陸 2022 年中信出版社中文版，《感官心理學：身體感知如何影響行為和決策》。

三、賣場音樂

1. 音樂的影響

許多商店越來越重視音樂對顧客的影響。2001 年 5 月，學者針對英國的商店內播放音樂的影響進行研究，結果顯示特定的音樂會影響顧客聽從店員建議的程度、排隊結帳的等待時間、購物金額，以及瀏覽商品所花的時間。最重要的是，音樂可以加強品牌的形象和個性。

店內背景音樂可以透過編輯與品牌貼合，甚至音量也根據顧客的特性加以調整，例如唱片公司針對某品牌的核心顧客層進行澈底研究，包括其年齡、職業、社交活動、音樂喜好和居住地區，然後才進行編曲。

2. 音樂要對味

英國形象聲音公司（Imagesound）是一家店內音樂（in-store music）公司，替 Bhs、JJBSports 和英國的百安居（B&Q）等提供音樂。該公司總經理克拉克表示，零售公司對於店內音樂最主要的期望是拉長顧客在店內購物的時間。早期研究也指出，在酒吧、餐廳中，慢節奏的音樂有助於酒銷售。

音樂跟銷售商品間最好能對味，例如下列二種商店：

- 家電專賣店等新潮商品適用流行音樂。
- 超市適用輕音樂甚至慢音樂，希望顧客持久一點，買多一些。

6-9 商店服務吸引力：人員服務以外

一、商店服務的重要性，跳脫價格競爭

2004 年 12 月，在《哈佛商業評論》上，貝恩顧問公司（Bain & Company）合夥人哈斯（Dan Haas）和全球零售實務業務主管瑞比（Darrell K. Rigby），有一篇名爲「比沃爾瑪聰明」（Outsmarting Wal-Mart）的文章指出，如果想在沃爾瑪獨霸一方的零售市場中生存，選擇跟它來個「殺價戰」，最後只會虧損累累不支倒地。正確的秘訣是要跟沃爾瑪有所不同，例如提供沃爾瑪不曾給過的絕佳服務，這是零售公司差異化的良方。

1. 商店服務的重要性

服務是「軟性商品」，以紅花綠葉來舉例，如果商品是紅花，那麼服務就是綠葉。商店提供服務（in-store service）以創造服務價值（service value），消費者滿意，心動自然會行動，這些都會反應在消費頻率、金額等消費行為上。

2. 以服務塑造商店差異化

跟沃爾瑪比賽誰比較便宜根本是徒勞無功，沃爾瑪以其規模優勢，讓商品價格低於同業、甚至接近底價，而且還能獲利。沃爾瑪很明顯地在價格上占優勢，其次則是商品種類，但是也僅止於此，因爲價格並不是一切。

瑞比和哈斯指出，消費性電子業的百思買、藥店業者沃爾格林（Walgreens）、寵物食品零售公司寵物聰明（PetsSmart）公司和超市 H-E-B（here everything's better）和大眾超市，都是在競爭中生存下來、甚至蓬勃發展的零售公司。

這些公司仍能生存下來的原因有：迅速收購獲利不佳的同業、提供品質更好的商品和服務、訓練各店經理的議價能力、以及儘量降低成本、減少供應鏈的浪費。

以「寵物聰明」公司爲例，該公司提供的寵物商品比沃爾瑪多，寵物主人也較喜歡寵物可以帶進店裡的做法，這點沃爾瑪當然不可能做到。

三分之二的顧客發現沃爾瑪的品項、商品品質普通、服務有限，相形之下並沒有比較便宜。這代表儘管沃爾瑪就在附近，許多消費者仍在找尋其他選擇。

3. 高涉入商品最需要店員服務

百貨公司、專賣店（例如 3C 商品、汽車）等（顧客）高度涉入商品（high-involvement product）常需要店員服務。

4. 人員服務只有錦上添花，少有雪中送炭功能

以服務強化暢銷商品，可收相乘效果，而不要以服務去補強冷門商品不足之處。

> **（顧客）高度涉入商品（high-involvement product）**
>
> 當所要買的東西牽涉到自我的形象、成本或商品的功用時，消費者就會願意花更多時間，車子、房子、設備完善的廚房、高檔音響和套裝旅遊假期都是高涉入商品的例子。
>
> 消費者會花時間來決定要不要買的商品，他們會為了這種商品貨比三家，比較價格和付款方式：所以又稱為特殊品。

二、了解顧客需求

了解顧客需求，適當訂定服務／政策，以服務口碑爭取顧客買更多。

1. 顧客旅程

從消費者在家上網、打電話到店，到了店內停車場、入口、賣場、結帳，商店等全部旅程（customer journey）走幾遍，以了解那些地方造成顧客痛苦（pain point）。

例如美國麥當勞把店外得來速（drive-thru）分成三大階段、七中類，每類皆採取工業工程的動作研究，以了解哪些流程不順暢。

2. 聆聽顧客聲音

民之所欲，常在我心，了解「民之所欲」，必須聆聽「顧客聲音」（voice of customer，VOC）。以英國最大超市量販店特易購（TESCO，中國大陸稱樂購）為例，特易購強調服務的企業文化，以及落實「傾聽顧客」精神的制度，每家店每季都會針對顧客舉辦顧客問題時間（customer question time）座談會，從顧客的角度發現服務的問題；每家店內都有顧客意見卡讓消費者表達心聲，平均一個月就會收到 4,000 張左右。

三、解決之道：商店服務的架構

1. 商店提供服務的原則

「胸懷千萬里，心思細如絲」這句中華航空傳用四十年以上的廣告詞，貼切說明零售業「retail is detail」（零售業就得注意細節）的關鍵成功因素之一服務的精髓，詳見小檔案。

零售業只是九大服務業之一，商品為主，服務為次，因此零售公司的服務只是服務業的一部分，本書只能聚焦於此。受限於篇幅，其他服務課題（例如服務品質衡量、服務補救），請參閱《服務業管理》。

零售業注重細節俚語出處
（retail is detail）

時：大約 1970 年

地：英國

人：James Gulliver，1967 ～ 1972 年擔任 Fine Fare 超市的董事長。

事：他說零售業是個注重細節的行業。

2. 商店政策（store policy）

商店政策主要指停車位、營業時間，這是顧客是否「得其門而入」的分水嶺。

6-10 商店服務吸引力量表

伍忠賢（2022）商店服務吸引力量表（store service attractiveness scale），全面且有系統的衡量同業兩家店的商店服務，這不包括專櫃店員的服務。

一、核心服務

以購物諮詢爲例

1995 年，日本西武百貨公司澀谷店率先引進客服專員制度，各百貨公司客服專員須具備三種能力：商品知識、賣場經驗和待客技巧；2004 年 5 月起，高島屋百貨公司東京店配置客服專員 100 人，他們平常會站在賣場各處，也會排班坐在各樓層設置的專櫃前，提供諮詢服務；2008 年 4 月起，三越伊勢丹控股公司旗下三越百貨公司日本橋總店男裝部配置客服專員，15 人分駐五個櫃台，針對服裝搭配、保養皮鞋方法等提供建議。這種做法能排除賣場間的無形障礙，因爲專員可以建議顧客穿 A 公司的襯衫、B 公司的長褲，搭配 C 公司的外套。

二、基本服務

以試吃試穿試用爲例

- 試吃：銷售增加 4 倍。
- 試穿：許多百貨公司推出顧客人身 3D 掃描的電子試衣鏡（smart mirror），例如加州矽谷 Memomi 公司（2013 年成立）推出的 Memory Mirror。
- 試用：例如體驗行銷（experiential marketing）。

三、期望服務

1. 零售娛樂

2001 年起，美國零售業逐漸刮起兩種相似的風潮。

- 遊戲化行銷（gamification）
  最常見的手機 App 的遊戲，到抽獎活動、集點送。
- 零售娛樂（retail entertainment，簡寫爲 retailtainment）
  最常見的是中國大陸火鍋一哥海底撈，1.5 小時一次的「川劇變臉秀」，以及店員拉麵秀。

2. 顧客訓練

- 宅配、到府安裝
- 教導使用，例如電腦軟體。

3. 付款方便

代辦分期付款。

四、潛在服務之退（換）貨政策

1. 全球典範：美國好市多

2019 年 3 月 9 日，美國《商業內幕》（business insider）上，Mary Hanbury 的文章 "The stores have the best return policies in retail"，舉出 17 家有大方退貨政策（return policy）的商店，第一家就是好市多量販店。

2. 大方退貨政策的好處

- 零售公司在訂定退貨規則時，必須看起來很大方又簡單，才足以對顧客造成吸引力。一旦引起顧客的興趣，便可以降低他們的心防，讓他們在買東西時不會擔心不適用，而猶豫到底要不要買。成功的退貨規定會讓顧客覺得先買了再說。
- 2013 年，美國沃爾瑪推出一個新的退貨保證（return guarantee）：顧客要退生鮮食品，不用把爛掉的蔬菜或水果拿回店裡，只憑收據就可以退。
- 可以接受退貨的期限越長，顧客越覺得公司大方，因此正面的感覺越強，退貨的比例反而越低。
- 消費者會賦予商品更高的價值，因此商品價格可以訂高一點。
- 顧客只要有過一次順利的退貨經驗，他將來到店裡買東西的意願會提高。

3. 例外

過期食品、客製化商品（含特別商品），不適用退貨。

4. 如何處理奧客

對於那些常常退貨的人（difficult customer，臺灣稱爲奧客），好市多會取消該會員資格，且退還年費。（詳見好市多「會員修正表格」）

5. 維修服務

2010 年起，行動電話邁入 4G 時代，智慧型手機競爭更上一層樓，7 月遠傳電信電視廣告主訴求之一是針對買手機顧客到府收件維修。

六、兩家百貨公司評分範例

範例以兩家百貨店進行評分，A 店 66 分、B 店 62 分，二家店伯仲之間。

表 6-9　商店服務吸引力量表

馬斯洛需求層級	AIDAR	商店服務五層級	項目	1	5	10	A店	B店
五、自我實現	五、續薦	五、潛在	10.2 保固（5 分）	沒修理	修理方便	－	5	4
			10.1 退換貨（5 分）	不能退貨	50% 商品可退貨	90% 商品可退貨	5	3
四、自尊	四、消費（購買）	四、擴增	9 宅配：店外取貨	沒宅配	有限制的宅配	3000 元以上、15 公里內免費宅配	8	8
三、社會親和	三、慾求	三、期望	8 分期付款	不能	數字銀行	數字銀行	5	7
			7. 到府安裝等	沒	有限制的安裝	冷氣等	5	5
			6 零售娛樂	不好玩	偶爾表演	娛樂是一定要的	5	5
二、生活	二、興趣	二、基本	5 免費設計、修改	沒修改	花小錢可修改	免費修改	10	9
			4 試用試穿（體驗）	不能試用	中度試用	試用無上限	5	6
一、生存	一、注意	一、核心	3 購買諮詢	找不到人問	適當服務		5	5
			2 預約				5	5
			1 電話顧客服務				8	5
小計							66	62

® 伍忠賢，2022 年 5 月 12 日。

6-11 商店人員服務吸引力量表

純以單人服務來說，消費者從上商店網站或打電話給顧客服務人員，一直到入店消費，每一個購買階段皆會碰到人員服務。

一、人員服務的重要性

店員對顧客的服務可以達到「錦上添花」的效果，讓商品本身更加分，至於是否具備「雪中送炭」（即商品力差，卻靠店員服務補救過來）則缺乏強有力的普遍實證。不過，至少可看出店員對顧客服務的重要性。

二、解決之道

由表 6-10 可見，伍忠賢（2022）商店人員服務量表（store personnel service scale）。

1. 電話顧客服務

許多外賓（訪客、顧客）對於一家公司的第一個接觸點（contact point）是「顧客接觸中心」（customer contact center），主要又可分成網路客服與電話顧客服務（telephone customer service）。

2. 門口迎賓

門口迎賓人員主要的功能在於像急救人員的「檢傷分類」，指引顧客去適當的單位以享受服務，這很難用服務機器人（service robot）取代。

3. 店員「接客」服務

「接客」是指店員在店內接觸到顧客，店員的一舉一動都會影響到顧客的印象分數。

4. 人員解說

曾有統計顯示，如果門市人員不曉得如何介紹商品，那麼 90% 的交易會失敗，反之，有店員解說時成交率高達 75%。

家電是生活必需品，各家商品都強調其先進的科技，各種說法常讓消費者眼花撩亂，專人解說可以省去消費者單獨摸索的時間，也減少買錯商品的遺憾。

5. 個人關照

在傳統的顧客關係管理中，最常見的主題便是店員跟顧客間的關係（sale-person relationship），尤其是像服飾（具有量身搭配的個人色彩）等選購品。

- 對店員實施感性訓練（affective training），以培養他們的社會性和喜好性，透過跟顧客互動，以撩起顧客的心情。

6. 熟客經營

顧客關係管理（customer relationship management，CRM）常見的手法如會員俱樂部，包括會員活動、聯誼、會員招待、特賣會等。

顧客永遠是對的小檔案

（The customer is always right）

時：1900 年左右

地：美國芝加哥百貨公司

人：馬歇爾．菲爾德（Marshall Field，1834 ～ 1906）

事：這是常見的法律慣例（legal maxim），其他相似的口號還有 the customer is never wrong, the customer is a god。

康乃狄克州史戴雷納雜貨公司是全球最大的乳品商店，以創新的顧客服務聞名，率先推出以客為尊會議和顧客建議方案，史戴雷納的一句話：「顧客守則第一條，顧客永遠是對的，守則第二條，如果顧客有錯，請參照第一條守則。」

三、兩家店評分

表 6-10 範例以兩家店來評分，A 店 88 分、B 店 77 分，二者相差 11 分，屬於不同級，A 店極優，B 店優。

表 6-10　商店人員服務吸引力量表

馬斯洛需求層級	AIDAR	人員服務五層級	項目	1	5	10	A店	B店
五、自我實現	五、續薦	五、潛在	10.2 客訴服務 (5 分)	找不到人服務	服務櫃台，客氣有禮	–	5	4
			10.1 退換貨 (5 分)	不能退貨	大方退貨	–	5	4
四、自尊	四、購買	四、擴增	9 結帳速度、正確等	結帳大排長龍	–	快又正確	9	9
三、社會親和	三、慾求	三、期望	8. 挽救銷售	買不到，下次碰運氣	–	盡量替你爭取	10	8
			7 熟客經營	把你當空氣	–	重視熟客	9	8
			6 禮貌、笑容	不理不睬	–	賓至如歸	9	8
二、生活	二、興趣	二、基本	專櫃店員服務	店員間聊天	有問有答	殷勤專業		
			5 特殊服務		–	待如上賓	9	7
			4 專業解說	門外	–	專業有禮貌	8	8
一、生存	一、注意	一、核心	一般店員服務	我不是這區	–	我替你找店員		
			3 店內指引	亂指引	–	方向清楚	8	7
			2 入口處迎賓	沒人	–	有人	8	7
			1 電話顧客服務	電話一直占線	6 分鐘內接通	3 分鐘內接通	8	7
小計							88	77

® 伍忠賢，2022 年 5 月 12 日。

6-12 人員服務之挽救銷售

日本一檔電視節目「拯救貧窮大作戰」是由電視臺找專業的師傅，到經營虧損的拉麵店、壽司店、麵包店等店面，去重新教導老闆基本功，把食品作好，以轉虧爲盈。

同樣的，零售商店不是「萬物皆有售」，最不想遇到的情況便是顧客乘興而來，卻搖搖頭離開。更殘忍的是，顧客在對街的競爭者店面買到想要的商品，而且一副興高采烈的樣子。這個錢讓別人賺走了，甚至這種「琵琶別抱」情況多發生幾次，這位顧客就可能永遠流失了。因此，商店如何「挽救銷售」（save the sale）呢？

一、問題分析

1. 店長自己走一遍：顧客旅程分析（customer journey mapping）

詳見表 6-11。

2. 收集顧客的「不滿意」意見

量販店櫃檯收銀員在結帳時問顧客：「您想買的商品都有買到嗎？」

二、挽救銷售之道

挽救銷售主要之道是針對商品貨架上缺貨或沒賣這種商品（也可能是有這種商品，但顏色不符），店員可透過一些方法讓顧客「買帳」，詳見表 6-12。

1. 資訊系統的整合

以貨架上「缺貨」（out of stock）來說，公司應整合各店、物流公司（在途貨車）甚至供應鏈出貨的情況，以回答顧客「何時」會有貨。

2. 授權店員

許多情況，店員覺得事不關己，不會挺身而出爲顧客爭取商品。店長授權店員最具體的是讓店員能決定「免收運費」出貨給顧客，這是店內缺貨的挽救銷售的大絕招。

表 6-11　痛點分析與痛點行銷

問題分析	解決方案	行銷
俗稱痛點分析（pain point analysis）	可能解決方案	例如痛點行銷（pain point marketing）
1. 價格	價值行銷	1. 對比式廣告 跟對手店比較，本店顧客歡欣，對手店顧客苦瓜臉
2. 數量	1. 解決缺貨問題 2. 銷售挽救	2. 消費者滿意廣告
3. 品質	貨真價實	
4. 時間 4.1賣場太大 4.2貨架陳列不佳	4.1學學好市多，精選商品，縮減品項數、品牌數（甚至規格），賣場不要太大，顧客才能有效率的買到想要的商品。 4.2推出熱銷產品貨架	

表 6-12　挽救銷售的對應下藥之道

項目	消費者痛點	零售公司解決之道
一、定義	1. 「痛點」（point of pain，或 pain point） 2. 這是從身體上的引起疼痛的點，知道痛點才能治病 3. 消費者痛點：顧客 (1) 不滿足，例如買不到想買的商品 (2) 不愉快，例如店員一問三不知	1. 解決之道（solution） 2. 在零售業稱為「挽救銷售」（save the sale） 3. 結果： 贏回顧客（customer winback） 降低顧客流失率（customer churn / attrition rate）
二、情況 （一）店內缺貨時（stock out）	1. 沒有找到所需商品以致敗興離開店，稱為訂單流失（lost sale） 2. 當顧客多次敗興離開，顧客可能就不再光臨，此稱為顧客流失（customer attrition）	左述（一）、（二）項皆須商店授權給店員視情況處理 1. 店員透過銷售時點系統（POS 或 kiosk）可查後場有沒有貨，甚至向友店調貨。 2. 如果有必要，在沒現貨時，免付運費，宅配到顧客家。

（續）表 6-12　挽救銷售的對應下藥之道

項目	消費者痛點	零售公司解決之道
（二）當店內沒這種商品時	當顧客特別指定某品牌、某規格、某顏色商品，但本店沒銷售此商品	1. 如果顧客不取消訂單，本公司會更有效、更升級／更好商品給你 2. 了解顧客的需求
（三）當店員等引發顧客不悅時	有時店員情緒管理欠妥當，講話嗆	1. 處理人員：宜把顧客的抱怨「就事論事」，不宜認為是「衝著某人來的」（必要時）承認這是「我們或我的錯」。
（四）客訴處理	1. 先區分是否是「奧客」來鬧場。 2. 當顧客是正常抱怨時，要立刻有誠意處理。 提供一個管道處理顧客抱怨（customer complain，簡稱客訴）	2. 解決之道：提出彌補顧客之道。

資料來源：

1. Jim Bengier, "Innovation Practices to Save the Sale", Retail INFO Systems，2009 年 8 月 4 日，作者是 Sterling Commerce 公司的全球零售業的高階管理者。
2. 整理自"5 Ways to Help Unhappy Customer and Winning Back Unhappy Customers"，touch support, 2017 年 11 月 15 日。

一、選擇題

( ) 1. 在零售業從業人員，最需要具備哪一方面心理學知識？ (A) 教育心理學 (B) 消費心理學 (C) 人格心理學。

( ) 2. 哪一家量販店對店內氣氛最重視？ (A) 美廉社 (B) 家樂福 (C) 好市多。

( ) 3. 下列哪一個店內氣氛營造元素最重要？ (A)「色」：內裝佈置 (B)「香」：味道 (C)「味」：試吃。

( ) 4. 如何訓練店員對顧客常保微笑？ (A) 不笑就扣點 (B) 培養「顧客是衣食父母」理念 (C) 微笑有利於彼此。

( ) 5. 「顧客永遠是對的」這句 20 世紀的格言，對或錯？(A) 完全對 (B) 不適用奧客 (C) 完全錯。

( ) 6. 做爲一個店員，當顧客詢問問題卻不知道答案時，最好該如何做？ (A) 直白的說「不知道」 (B) 問主管，給個好答案 (C) 裝作沒聽到。

二、問答題

1. 以表 6-1 爲基礎，舉一家公司一項商品促銷活動爲例說明。
2. 以圖 6-2 爲基礎，舉一家公司爲例說明。
3. 以表 6-6 爲基礎，找同一行業鄰近兩家店評分。
4. 以表 6-10 爲基礎，找同一行業鄰近兩家店評分。
5. 以表 6-11 爲基礎，找同一行業鄰近兩家店評分。

Chapter

07

商品策略

For your eyes only ！

零售公司絞盡腦汁使盡招數，就是要消費者大方的掏出錢包對自己好一點。「外行看熱鬧，內行看門道」，輪到你在零售公司、商店上班，就是「照表操課」（by the book）。本章說明零售公司行銷策略中的第 1 個 P 商品策略，商品力要夠強，像 2022 年新光三越百貨（臺中市）中港店就可以創造 245 億元業績，成為百貨業店王。

7-1 綜合零售業商品結構與商品五層級

站在公司角色，關心的是各品類商品對公司營收、淨利的貢獻，以區分出「輕重緩急」。

一、占營收比重

站在外界人士看公司年報，一般可看到公司營收依事業部（by segments）、區域（by regions）、產品（by products）三種方式區分；公司內部人士有更詳細的資料，可看到「淨利」，依上述三個分類來區分。

二、ABC 分析

由表 7-1 第二欄可見，把存貨管理的 ABC 分析（ABC analysis）運用於產品品類對公司營收的貢獻如下，背後是「80-20」原則的運用：

A 占 10 品類中 2 類（即 20%），營收貢獻 50%（核心、基本產品）。

B 占 10 品類中 3 類（即 30%），營收貢獻 30%（期望、擴增產品）。

C 占 10 品類中 5 類（即 50%），營收貢獻 20%（潛在產品）。

以四個綜合零售業來說，可參見表 2-7，此處以美國梅西百貨公司爲例，詳見表 7-2。

三、產品五層級

由表 7-1 第三欄，可見產品五層級（5 levels of product）觀念的源頭，這是單一產品（例如星巴克咖啡），但我們把它擴大運用到一家店的品類（商品族）組合。

四、BCG 模式

由表 7-3 第四欄可見 BCG 分析（BCG analysis）觀念的源頭，我們把它跟產品五層級一一對映。

五、以量販店的品類組合為例

表 7-1 中第六欄，以量販店的品類來舉例，其中所占比率資料來自經濟部統計處「批發、零售及餐飲業經營實況調查」。

食品三類中，食材是核心產品，熟食、飲料（占 19.6%）是基本產品，另食材加熟食占 47%。

表 7-1 商店立場來分析產品角色

占營收比率（%）	ABC 分級	產品五層級	產品特色	BCG 模式	量販店
5	—	潛在（potential）	—	問題兒童階段	其他
15	—	擴增（augmented）	未被期待商品	同上	三、衣 占 4%
20	C	期望（expected）	人氣商品	明日之星階段	二、住 占 20.4% （一）家具 0.2 （二）家電 12.8 （三）其他 0.1
25	B	基本（basic）	重點商品	金牛（搖錢樹）	一、食品 （三）飲料占 7.4% （二）熟食
35	A	核心（core）	經典商品（常銷）	同上	（一）生鮮 （一）、（二）占 53.6%

表 7-2 美國梅西百貨主要產品品類營收（單位：億美元）

品類 / 年度		2017	2018	2019	2021	2022	%	
衣	女裝	94.44	94.57	94.54	101.19	95.89	37.9	A 核心 B 基本
	女鞋	57.65	56.46	54.11	44.33	53.38	21.1	
	男裝、童裝	56.1	56.99	56.28	52.52	52.88	20.9	C 期望
住		41.2	41.73	40.67	46.56	42	16.6	D 擴增
其他		15.61	6.29	11.4	-	8.85	3.5	E 潛在
小計		265	256	257	244.6	253	100	

※註：會計年度爲該年 2 月至隔年 1 月。

表 7-3　幾個重要企管觀念之源頭

時	1900 年代	1967 年	1970 年
地	瑞士洛桑市	美國伊利諾州埃文斯頓市	美國麻州波士頓市
人	帕雷托（Vilfredo Pareto，1948 ～ 1923）	柯特勒（Philip Kotler，1931 ～），西北大學教授	波士頓顧問公司（Boston Consulting Group，BCG）
事	ABC 分析（ABC analysis）用於存貨管理源自 80：20 原則 A 占 20%，營收占 50% B 占 30%，營收占 30% C 占 50%，營收占 20%	在 1967 年出版的《行銷管理》書中提出產品五層級（5 levels of product），用洋蔥 5 圈呈現	BCG 模型（BCG model）有一說是公司合夥人之一布魯斯．亨德森（Bruce Henderson）發明的。

7-2　商品大中小分類

動物園常依動物分區，例如夜行動物區、日行動物區兩類，日行動物又分肉食、草食動物等，分類分區物以類聚。同樣的，你把商店當成動物園，也是依大中小類分區。

一、大中小分類

（一）品類、品項的定義

1. 品類

品類（category）是指消費者認定相關性或替代性很高的商品們，像量販店的商品分區，例如飲料區、汽車用品區等。

2. 商品族分析

在同一品類內，又有許多商品族，例如調味區內的醬油、醋、鹽、糖等，那些商品族應擺在一起，這種貨架上的佈置稱為商品族分析（affinity analysis）。

3. 品項

在每一品類中還可細分為幾個品項（specific style）、單品，英文稱為 SKU（stock keeping unit），有點套用策略管理書中事業部（strategic business unit，SBU）的感覺。

（二）同品類在店內同一區

以綜合零售業的量販店的品類管理（category management）來說，絕大多數商店都是以「食衣住行育樂、其他」七個「品類」（category）在分區，即同一品類（例如食品的食材、熟食、飲料）都在同一區，詳見圖 7-1。

除了以位置區分，有些大型超市、量販店還會以「顏色」來區分，例如水產類區服務人員的制服或是看板，大都是讓人聯想到海水的藍色，到了麵包烘焙區，則改穿稻麥黃的制服。

以「用色」最徹底的家樂福爲例，通常按照食衣住行育樂各項需求，採取人性化的商品陳列分類方式，從指引牌、牆面、柱子，甚至是貨架等，都用色彩輔助區分，並且大量採用柔色或是粉色系列，有時候連地板的顏色或是材質也有所區別。

一次購足是量販店的重要訴求，爲了滿足這個需求，量販店賣場的面積四千坪以上，來容納數萬項的商品。如何讓消費者在賣場內用最快、最容易的方法找到想要的商品，成爲量販店賣場規劃的挑戰。

採用區塊化的店中店方式，以及採用色彩來區隔不同的商品區，是常用的手法。

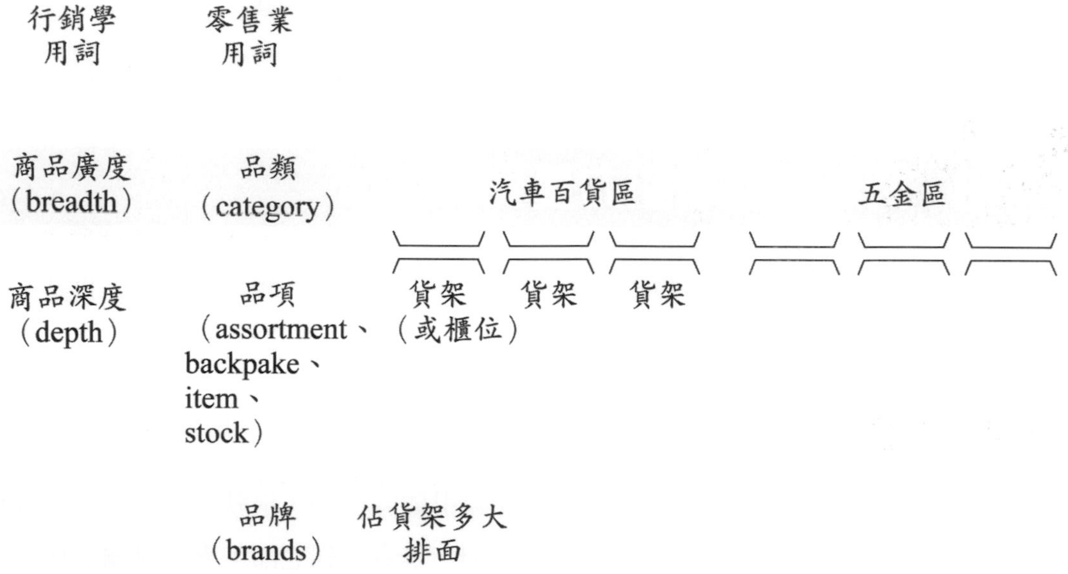

行銷學用詞
零售業用詞

商品廣度（breadth）
品類（category）
汽車百貨區
五金區

商品深度（depth）
品項（assortment、backpake、item、stock）
貨架（或櫃位）
貨架
貨架

品牌（brands）
佔貨架多大排面

圖 7-1　品類、品項圖示

二、品類數決定你在那一行

商品的寬度（breadth）決定零售公司的行業別，例如 5 個品類以上的稱爲綜合零售業，它可以小至 30 坪的便利商店，也可以大到 4 萬坪的購物中心。五類以內商品的商店屬於專賣店，又可依下列二個變數來細分，詳見圖 7-2。

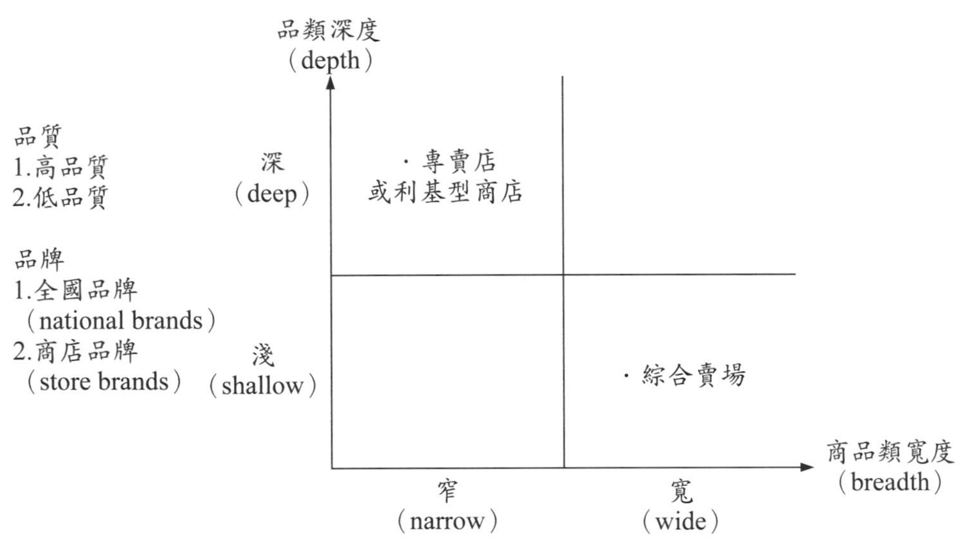

圖 7-2　商品的寬度與深度來定義商店種類

7-3　商店商品吸引力量表

商店的店面、店內裝潢如同人的「外表」，商品則如同人的「內涵」，也是人們消費的核心與基本；商店的環境、人員服務頂多是「期望」甚至擴增功能。

一、商品的重要性：商品力是商店的基礎

商品的本質是商品，商品要有吸引力才能吸引顧客上門，這就是日本零售業最重視的商品力，零售業關鍵成功因素中最重要的一項。本章一到七節，專注討論如何提高商品力，本單元是導論，單元 7-4、7-5 是規劃，單元 7-6 是專論，即零售公司自創品牌，公司夠大，才有能力會這麼做。

二、伍忠賢（2022）商店商品吸引力量表

伍忠賢（2022）商店商品吸引力量表（products attractiveness scale）可以衡量零售店的商品吸引力，詳見表 7-4，這是表 7-1 的第 1 ～ 3 欄作爲架構。

三、臺灣百貨業的商品組合

百貨公司是消費者很重視商品品牌力的行業，當一線品牌不夠，消費者逛街時會覺得沒啥看頭，很快逛完一樓便走出店了。

1. 核心商品：化妝保養品占營收 12.8%

百貨店的商品重要程度，跟樓層數呈反比，樓層越低，商品越重要，一樓通常是化妝保養品與飾品（珠寶錶）。

2. 基本商品：女裝占營收 20%

服裝占營收 34%，我們應分拆成女裝、男裝、童裝，女裝約占營收 20%，樓層通常在 2 樓。

3. 期望商品：男裝與童裝占營收 14%

百貨公司的 3 樓通常賣男性服裝、4 樓通常賣兒童服裝和玩具。由於「少子化」緣故，童裝占營收越來越低。

4. 擴增產品：餐廳飲料店，占營收 17.2%

百貨店大都在市區捷運站附近，很方便親朋同事相約聚餐，順便逛街。

5. 潛在產品：娛樂，占營收 1.8%

許多百貨店都在頂樓樓層設立電影城，吸引男女朋友或父母帶小孩來看電影，順便逛街。

四、兩家鄰近百貨店評分

表 7-4 中第六欄是相鄰兩家百貨店的商品力評分，此表最好由 30 位目標客層顧客打分數，所以此處未給分。

表 7-4　商店商品吸引力量表：百貨公司

馬斯洛需求層級	AIDAR	產品五層級	項目	1	5	10	新光三越百貨	遠東百貨
五、自我實現	五、續薦	五、潛在	10. 娛樂項目	無	摩天輪、遊樂場	電影院		
四、自尊	四、購買	四、擴增	9. 餐廳飲料店	無	美國一線	臺灣一線、日本一線		
三、社會親和	三、慾求	三、期望	8. 童裝	一線品牌 10%	一線品牌 50%	一線品牌 100%		
			7. 男裝					
二、生活	二、興趣	二、基本	女人服飾 6. 珠寶（錶）					
			5. 鞋					
			4. 服裝					
一、生存	一、注意	一、核心	3. 香水					
			2. 化妝品					
			1. 保養品					
小計								

® 伍忠賢，2022 年 5 月 14 日。

7-4 品類管理

不管賣場多大，空間永遠是有限的，惟有找到最佳商品廣度（即品類數）、深度（即品項數）和位置，商店才能賺最多。這是線性規劃、作業研究課程的主要課題，即以商店淨利最大為目標，考慮限制條件，運用適當的演算法來求解。不過，最重要的是一開始必須先瞭解顧客心裡在想什麼。

一、對人性的瞭解

不同的商品有不同的廣度、深度和排列方式，對顧客的吸引力也不同。美國加州史丹佛大學商研所教授 Itama Simonson（1999）透過文獻回顧，得到下列結論（圖 7-3），詳細說明於下：

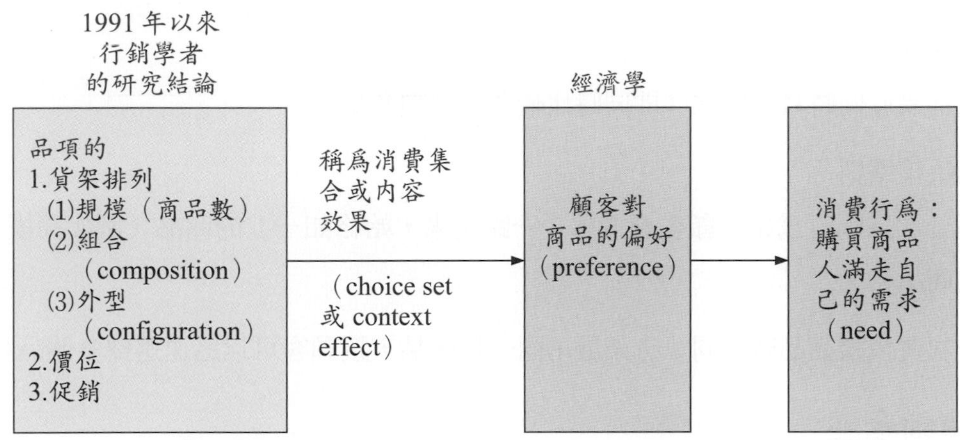

圖 7-3　品類、品項空間安排對消費行為的影響

（一）顛覆個體經濟學的消費假設

1991 年以來，行銷學的實證研究顛覆了大一經濟學中個體經濟部分的核心觀念：消費者能事先知道每件商品的效用值（或效用高低）。行銷學者的看法是，由於資訊的不完整（例如貨架上有些同類商品位置比較明顯、有些不明顯），再加上價值、促銷等，構成消費者認知的可選擇的範圍，進而影響消費者的偏好。尤有甚者，顧客針對不熟悉的商品、品牌，有可能「買一點試試看」的冒險，這情況下，消費者根本無法事先準確評估該商品的效用（或價值）。

（二）消費內容效果

其次，貨架上商品的組合（composition）、外型（configuration）也會影響消費者的偏好，這稱爲消費集合效果（choice set effects）或消費內容效果（choice context effects）。因此，零售公司可以採用這二個因素，即品項設計（assortment design），以影響消費者對品項的認知（considered assortment 或 considered options）。

品項的貨架排列會影響顧客偏好，主要心理機制有三。

1. 易於證實

顧客傾向於不看貨架上的便宜貨，比較會去注意中間價位品項（middle 或 compromise options），甚至價位略高品項。不過，當同一貨架上有幾個品項都很有吸引力時，顧客會因為三心二意，反倒躑躅不前。

2. 易於處理

這包括易於同時貨比三家（即同時比較多種同類商品）。

3. 啓動決策準則

在同一次採購行為中，顧客會選擇「一路走來，始終如一」的商品（例如高價位、高愉悅商品）。

在一次買多樣商品時，同一貨架展示同一類商品，讓顧客可以迅速選擇多個品牌。

二、限制條件

由於貨架空間（shelf space）或櫃位有限，所以必須慎選商品的廣度和深度，以進行賣場空間配置（floor-space allocation 或 shelf-space allocation）。

三、好市多與山姆俱樂部的抉擇

以量販店來說，本質是「折價商店」，消費者上門，大都把「價格」當成第一考量。

1. 好市多採取成本領導策略

你由兩種方式可見好市多很注重「天天最低價」，詳見圖 7-4 X 軸下端。

- 單品價格：以牛仔褲來說，單件 15 美元，山姆俱樂部 17.66 美元。
- 公司損益表：以公司損益表的銷貨成本率來說，好市多 86%，沃爾瑪（山姆俱樂部母公司）74%。

2. 好市多「少樣」以享受進貨時數量折扣

在同樣營收水準下，好市多把品項縮到 4000 項，如此一來採購量很大，可以跟全國品牌公司或商店品牌代理公司談妥數量、折扣，進貨價較低。

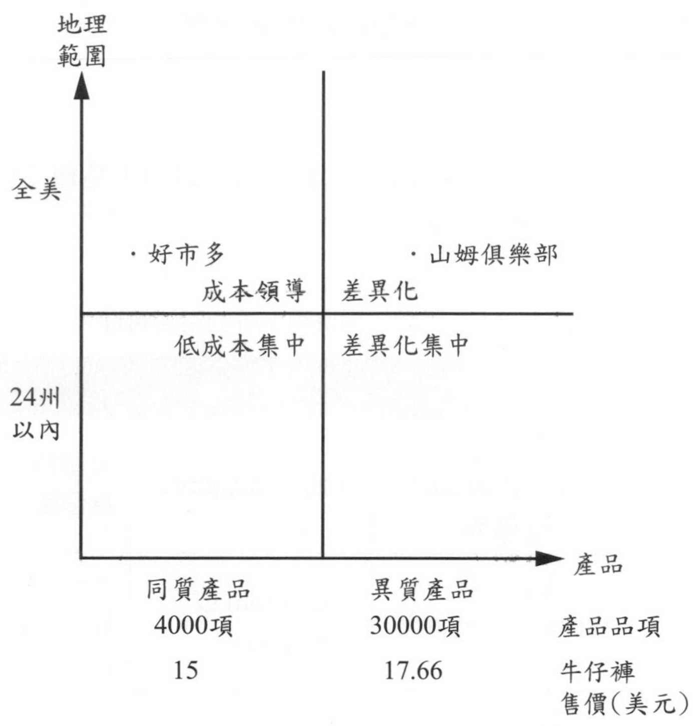

圖 7-4 好市多跟山姆俱樂部事業策略不同

7-5 品類數決策

賣場空間配置（shelf-space allocation）是個成熟的課題，由大到小包括三個層次。

1. 每品類（category）商品該占多少面積？每個品類該擺幾個貨架？
2. 某類商品中的某品項該占該類商品櫃台多大排面？
3. 某品牌應該在貨架上的哪個位置？

這類問題已成爲作業研究課程中的主題之一，可以用數學模式予以求解，以達到利潤極大化目標。

一、品類管理

就近取譬來說，由表 7-5 可見品類管理類似共同基金中的資產配置，其結果是「組合績效」，以 80：20 原則爲例，共同基金績效有六成來自於此。

同樣的，商店的商品力最重要的影響因素是品類管理。

（一）目標

品類管理的目標是零售公司透過適當的行銷組合，以追求品類淨利極大。狹義一點說，品類管理是指什麼品類該擺在貨架上。

表 7-5　品類、品項和品牌的空間管理

以共同基金為例	績效名稱	商品分類	空間管理
資產配置（asset allocation）：持股 vs. 現金比重	組合績效（portfolio return）占 60%	品類（category）	分區所占面積或該品類占幾個櫃位（shelf，或貨架）
行業比重：持股的各行業比重	選股績效（selection return）占 30%	品項（item 或 assortment）	一品類中常有數十個品項，以一個品項占一個貨架為例
各股比重	擇時績效（timing return）占 10%	品牌（brand）	每一個品項中包括數十個品牌，每個品牌占貨架中多大排面

（二）求解方式

品類規模、陳列位置的決策，依社會科學研究方法，至少有二種時效性資料，詳見表 7-6。接著我們只說明跟零售業有關的內容。

表 7-6　品類、品項、陳列聯立決策方式

時間	事後（ex post）	事前（ex ante）
資料	歷史資料	行為實驗室實驗資料
求解方式	菜籃（或購物車）分析，或菜籃模式（market basket model）	找 200 位目標市場的顧客
	路透丹模式（Rotterdam model）：每一品類用一條方程式來表達，所有品類成為聯立方程式，聯立求解	以 2000 元鈔票（代幣）去購買商品

1. 菜籃分析以進行商品分區

菜籃（或購物車）分析（market basket analysis）是指一位消費者每次去採買（shopping trip），最後是哪些東西放在菜籃子（或購物袋）中。學者針對商品品類間的三種關係（互補、獨立、替代），建立菜籃模式（market basket model）來分析消費者的菜籃選擇（market basket choice）。

美國愛荷華大學商學院行銷教授 Gary J. Russell & Ann Petersen（2000）在《零售期刊》的實證研究指出下列二個結果，該文引用次數 369 次。

品類間（cross-category）交叉價格彈性很低，大都呈現輕度互賴關係。

2. 路特丹模式

在分析消費者對各個品牌的選擇時，無論分析對象是一個人或一群消費者皆適用，學者常用的是路特丹模式（Rotterdam model）：一個品類用一條方程式來表達，所有品類則採聯立求解。

美國紐約市立大學商學院行銷教授 Pankaj Kumar & Suresh Divakar（1999）採取路特丹模式研究各品牌商品的包裝量——即個人包或家庭包，對消費者選擇的影響，竅門說穿了不値錢，他們把同一品牌的不同包裝視為獨立的品牌，例如：可口可樂隨身罐（600cc）、家庭罐（2000cc），消費者買三瓶隨身罐可能就取代家庭罐了。

路特丹（需求）模型

（Rotterdam demand model）

時：1964、1965 年

地：尼德蘭路特丹市

人：A.P. Barten (1966)（註：尼德蘭蒂爾堡大學）與 H. Theil (1965)（註：尼德蘭杜特丹經濟學院）

事：這屬於個體經濟學上消費者需求（聯立）方程式，兩位尼德蘭學者陸續發表論文在《Econometric》期刊。

（三）決策結果

品類數（或商品廣度）的決策可以用上述計量模型精細分析，也可以採取經驗法則。本段簡單說明二項決策結果：

1. 分區大小

哪一類商品該占賣場多少空間，大抵是依其占營收比重而定，除非是下列二種情況：

(1) 策略性商品類，以突顯本店特色。

(2) 來店貨區，主要功能是集客，例如花車的「每日一物」特價區。

2. 商品分區和位置

產品分區時主要是依互補性為主，例如：

(1) 飲料和休閒食物。

(2) 生鮮食品（含蔬果）、麵包和冷藏乳品。

3. 以屈臣氏為例

一般人到便利商店，通常待個 3、5 分鐘買了東西就走，不過到屈臣氏的顧客比較像是去尋寶，平均停留 13.5 分鐘，買 2.8 件商品，所以屈臣氏很注重賣場陳列，按消費需求、品牌、價格、流行性、新鮮感和行銷計畫，規劃出商品品類的最佳組合。光睫毛膏就有 150 種之多，二成貨架上還擺了零食、玩偶等趣味商品，創造賣場差異化、做節慶生意和營造有趣環境，搭配經常推出有趣吸引人的促銷活動，都是刺激購買慾的行銷技巧。

注重流行性、新鮮感的賣場—屈臣氏

二、品類管理的標竿

- 程序：美國俄亥俄州辛辛那提市 Partnering Group 公司所發展出來的品類管理程序，可以在 ECR（Efficient Consumer Response）網站中找到。（網址：www.ecr-central.com）

- 故事：成功或失敗的品類管理個案分析經常可以在下列雜誌中找到：Progressive Grocer、Supermarket News 和 Supermarket Business。

7-6 品項管理

一、品項管理

在行銷學中的商品深度，在零售業稱爲品項管理（assortment management）或品項規劃（assortment planning）。

1. 品項選擇

每項商品（例如茶、飲料）內也有百千樣品牌（backpacks 或 items）可供挑選，那麼該如何決定最佳品項數（optimal assortment size），以追求淨利最大呢？求解方式詳見表 7-5，本段只討論退場的商品下架。

2. 商品下架

日本的便利商店平均每家面積 30 坪左右，陳列商品約 3,000 種，每家便利商店都是週二更換商品，此時約有 200 種新商品問世，並且有同樣數量的商品下架，讓人目不暇給的商品推陳出新中，3,000 種商品只有不到三成能留在架上超過一年。正因爲對上架商品要求嚴格，便利商店才能有驚人的集客力。消費者不只是因爲方便才到便利商店購物，而是因爲那裡有自己想買的商品。

便利商店講究商品、地點和吸引顧客的技巧，形成強大集客力。以占營收 27.5% 的飲料爲例，標準的冷藏飲料櫃約陳列 190 瓶飲料，如果某一飲料一週賣 20 瓶以下，就會遭到下架的命運。爲了留在便利商店的貨架上，飲料公司會採用促銷降價促銷去衝量，以免被下架。

二、品牌占比

空間管理（space management）這題目可以細到以品牌爲對象，以清潔用品品類占一區爲例，又可繼續區分洗衣粉、洗衣乳、漂白水、潔領精等品項，這些各占一個貨架。那麼洗衣粉中的白蘭洗衣粉該占多大排面呢？

1. 品類帶頭大哥

各品類中的帶頭大哥（例如咖啡中的麥斯威爾）可說是「品類隊長」（category captain），功能有點像艦隊中的旗艦，有此相助，零售公司可藉此突顯其商品力甚至商店風格。

2. 品項貨架距離

有些人主張或架距離或者是消費者在店內行進方式（store traffic patterns）甚至比品類間的互賴關係還重要。

7-7 商店品牌

任何公司能自創品牌，表示在微笑曲線（或策略大師波特的價值鏈）的右邊想尋求嘴角上揚，也就是想提高本身的附加價值。以零售公司爲例，不想只看全國品牌公司賺錢，自己也想賺品牌利潤，這在零售公司商品力課題中，可說是大型零售公司才有能力思考的事，因此我們擺在後面才討論。

一、商店品牌的定義

殊途同歸

「腳踏車」、「孔明車」、「鐵馬」都是指同一件交通工具，同樣的，在零售業中英文用詞最多采多姿的可說是全國品牌（national brand）、商店品牌（private brand），其他中英文用詞詳見表 7-7。

表 7-7　二種品牌的中英文名詞

英文	Private brand（PB）	National brand（NB）
我們的譯詞	商店品牌	全國品牌
其他書譯詞	自有品牌、自營品牌 通路品牌（channel brand） 零售品牌（retail brand）	全國（性）品牌 製造商品牌（manufacture brand）

二、商店品牌的策略功能

天馬行空的說，商店品牌各有其考量目的，但簡單的說只有兩個重點，詳見圖 7-5。

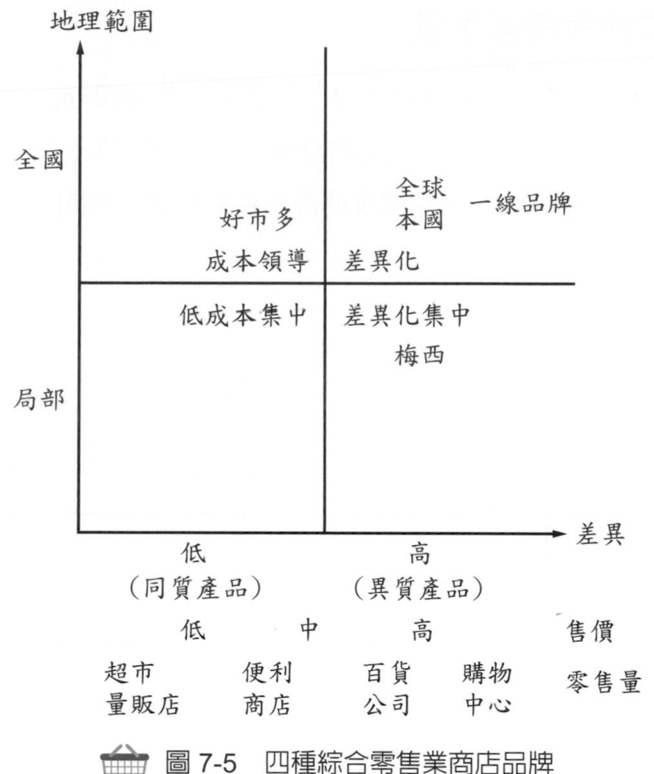

圖 7-5 四種綜合零售業商店品牌

(一) 拚價格的超市、量販業

以美國好市多爲例，當某全國品牌價格不夠低時，好市多溝通無效後，只好推出同款商品。品牌名稱很在地，即「科克蘭招牌」（Kirkland Signature）。好市多公司位於美國華盛頓州金郡的科克蘭市，後搬到伊瑟闊市。科克蘭品牌主要品類如下。

- 食：乳品、堅果。
- 衣：衛生紙、男性襯衫。
- 育：嬰兒紙尿布（金百利克拉克生產的）。

(二) 拚差異化的百貨公司、便利商店

由圖 7-5 右邊可見，以產品差異化爲主的百貨、便利商店業，當每家便利商店都賣全國一、二線品牌，跟百貨店相比便缺乏產品特色。

三、臺灣量販店的家庭衛生紙

全國品牌公司會打廣告，花錢研發差異化產品，一般來說商品價格會較高。以家庭衛生紙爲例，臺灣兩大量販店家樂福，大潤發推出商店品牌衛生紙，偏重「低品質、低價位」的市場區隔（詳見圖 7-6），這樣讓消費者有多些選擇空間。

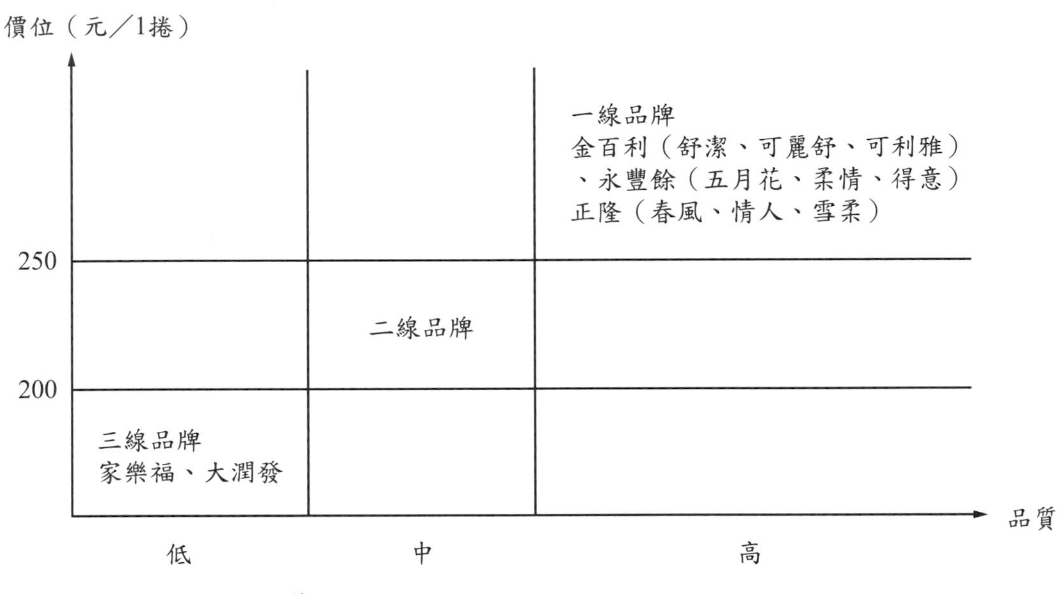

圖 7-6　家庭抽取式衛生紙的市場定位

7-8　零售公司的商品採購 I：以時尚商品為例

零售業三大關鍵成功因素:「地點、商品與銷售人員」，地點、商品是「必要」條件（無之則不然），銷售人員則是「充分」條件（有之則必然）。在本章，我們聚焦於商品，尤其是商品採購，以時尚商品（fashion products）爲例，首先說明什麼是時尚商品。

一、時尚 vs. 傳統商品

由圖 7-7 中有的 X 軸來看，依商品銷售生命時間長短，可以分成兩類：

1. 時尚商品（fashion products）

「當時的風尚」簡稱時尚，必須有「時間性」，通常指一年之內；「風尚」則是指「流行的風氣和習慣」，所以時尚產品是指一年內流行的產品。

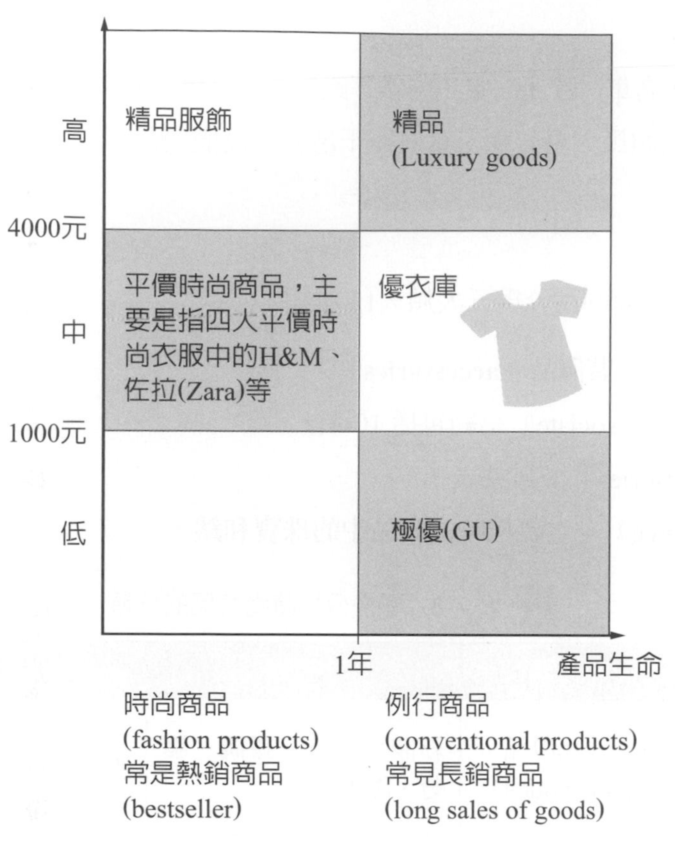

圖 7-7　時尚商品 vs. 例行商品：以服裝為例

2. 例行商品（convectional products）

跟時尚商品相反的有兩種：

(1) 例行商品（conventional products）：俗稱長銷品，例如日本迅銷公司董事長柳井正認爲旗下的優衣庫不是平價「時尚」服飾，而是基本款、長銷服飾。

(2) 個性商品（stylish products）：量身訂做（tailor-made）衣服的人是想穿出個性，不會跟人「撞衫」（wearing the same dress）。

二、精品（Luxury goods）

時尚商品與精品是兩件事，由圖 7-7 中 Y 軸可見，依商品價位來區分。

1. 依商品價格來分：高、中、低價

以其中的高價商品（luxury goods）來說，臺灣稱爲精品，中國大陸稱奢侈品。常見精品跟時尚商品大致重疊，主要指表中三大類。

2. 精品範圍較廣

「精品」還包括名車（歐洲爲主，英義等跑車）、酒類（主要指一瓶 10 萬元以上的酒，例如軒尼詩、人頭馬、馬爹利、拿破崙干邑）等高價商品。

三、時尚商品

由表 7-8 可見時尚商品分爲三大類、13 中類：

1. 服裝（clothing）與裝飾品（accessories）

(1) 服裝與配件（associate）：約包括 10 類。

(2) 飾品（accessories）：詳見表 7-8。

2. 行頭（appearence）：主要指時尚商品中的珠寶和錶。

表 7-8　零售公司時尚商品的分類

大分類	中分類	小分類	精品
一、臉（beauty）	（一）化妝品（consmetics）	彩妝、保養（護膚、護髮、護甲等）	法國蘭蔻（Lancomc）、美國雅詩蘭黛（Estee Lauder）與倩碧（Clinique）
二、衣（clothing）	（一）正式服裝（formal wear）	晚禮服分晚衣服（evening gowns）、婚禮裝、舞會裝（ball gowns），上班套裝、蘇格蘭裙等	亞歷山大·麥昆（Alexender McQueen）、亞曼尼（Giorgio Armani）、香奈兒（Chanel）、克里斯汀·迪奧（Christian Dior）、愛馬仕（Hermes）、凡賽斯（Versase）
	（二）傳統服裝（traditional）	和服（Kimono）、制服	–
	（三）裝飾品（accessories）	帽、眼鏡（eyewear）、手帕、領帶、別針、皮帶、吊褲帶、襪子（含長襪）、手套、雨傘	眼鏡：雷朋（Ray-Ban）、聖羅蘭（Yves Saint Laurent）、蒂絲·雷伯（Judith Leiber）、DKNY（唐娜·凱倫，紐約）
	（四）衣服（apparel）	比較偏盛會、聚會衣服	普拉達（Prada）、古馳（Gucci）
	（五）紡織品（textiles）	紡織品（texture）、印刷品（print）	主要分為梭織布、針織布

大分類	中分類	小分類	精品
二、衣（clothing）	（六）特殊服裝（costumes）	音樂、戲劇表演服裝（俗稱劇裝）、吉祥物服裝（mascot）、萬聖節服裝	百老匯、cosplay 等服裝
	（七）行李箱（luggage）	尤其是隨身帶的包包	皮具： 登喜路（Alfred Dunhill）、寶緹嘉（Bottoga Veneta）、巴寶莉（Buberry）、賽琳（Celine）、香奈兒（Chanel）、路易威登（LV）
	（八）運動裝（sportwear）	短褲（short）、競賽裝（tracksuit）、滑雪裝、頭盔防寒泳裝（wet suit）	–
	（九）鞋（footwear）	男鞋、女鞋、運動鞋、拖鞋、芭蕾舞鞋、防水類運動鞋等（swimfinc）	–
	（十）瑕疵品與二手品（vintage & second hand）	–	–
三、行頭（appearance）	（一）珠寶（jewelry）	有些貴重的珠寶視為傳家寶（heirloom）	寶格麗（Bulgari）、克羅心（ChromeHearts）、喬治·傑生（Georg Jensey）、卡地亞（Cartier）、格拉夫、蒂芙尼（Tiffany & Co.）
	（二）錶（watches）	–	愛彼（Audemars Piguet）、江詩丹頓、勞力士、百達翡麗

資料來源：部分整理自 John Spacey, "12 Types of Fashion Product"，2017 年 2 月 21 日。

7-9 零售公司的商品採購 II：組織設計與用人

大部分零售公司都贏在「商品力」，這有賴適當的組織設計，用人才能「慧眼獨具」。

一、零售公司的商品部或採購部

由表 7-9 可見，零售公司的商品有兩個來源，一個是百貨公司專櫃、購物中心的店中店，這是外來的；一個是零售公司自營的部份，可分為品牌代理、商店品牌（private brands）、百貨公司、購物中心以外的零售業，大都是買斷商品，自負盈虧。其商品採購部門依序常用名詞如表 7-9。

1. 商品部（commodity department）：這是大部份零售公司的用詞。
2. 採購部（procurement department）：從採購「處」到採購「部」，再到採購「公司」（buying office）。

表 7-9　零售公司商品部或採購部職稱

項目	商品部（commodity department）	採購部（procurement 或 purchasing department）
一、其他用詞	Merchandising，例如美國好市多	又稱採購單位（purchase，有時用）、採購部（buying department）
二、職稱	1. 主管 商品部副總經理，美國稱商品長（chief merchandising officer） 2. 員工 Commodity department staff 3. 採購助理，例如全聯實業公司	1. 主管 採購經理（purchasing manager） 2. 採購人員 (1) 採購代表（procurement 或 purchasing representative） (2) purchaser (3) buyer（中國大陸稱買手） (4) procurement staff 3. 採購助理 purchasing assistant
三、百貨公司組織設計	遠東崇光百貨公司營運本部下商品部，另財務本部下採購部、財務部；董事會下轄稽核室下轄 7 組，其中採購稽核組 例如美國梅西百貨公司資深副總裁、商品長（Chief Merchandising Officer）Nata Dvir（女）	新光三越百貨公司採購部 * 遠東百貨公司商品本部下有商品企劃部、女裝部、男與兒童裝部、家電部、國際精品部；另管理本部下有採購部 * 英國倫敦市的時尚（時裝）、音樂、書籍店 LN-CC 的「採購總監」John Skelton

二、零售公司的商品組織編制

由表 7-10 可見，零售公司商品部分三類。

1. 大分類：依品類區分

在零售公司商品部裡往往依品類予以分工，稱爲「品類管理者」（category managers），例如專門管飲料類、生鮮類食品的課長，遠東百貨甚至可以大到處長的編制，例如女裝處。

在組織層級分成數個處，例如：時尚商品處，處長協理級。

2. 中分類：依品項區分

在組織層級分成數個組，組長是經理級，例如：女裝組等。

3. 小分類：依品牌區分

在組織層級分成數個科，科長是襄理級，例如：女裝組再細分高、中、低價位品牌。

表 7-10　零售公司商品部或採購部組織設計

大分類品類（category） 組織層級：處	中分類品項 （assortment） 組織層級：組	小分類品牌（brands） 組織層級：科、課
一、食品（food） 雜貨（grocery）	分乾貨、濕貨組	常見的濕貨有水產、乳製品（冷藏）
二、一般商品（general merchandise）	細分為文具等組	文具書籍再細分
三、時尚商品（fashion products）	（一）女裝 （二）男童裝 （三）服飾 （四）鞋類	1. 多品牌商店（multi-brands store） 中國大陸稱「買手店」 例如 BNC 薄荷糯米蔥（女裝） 2. 單一品牌店，俗稱專賣店 (1) 大型連鎖商店 (2) 設計師品牌店 例如童裝中的「Baby Ghost」，2010 年由 Qidoran Huang（女）與 Joshua Hupper 在美國紐約市曼哈頓區成立。 例如馬克．雅克布斯（Marc Jacobs）
四、其他	住：床飾、家電 育樂：電子商品	例如梅西百貨

三、時尚商品採購人員（fashion buyer）

時尚商品採購人員（fashion buyer）大致可分爲兩種：

1. 時尚商品品牌公司採購人員

例如西班牙印地紡（Inditex，也可寫作「印第紡」）公司的採購人員負責購買原料（紗、布料）、找代工公司等。

2. 批發零售公司時尚商品採購人員

(1) 品牌商品批發公司：一般是指一國的總代理（general agent），扮演大批發；各省市的「經銷商」（dealer）則扮演中盤商角色。

(2) 品牌商品零售公司：包括百貨公司內專櫃、購物中心店中店、品牌公司街邊店，都是專賣店。

另外，針對把多個（時尚）品牌商品集中販售的稱爲「多品牌商店」（multi-brands store），中國大陸稱「買手店」（buyer shop）或「買手式經營」，不易做大。

四、中英用詞

臺灣與中國大陸用詞不一，有時會令人雞同鴨講。表 7-11 整理臺灣與中國大陸的譯詞。

表 7-11　臺灣與中國大陸的中文譯詞

英文名詞	臺灣用詞	中國大陸用詞
buyer	採購人員	買手
fashion	時尚商品	時尚
fashion buyer	時尚商品採購人員	時尚買手
buyer shop	多品牌商品店	買手店

一、選擇題

(　) 1. 下列哪一個綜合零售業最重視一線化妝品牌設櫃？ (A) 超市中的全聯 (B) 藥妝店中屈臣氏 (C) 百貨公司。

(　) 2. 商店品牌以價位來說，屬於何種價格水準？ (A) 低價 (B) 中價 (C) 高價。

(　) 3. 承上題，所以哪類綜合零售業最喜歡推商店品牌商品？ (A) 便利商店 (B) 超市業 (C) 量販業。

(　) 4. 便利商店業同類商品價位為何比量販店高？ (A) 店址好，房租高 (B)24 小時營業，成本高 (C) 以上皆是。

(　) 5. 許多百貨公司在採購部中對哪一品類獨立設立「處」？ (A) 衣飾 (B) 文具 (C) 生鮮食品。

二、問答題

1. 以圖 7-1 為基礎，以一家公司為例說明。
2. 以圖 7-2 為基礎，以一家公司為例說明。
3. 以圖 7-4 為基礎，以一家公司為例說明。
4. 以一個具體實例來說明菜籃分析和路特丹模式。
5. 以表 7-6 為基礎，以一家公司為例說明。
6. 以一家公司為例說明如何透過商品陳列讓顧客「衝動購買」。
7. 以圖 7-5 為基礎，以一家公司的一個商品品牌為例說明。
8. 以表 7-7 為例，以二家公司的二個商品為例說明「不老實定價」的結果。
9. 以圖 7-7、表 7-8 為基礎，以一家公司的一個商品、一個促銷案為例說明。
10. 以表 7-10 為基礎，以一家公司為對象來說明。

Chapter

08

商品定價：人工智慧的電腦軟體運用

在伍忠賢（2022）商店吸引力量表中，依 80：20 原則，把行銷組合 4 項分成：「商品 50%，定價 30%，促銷與實體配置 20%」。「商品對」是必要條件，「價格對」也是必要條件；至於「促銷與實體配置」是充分條件，只有錦上添花功能。

在大二《行銷管理》書中，定價策略占一章，有些企管、行銷系在大三到碩士班會開授「定價管理」（price management 或 pricing management）課程。本章希望讓你有一章抵一本書、一學期課的效益，觀念清楚令你一目了然。

8-1 公司價格吸引力量表 I

顧客在評估公司的商品／服務的價格吸引力時，考量項目有許多，包括商品的單價、付款方式，甚至宅配費用等。伍忠賢（2022）公司價格吸引力量表（corporate price attractiveness scale）綜合考量 10 項因素，依顧客忠誠程度分三級，詳見表 8-1，你可以拿同一地點、同一行業的兩家店打分數。各題的比重、給分標準，你可以自己訂定。

本量表有三項未包括：

- 買貴退差價的價格保證政策，詳見單元 8-10；
- 降價多退，詳見單元 8-10；
- 價值價格比，因每人認知價值不同，沒有一個參考值。

一、顧客需求動機

第一欄是站在顧客角度，依 1943 年美國心理學者馬斯洛的需求層級，分成五層，把公司價格力 10 項依性質分歸五層級。

二、三種忠誠程度

依顧客程度忠誠程度分三級，忠誠程度 100% 第一次購買、120% 的繼續購買、150% 的向親朋好友推薦。

表 8-1　公司價格吸引力量表

需求動機	三種忠誠程度	1 分	5 分	10 分	A 店	B 店
五、自我實現	三、推薦					
	10 推薦扣折	沒	0.%	1%	7	6
四、自尊	二、續購					
	9. 預先訂購折扣	沒	5%	15%	8	7
	8. 續購折扣：會員折價	沒	2%	5%	6	5
三、社會親和	一、購買					
	7. 宅配免運費門檻	3,000 元	1,000 元	0 元	5	6
	6. 折價券	沒	折 1%	折 3%	7	7
二、生活	5. 信用卡（BNPL）	2 卡	3 卡	5 卡	5	5
	4. 現金支付折扣	1%	2%	3%	5	5
	3. 數量折扣	5 個 便宜 1%	10 個 便宜 2%	30 個 便宜 3%	5	5
一、生存	2. 時間折扣	10%	20%		5	5
	1. 產品價位水準	比同業 便宜 5%	比同業 便宜 10% 以上	便宜 15% 以上	6	5
得分小計					64	56

® 伍忠賢，2022 年 5 月 11 日。

8-2 公司價格吸引力量表 II：因時、因地定價

本單元說明表 8-1 中的兩項，討論價格的訂定應因「時」、因「地」制宜。

一、表 8-1 第 2 項：時間折扣

1. 問題

任何商品都有因物理特性劣化、消費者喜新厭舊等因素，而越來越不值錢。

2. 解決之道

解決之道是「因時定價」（pricing across time）的課題。由圖 8-1 可見二階段定價的名稱，以統一超商便當爲例。

- 第一階段：新品上市定價（initial pricing）
  晚上七點以前，雞腿便當 80 元。
- 第二階段：即期品定價
  晚上七點之後，將架上尚未銷售出去且即將過期的便當打七折銷售，售價 56 元，稱爲即期品定價（expiration date-based pricing）。流行品的換季打折出清也是同一道理。

流行商品逐步降價，但是顧客卻從過去累積經驗，以致延遲消費，即不在新品上市時買，而在打折時才撿便宜貨，商店也占不到多少便宜。

二、表 8-1 第 7 項：因地定價

1. 問題

一國東西南北中區，城鄉所得差距大。

2. 解決之道：地區定價，不同地區，不同價格

差別取價：在美國，依地區所得的差異，而實施差別定價（differential pricing）。

氣候不同：在美國新英格蘭地區（東北）跟南方州（例如德州）汗衫打折時間、幅度宜不同。

美國田納西州范德比大學 R. N. Bolton & V. Shankar（2003）在《零售期刊》上的實證論文（註：引用次數 159 次），以美國 17 家連鎖超市、212 家店、6 大項品類商店、三大都會和二小鎮，做了爲期 2 年的研究，得到下列結論。

由於各超市旗下商店依地區不同，定價也不同，即地區定價（geographic pricing），因此分析對象宜細到「品牌－商店層級定價策略」（brand-store-level pricing strategies），不能帶個大帽子的認爲店內所有品類商品皆採取同一定價策略，即商店水準定價策略（store-level pricing strategies），或是目光如豆的只想到品牌水準定價。

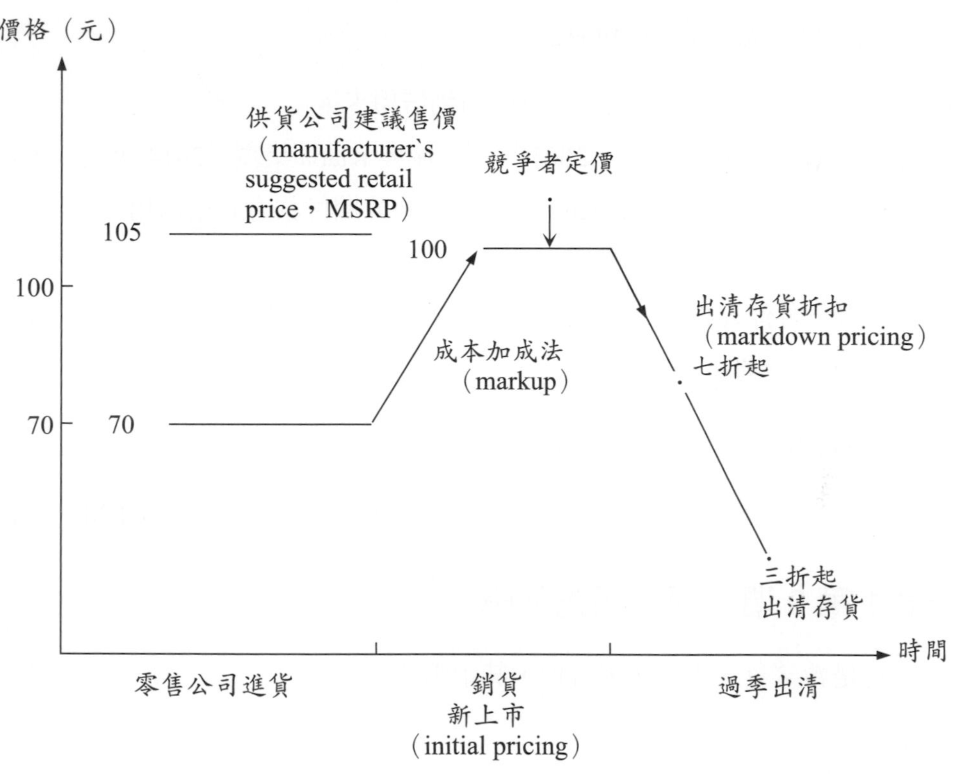

圖 8-1　商品各階段的定價實務

8-3 公司價格吸引力量表 III

公司價格吸引力有四項重點如下：

一、表 8-1 第 5 項：先消費，後付款

1. 問題

有許多人財力不繼，只能分期付款購物。

2. 解決之道：信用卡支付

有兩種方式可以「先享受，後付款」。

- 信用卡：這是指銀行債信良好，可申請到信用卡。
- 信用小白（Credit Novice）：2005 年起，瑞典 Klana 集團（2014 年起），提出「先消費後付款」（buy now pay later，BNPL）的分期付款方式給信用卡「小白」，（即沒有信用卡的人，主要是年輕人），一定期間內（例如一個月內）免利息。美國比較大的公司有 Affirm、Bill me Later（2009 年被電子灣公司收購）、澳大利亞的 Afterpay，詳見圖 8-2。

二、表 8-1 第 8 項：會員折扣

這是指公司的「顧客關係管理」（customer relation management，CRM）方式。

三、表 8-1 第 9 項：兩種預先下單

老顧客總是希望有一些老顧客折扣，其中兩種方式。

1. 預先下單

許多網路商店希望顧客預先下單（advanced purchase）。

2. 商品禮券

商品禮券（gift token）使用普遍，常發生企業以非常低價大量發行禮券，卻因公司倒閉，導致消費者所持禮券一夕間成爲廢紙，消費者權益受到侵害。

因此，在定型化契約（adhesion contract）中，課以零售公司善盡商品履約保證的責任，至少有兩種加強信用方式。

- 由銀行擔任保證人

  履約保證是要求發行公司由銀行提供足額「履約保證」（performance guarantee），而且保證期限一年以上，履約保證內容需載於正面明顯處，或是把銷售禮券所收取的金額存入發行公司在銀行開立的信託專戶，專款專用。

- 同業聯保

  零售公司可以選擇跟同業同級的公司相互擔保，讓顧客可以依照面額向相互擔保的公司購買等值商品與服務；或是加入商業同業公會辦理的同業禮券聯合保證協定，顧客可依照面額向加入協定的公司購買等值商品。

  跟市占率 5% 以上的同業相互擔保，持禮券者可依面額向擔保公司購買等值商品，遠東崇光百貨可跟母公司遠東百貨相互擔保。

  一般禮券可找零，購買時開立收據證明單，消費時再開發票。商品禮券則以公司行號買來送給員工作爲三節禮金，考量公司報帳，新光三越百貨會先開發票。

四、表 8-1 第 10 項：推薦折扣

這是公司給予老顧客的推薦折扣，當新顧客購買時，勾選是老顧客李小明推薦，李小明便獲得 50 點的「集點」。

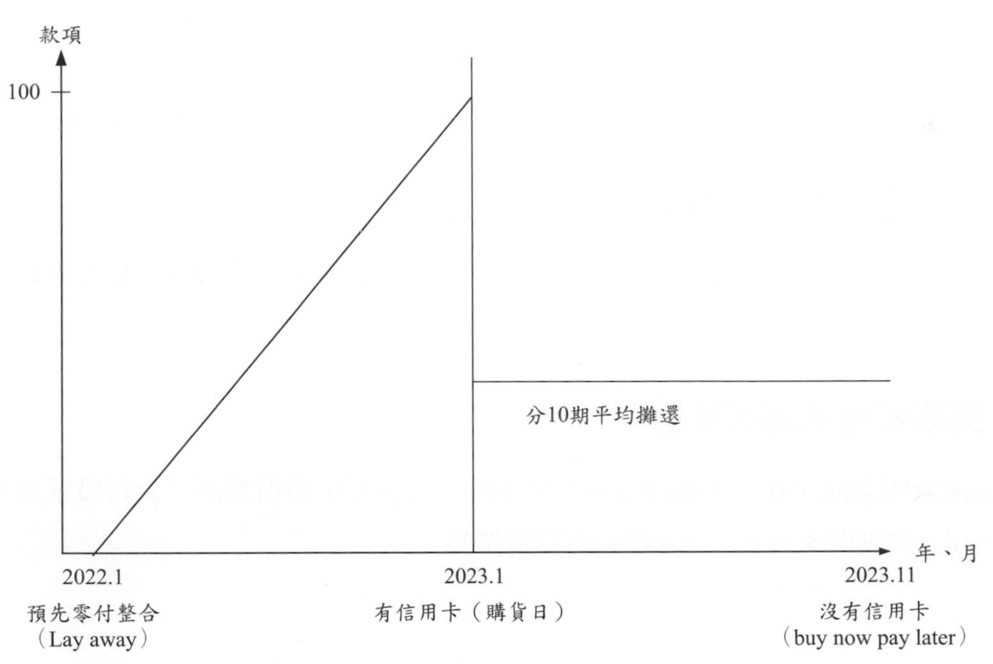

圖 8-2　多元付款方式

8-4 消費者與對手影響成本加成幅度

管理、會計的用詞「買賣業」（merchandising-sector）包括（國際）貿易業、批發零售業等，這行業本質是「低買高賣賺價差」，至於這價差有多大，取決於兩大類因素：

買方的付款意願和賣方競爭情況，本單元說明。

一、太極生兩儀，兩儀生四象

買賣業賺「售價減進貨價」之間「價差」（spread），售價是「成本」加「成」。成本是進貨價（cost of good sold）。

二、加成上限取決於消費者價格彈性

由圖 8-3 可見，這可分成兩種情況：

1. 不是單一價格時

從差別取價中的「差別」便可見，這是「因地」、「因時」、「因人」等狀況，去訂商品價格。

2. 單一價格時

這分成三小類，依定價高低排序如下，吸脂、習慣、滲透定價，詳見表 8-6。

三、加成下限取決於市場結構

市場競爭情況主要以市場結構來衡量：由高往低於下，完全競爭、獨占性競爭、寡占到獨占。

四、美國好市多薄利多銷

美國量販業龍頭好市多進貨價再加碼 14%，比同業山姆俱樂部（公司股票未上市，以母公司沃爾瑪財報為例）少，所以有價格優勢。

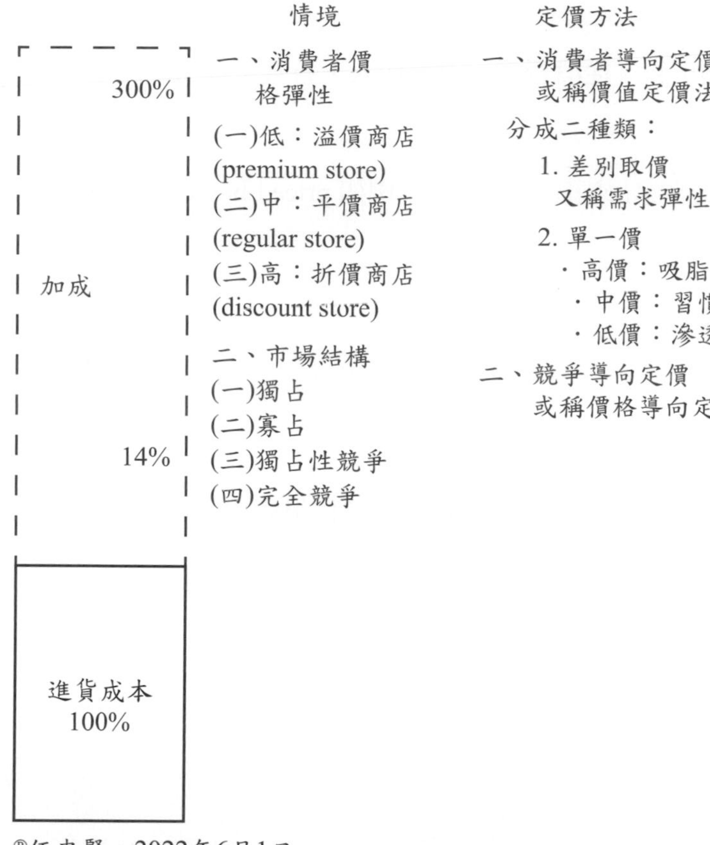

®伍忠賢，2022年6月1日

圖 8-3　影響成本加成幅度的消費者、行業競爭因素

8-5　消費者與競爭者導向英文中文用詞

在公司考量五力分析時，不考慮供貨力量情況，分成兩大類：

消費者付費意願：主要是所得、價格彈性兩種情況。

競爭程度：這是包括同業（主要是市場結構）、替代品、潛在競爭者三種力量。

一、英文用詞

由於英文用詞太多，我們用表 8-2 整理，依使用頻率由高往低排列。

1. 字首

由表 8-2 中第三欄可見，從消費者、對手切入，各有兩種用詞。

2. 字中：導向

這個「導向」依英文字母順序有幾個字：例如 priced-based、driven、oriented，本書其他地方也一樣。

3. 字尾：定價（pricing）

二、中文用詞

1. 不宜稱「○○」策略

有人稱「消費者」策略、「競爭者」策略，看似很直白，還不夠精確。

2. 本書用詞：○○導向

例如消費者導向定價、價值導向定價。

表 8-2　兩大類導向的相關用詞

英文			
字首	字中	字尾	本書用詞
一、消費者			
（一）消費者			
1. consumer	based 或 driven	pricing	消費者導向定價
2. elasticity			需求彈性定價
（二）價值訴求			
1. value	oriented		（商品）價值基礎定價
2. perceived value	—	✓	
二、競爭者			
（一）競爭者策略			
competitor	based 或 driven		競爭者導向定價
competition			競爭導向定價
（二）價格訴求			
price	✓	selling	價格導向銷售

8-6 定價策略：消費者導向

有許多書、文章提「定價方法」，本質是指在某一行業（情況）下的定價，最常見的是以「服裝」來說，可分爲「溢價」、「平價」、「折價」商店，詳見表 11-2，以單價「100 元」作爲計價標準（numeraire）。

一、溢價商店

1. 商店種類

詳見表 8-3 第三、四欄。

2. 定價方式：溢價

百貨公司賣的服裝大都是一線品牌，消費者是爲了「個人形象」（personal image）而來。

- 正常情況：獨家定價
  當公司自認產品獨特（exclusive）時，可採取獨家產品定價（exclusive pricing），或稱形象定價（image pricing）。
- 例外情況：高低定價法
  高低定價（high-low price，Hi-Lo）不算定價方法。以服裝來說，平時高價，換季時打七折，但爲了避免破壞形象，低於七折時期則到百貨公司外的折價商店（off-price store）銷售。

二、平價商店

平價商店的定價大抵可說是「平均」價格水準。

1. 比上不足，比下有餘

也就是比溢價商店售價低，比折價商店高。

2. 定價方法

最常見的平價服裝是快時尚（fast fashion）中的「平價奢華」品牌，如西班牙印地紡旗下佐拉（Zara）、瑞典 H&M。日本迅銷公司自認旗下優衣庫、極優（GU）服裝是常銷品，耐穿、不褪流行。

三、折價商店

折價商店（discount store）是指商品價格比平價商店打折，有些人稱爲「折扣」商店，或「廉價」商店。

1. 折價商店

- 新品：主要指超市、量販店
- 褪流行的時尚服裝店（off-price store）
- 暢貨中心（outlets）

2. 折價商店的買貴退差價

美國許多折扣商店都有推出「限定地區」的買貴退差價政策（price matching policy）或「買貴退差價」（price match），而且對手店促銷時不算，常見的店如下。

食：勞氏（Lowes）；衣：沃爾瑪、目標；住：家得寶；育：3C 百思買、文具店史泰博（Staples）。

3. 折價劵與兌換劵

早在 1888 年，美國的可口可樂公司就有郵寄「兌換劵」（voucher）給消費者，可以憑劵免費試飲。如果是「折價劵」（coupon），消費者就須付錢。

表 8-3 三大類價格水準商店

價位	價格水準	綜合零售	專業零售	定價策略	以百貨公司服裝為例
150 元		一、百貨業	衣：精品店	1. 正常情況 獨家定價（exclusive pricing） 偏重形象定價（image pricing）	大部分服裝
		（一）購物中心			
120 元	一、溢價商店（premium store）	（二）百貨店	運動服裝店：耐吉、銳跑	2. 例外情況 高低定價（high low price，Hi-Lo）	
100 元	二、平價商店（regular store）	二、便利商店	平價時尚 H&M 優衣庫 蓋普	—	平價商品區
80 元	三、折價商店（discount store）	三、超市	折扣店（off-price store） TJ Max 羅斯百貨公司	每日最低價（every day low price，EDLP）	百貨公司門口的（拍賣）花車
70 元		四、量販店		品類管理者稱之為「敏感定價」（sensitive pricing）	
		（一）百貨業			
30 元		（三）暢貨中心			

8-7 價值導向的定價策略

當市場不屬於標準產品的完全競爭時，各公司透過產品差異、品牌（主要是廣告）塑造產品差異，可以脫離「殺紅眼」、「血流成河」的「紅海策略」（Red ocean strategy），使用差異化定價的「藍海策略」（Blue ocean strategy）。

此時，公司訴求「性價比」，強調產品性質會給消費者帶來「價值」，俗稱「價值主張」（value proposition）。本單元說明此情況下分成兩中類，詳見表 8-4 第一欄。

一、差別取價

1. 因人訂價

又稱個人需求曲線方法（individual demand curve approach）。

適用情況：公司市場地位「獨占」時。

2. 三級差別取價

依剝削「消費者淨利」（consumer surplus，CS）程度，分三級，各以數字說明，詳見表 8-4。

二、單一價格

心理定價來說，人在認知方面，有些共同刻板印象，例如臺灣人不喜歡有 4 的數字，喜歡 6、8 等數字），所以在定價時，有幾種運用。

1. 尾數 9 的定價方式

世界各國商品定價大都以「9 為尾數」（end 9），連三歲孩童都能朗朗上口的「399 吃到飽」，背後的想法是假設顧客有個「價格門檻」（price thresholds），例如 399 元可以美化成三百來元，但是 401 元就算是四百元以上，基本上只差 2 元，但是顧客可能會有差一百元的幻覺。

尾數 9 的定價（9-Ending prices）是否眞的可以唬到顧客？這方面的實證研究很多，德國基爾大學二位教授 Karen Gedenk & Henrik Sattler（1999）在《零售期刊》上論文的實證證實，零售公司此招管用，惟一要小心的是必須提防對品質、形象的不利影響，至於在美國，尾數 9 的定價甚至可以細劃分，例如 2.89 美元以取代 2.90 美元。

2. 三選一，挑中間

有些人有「選擇障礙」（decidophobia），以星巴克價目表上義式咖啡「小」90 元、「中」杯 110 元、「大杯」130 元，看似都差 20 元，一般人會挑中間的中杯。其實以每元可以買多少 cc 咖啡來說，大杯比較划算。

表 8-4　價格導向二中類情況

(1) 消費者願付價格	(2) 公司定價	(3) 消費者淨利 = (1) – (2)
	一、差別取價	（price discrimination）
999 元	（一）第一級（first degree） 999 元	0 元
	（二）第二級（second degree）	
899 元	799 元	100 元
799 元	699 元	100 元
	（三）第三級（third degree）	
799 元	699 元	100 元
699 元	599 元	100 元
	二、單一價格	
799 元	499 元	500 元

8-8 價格導向的銷售

折價商店（量販店、超市）、折價商品最適合採取價格導向銷售（price-based selling）。

一、大分類：依商品上是否有價格標籤

1. 價格標籤的起源

1850 年代，美國桂格（Quaker）引進商品固定價格標籤（price tags）。

2. 兩大類

由表 8-5 第一欄可見，價格導向銷售分成兩大類：

- 有價格標籤時占 99%：依消費者保護法、商品標示法皆沒有強制規定商品價格標籤，但是，為銷售順利，99% 以上商品皆有價格標籤。
- 沒有價格標籤時占 1%：這情況比較少見，可分成兩中類：拍賣式（例如網路商店中二手商品）、議價式（討價還價）。

二、中類：有價格標籤時

在商品有價格標籤時，可分兩中類，第三欄依殺價幅度由高往下。

1. 明擺著殺價

由表 8-5 第三欄可見，殺價最狠的話術是「殺價！殺到五折！殺到骨折！」最狠的是「割喉式競爭」（cut-throat competition）的（破盤）流血價（百度百科稱為出血價），這是賠錢在賣。

2. 隱藏式殺價

由表 8-5 第三欄可見，有三小類情況，是隱藏式殺價，包括折價券、數量折扣（例如第二件商品 75 折）、預先購買。

二小類：天天最低價

你在谷歌搜尋《英文維基百科》Everyday low price（EDLP），大抵可得到下列結果。

1. 1962 年起沃爾瑪

沃爾瑪開第一家店起，便以「天天最低價」作口號，塑造價格競爭優勢，店數、營收勢出破竹。但 1974 年 Jack Shewmaker 擔任營運副總裁才開始打這口號。

2. 美國超市（量販店）最喜歡

1990 年代，美國許多超市、雜貨店跟進。

表 8-5　價格基礎定價大中小分類

大分類	中分類	小分類	適用情況／說明
一、有定價標籤時	（一）在定價標籤上	1. 殺價（price slashing 或 price cutting）	這有點割喉戰的味道，即流血價
		2. 每天最低價	這常須搭配「買貴退差價」（price matching）
		3. 打折（discounting）	這事必須「師出有名」，一旦濫用，會被顧客唾棄
	（二）隱藏式	1. 預先購買（advanced purchased）	詳見單元 8-3
		2. 數量折扣（bulk buying）	詳見單元 8-9 表 8-6 中配套定價
		3. 折價券（coupons）	
二、沒有定價標籤時	（一）拍賣或（二）討價還價	1.bargaining 或 hagging	極少數情況 衣：跳蚤市場 住：房子 行：汽車

資料來源：整理自英文維基百科 Price-based selling。

8-9 不完全競爭市場定價：兼論新產品市場創新者定價

在獨占、寡占、獨占性競爭情況，各公司依其市場地位，各會採取表 8-6 第五欄三種定價方式，像獨占公司大都「魚肉」消費者，採取吸脂定價（Market-skimming pricing）。寡占市場中的二哥（挑戰者）可能採取滲透定價，以「高品質，中價位」想擴大市占，挑戰一哥（市場領導者）的「高品質，高價位」。

表 8-6　不完全競爭時公司定價

(1) 消費者願意支付價格	(2) 公司售價	(3) 公司成本	(4) 營業淨利 = (2) – (3)	定價名稱
999 元	一、799 元	399 元	400 元	吸脂定價（market-skimming pricing）
	二、699 元	399 元	300 元	習慣定價（customary pricing）
	三、599 元	399 元	200 元	滲透定價（market penetration pricing）

8-10 價格導向銷售兩種極致

價格導向銷售的兩個極致，在本單元中說明，詳細舉例請見表 8-7 中間。

一、買貴退差價

1. 品質保證

許多公司付款給外界獨立認證機構授予「品質保證」（quality assurance），其中最有名的是 1947 年在瑞士日內瓦市設立的國際化組織（ISO），尤其是其下的 ISO 9000。

2. 價格保證

同樣的，宣稱「天天最低價」須搭配「買貴退差價」的「比價保證」（price match guarantee），可信度才會提高。

3. 買貴退差價限制

一般來說，買貴退差價有下列四種限制

因地：本店 2 公里半徑內；

因時：消費者購買後 14 天內；

因人：像英國量販店龍頭特易購比價對象僅限（德國）折價超市奧樂齊（Aldi，中國大陸稱）。

因物：不包括促銷時，而且產品有貨，即不包括出清時售價。

二、降價多退

一般來說，除非成本大幅變動，否則公司對產品售價大抵會維持不變，節慶時降價促銷檔期過後會調回原價。一旦調高價格，早買的顧客會慶幸「賺到了」。問題出在，3 月 1 日大降價，那 2 月 28 日買的顧客不是當了「冤大頭」？爲了避免這情況，在 3 月 1 日的前二週，公司會技術性缺貨，讓顧客買不到貨。

由表 8-7 可見，少數公司推出「降價多退」（price adjustment policy），這在證券時稱爲「價格保護」（price protection）。

三、最著名案例

「降價不退」最有名的案例之一是 2019 年 3 月 1 日，特斯拉中價位（Model S）、高價位（Model X）車款降價幅度 52%。在臺灣，有七位降價前購買車主，在臺北市士林地方法院控告特斯拉公司，2021 年 10 月月 28 日，法院判決特斯拉公司勝訴。

在中國大陸，2019 年 3 月初，早幾天買的車主鬧很大，到店拉布條要求退差價，電視台採訪。3 月 1 日晚間，特斯拉公司小讓步，對早買車主加購價打對折，自動駕駛功能原價 4,000 美元，折扣價 2,000 美元，或全自動駕駛功能 7,000 美元，折扣價 3,000 美元。

表 8-7　兩種價格最低價的保證

中文	買貴退差價	降價多退
一、英文	price match guarantee（PMG）	price adjustment policy 或 price protection
二、舉例	(1) 本公司 100 元 – (2) 對手 95 元 = 退差價 5 元	(1) 2023 年 1 月 1 日本公司 100 元 (2) 2023 年 1 月 10 日本公司 90 元 = 退差價 10 元
三、商店		
（一）食	—	—
（二）衣		
網路、商店	亞馬遜 百貨公司：柯爾、潘尼 折價商店：沃爾瑪、目標	梅西百貨 時尚服裝：蓋普
（三）住	家得寶、勞氏（Lowe's），邁克爾斯（Michaels）	
（四）行	—	
（五）育	文具店史泰博（Staples）	
（六）樂	3C 量販店百思買	

8-11 商品定價進階版：產品線定價

一、產品線定義

以商店女性服裝爲例，分成廣度、深度。

1. 產品線廣度（products line width）

主要依用途區分，例如宴會裝、上班服裝、休閒服裝、運動服裝等。

2. 產品線深度（product line depth）

例如女裝中的品牌、品項（SKU，item），包括式樣、尺寸、顏色。

二、產品線定價

由表 8-8，書本、網路上看似有 10 餘種產品線定價方法，但那都指「什麼情況下如何定價」，不是定價方法，表中打 * 號的才是定價法。

1. 消費品

正常情況下分成兩情況：

- 單一產品：在貨架上分成「高」、「中」、「低」價格三類，以滿足各種「品質」、「價格」要求的顧客。
- 產品組合時的「組合包定價」（product bundle pricing），以聯華食品的可樂果酥 4 小包的組合包 68 元，比小包 20 元買 4 包 80 元便宜。一般組合包小包平均單價會比單一小包便宜，主要是想「追加銷售」（up sell）。
- 促銷情況：詳見表 8-9，犧牲品定價法（loss leader pricing），不是常態，負毛利操作商品兩週換一次，以讓顧客有新鮮產品可挑。

2. 半耐久品

- 主產品（base product）；
- 互補品或副產品（by-product）

3. 耐久品

由表第四欄可見，這可分 2 種情況，以手機爲例。

- 電信公司的專屬定價法（captive pricing）：常見的是 5G 手機零元，但是綁門號 2 年，每月資費 1,450 元。
- 手機店採用選擇產品定價法：最常見的是手機店以低價出售基本款手機，顧客可選擇搭配傳輸線、無線耳機等。

手機店從「選備」（例如 mobile phone option）賺錢。

表 8-8　常見產品線定價方式

項目	消費品	半耐久品	耐久品	
一、生活用途	食	衣	住：家電 行：汽車 樂：3C 產品	
二、定價方法	1. 單一產品高低中三價位 2. 多個產品配套定價 price bunding 或 product-bundle pricing，類似福袋（中稱盲盒）	組合產品情況 1. 主產品（base product）西裝 2. 副產品定價（by-product pricing）領帶等	* 專屬定價法（captive pricing） 1. 行：汽車 汽車低毛利，賺售後保固維修錢 2. 行：手機 零元手機，從月租費賺錢	* 選擇產品定價法（optional product pricing） 常送的筆電、手機、汽車 1. 主產品（base product） 低毛利，扮演帶路商品（loss leaders） 2. 選配產品（complimentary product）
三、功能			放長線釣大魚	

表 8-9　兩種低折扣產品定價法

方法	犧牲品定價法	釣餌定價法
英文	（loss） leader pricing	bait pricing
情況	$P \leq AC$，P 定價，AC 平均成本 90 元 $\leq$ 100 元	$P \geq AC$ 100 元以上 $\geq$ 100 元
用途	商店 DM、店門口帶路商品	附帶條件，最常見的是滷味店 1. 滷味便宜 2. 飲料貴 而且飲料有最低消費額

8-12 定價研究

在行銷管理的市場研究中有一項是針對行銷組合中的「定價策略」中的定價研究（pricing research），如同單元 8-8 中把定價依公司的市場結構二分兩種「策略」（情況）。

一、消費者導向

不管小組研究或行爲實驗室實驗，可分爲下列情況。

（一）二種商品時

此時採取聯合分析（conjoint analysis），最常見的場景是在 3C 賣場，把液晶電視依一線（例如日本索尼）、二線（例如南韓三星電子）、三線（例如 Syntax、西屋、寶麗萊 Polaroid）放一起，以同一尺寸（例如 65 吋），同一解析程度（例如 4K 或 8K），讓消費者挑，各電視皆有標價。一再換價格，讓消費者（受測者）挑，直到合理價位出來。

（二）一種產品時

由表 8-10 可見，這分成兩中類情況。

1. 消費者分群時

稱爲單一定價法（monadic pricing testing），把消費者依「人文屬性」（例如性別、年齡、所得）分群，以了解各市場區隔的價格偏好。

2. 單一消費者時

——個體經濟學的運用

總共有 2 個年代，兩個歐洲國家經濟學者提出。

- 1960 年在英國，經濟學者英國籍格蘭傑（Clive Granger）、匈牙利籍加博爾（Andre Gabor）所提出的方法，所以用 2 人的姓合稱 Gabor-Granger 方法，比較像樹狀法，從一個價格出發，每往走一層，價格分二狀況，直到消費者滿意。
- 1976 年尼德蘭經濟學者 Peter Van Westendrop 提出「價格敏感計」（price sensitivity meter,PSM），他問 4 個問題，就可得到價格上限、中間、下限點。在臺灣，旅行社很喜歡作這種調查，即「國內二天一夜遊」合理價。

二、競爭者策略

當公司在商品定價須以「競爭者」為先時，至少分成下列兩中類狀況。

（一）獨占性行競爭市場時品牌商店

這主要是針對有品牌價值的品牌（例如運動服鞋中的耐吉、愛迪達、彪馬、美津濃等），針對公司品牌價值去計算出「比價倫理」。

這方法稱爲品牌價格抵補（brand-price trade off, BPTO），這字（或簡寫）很常見。

（二）完全競爭情況

成本加成法。

三、相關的電腦軟體

表中第三欄是各定價研究方法的電腦軟體。

表 8-10　價格研究的大中小分類

大中小分類	說明	軟體
一、消費者研究		
（一）二種商品聯合分析（conjoint analysis）	1. 3 家公司、3 個產品、3 種價格 2. 讓消費者抉擇，把受測者分群	Conjoint Analysis * 通用版 美國猶他州 Qualtrics 公司的 Core XM，這是人工智慧的機器學習
（二）一種商品		
1. 消費者分群單一定價法（monadic pricing testing）	把消費者分群，以了解各群的價格偏好	
2. 單一消費者		
2.1尼德蘭經濟學者 Peter Van Westendrop，1976 年	問 4 個問題，可得到消費者對商品 上限（upper threshold） 最佳價格（optimal） 下限（lower threshold）	Price Sensitivity Meter（PSM）
2.21960 年代 2 位英國經濟學者 Clive Granger 與 Andre Gabor 開發 Gabor-Granger 方法	每次加價（5、10、15、20 美元），詢問消費者購買機率，這是單一定價法變型	Gabor-Granger
二、競爭者策略		
（一）品牌定價	品牌價格抵補（brand-price trade off, BPTO）	英國倫敦市的 B2B International 市場研究公司，1999 年成立
（二）成本加成法	（cost-plus pricing）	

資料來源：整理自 Qualtrics，“How to run a pricing study in market research”。

8-13 電腦化三時期商品定價方式

隨著資訊通訊技術的發展，（商店）商品 / 服務定價，跟汽車自動駕駛能力提升（詳見表 8-11 第二欄）逐級提高，至少分成三時期。

一、1999 年以前

1. 方式：憑經驗定價

2000 年以前，美國零售業大都根據過去資料，再加上經驗來對商品定價，稱爲經驗曲線定價法（experience curve pricing），這樣的作法有下列幾個英文名稱：

rule-based approach、time-honored rules 或 arbitrary rules。

time-honored heuristics，heuristics 啓發式

2. 問題

這方法反映的是過去的情況，而且無法區分出複雜情況（例如同時打廣告和降價）；其結果是這樣的定價並無法使零售公司最賺，也就是僅是次佳的。

二、2000 ～ 2016 年電腦資訊系統的運用

1. 定價方式：定價電腦軟體輔助人腦

2000 年起，如同股票分析、資產配置的計量電腦軟體一樣，許多資訊公司推出定價軟體（pricing software package）。美加許多大型零售公司陸續採用電腦定價軟體，以提高定價的精細程度，詳見表 8-12，說明於下。

- 投入：商品價格彈性資料
- 轉換：商品最佳化技巧（merchandise optimization techniques）
- 產出：透過非線性方程式聯立求解，可以同時考量品牌、商店（即因地）、促銷等因素影響情況下，使利潤極大化的最佳化定價（optimal pricing）或稱淨利極大化價格（profit-maximizing prices）。另一複雜情況：定價和促銷最佳化。

2. 限制

一般來說，運用電腦軟體的結果都是「一時點」的靜態的，尤其是網路商店面臨多變環境。

三、2017 年起，人工智慧在商店定價的運用

這是會計師事務所（例如資誠 PwC）等力推的電腦系統，詳見表 8-11 第四欄，表 8-12 我們依軟體的英文字母順序排列，並說明比較適合那些行業。

表 8-11　人工智慧分級與商品定價運用、相關軟體

人工智慧分級	汽車自動駕駛程度	在商品定價	人工智慧軟體（依英文字母順序）
一、無人化（autonomous intelligence）	L5 完全自動駕駛，可以不須方向盤	一、最佳化定價（price optimisation）	1. Incompetitor Intelligence Node 公司，偏重零售業，包括零售型電子商務
二、自動化智慧（automated intelligence）	L4 有條件下自動駕駛	（一）動態定價（dynamic pricing）	2. Navetti Price Point，Vandao 公司旗下
（一）擴增智慧（augumented intelligence）	L3 高程度：自動駕駛	二、定價策略（price strategy）	3. Pace 例如旅館業淡旺季
（二）協助式智慧（assisted intelligence）	L2 全速率跟車	註：左述自動停車（active park assist，APA）	4. Perfect Price 例如汽車租賃公司
	L1 車道對齊		5. Wise Athena，偏重包裝型消費商品
	L0 人工駕駛		

＊資料來源：整理自比利時 PwC，"AI may be a game changer for pricing"，2019 年。
® 伍忠賢，2021 年 5 月 20 日。

四、人工智慧用於機票定價情況

時：2022 年

地：以色列中央區內坦亞市

人：Fetcherr 公司，2019 年成立

事：Fetcherr 執行長暨四位創辦人之一柯恩（Roy Cohen）說：「我們得以釐清，在何種價位有多少人願意埋單，在我們的電腦系統下，幾乎每個人都將無所遁形。」

以下是人工智慧中演算法幫助航空公司賺更多錢的方法，一位民眾下週四想從紐約市飛麻州波士頓市參加搖滾樂演唱會，在網路搜尋後，發現機票價格分別爲 263 美元、303 美元、424 美元。該顧客衡量後，覺得 424 美元太貴，因此選擇 263 美元的機位。這個樂團很少演出，這位顧客願意花更多錢在機票上，但航空公司並不知道這一點。

這時就是演算法發揮作用的時候，能決定下週四飛波士頓市的班機有足夠高的需求，得以每張票定出 293 美元的價格，但班機仍會客滿，如此一來，航空公司一張票能多賺 30 美元。（摘修自經濟日報，2022 年 11 月 7 日，P7 版）

表 8-12　美國常用商品 / 服務定價電腦軟體

軟體名稱	公司
Air Gain	Rate Gain
Dyndmic Pricing	Netrivals
Increff	Increff
IVP price Master	Indus Valley Partners
Pricet	Impact Analytics
Price Smart	Revenue Analytics, Inc.
Rate Optics	Revenue Analytics, Inc.
Sequel Rulebock	Verisk-Speciality Business Solutions
Syncron Price	Syncron
Zilliant Price manager	Zilliant

資料來源：整理自領英，2022 年 Trade Gecko。

8-14 成本加成法：統一超商肉鬆三角飯糰定價

本章開宗明義的說，定價方法只有一種「成本加成法」，本單元以臺灣的便利商店業龍頭統一超商三角飯糰中最暢銷的肉鬆飯糰爲例說明。

一、全景：廣義與狹義

成本加成法（cost-plus pricing 或 mark-up pricing）中的「成本」有兩種涵義。

1. 廣義：營業成本費用

會計學的用詞不好記：即「吸納定價」（absorption pricing），這「吸納」（absorption）是指表 8-13 中的營業成本（例如 18.164 元），營業費用（8.256 元）全包括在內。

新加坡一家以零售業爲主的雲端「軟體即服務」（SaaS）公司 Trade Gecko（2012 年成立）公司，在網路上文章詳細說明。

2. 狹義：只考慮營業成本中的進貨成本

我看過許多零售業平均商店（統一超商，美國好市多）、折價商店（美國沃爾瑪）年報，他們大抵以營業成本中的進貨成本（cost of goods sold）爲基準去制定商品價格。

二、近景：

表 8-13 中，各項數字資料來源。

1. 零售價

這是統一超商每日的正常價，不考慮其他促銷價，例如加買第二件打 75 折的組合商品定價。

2. 成本率、費用率

從單元 16-2 的表 16-2 統一超商個體（單家）損益表中的成本率、費用率，作爲設算肉鬆飯糰成本、費用。

三、特寫：以便利商店肉鬆飯糰舉例

統一超商販賣的三角飯糰中肉鬆飯團在各口味飯糰中銷量第一，其單品的平均收入、成本、費用詳見表 8-13，說明於下。

1. 建議售價 28 元

這是品牌公司、零售加盟總部的用詞，稱爲建議售價（recommended retail price，RRP），表示商店可加加減減。

2. 進貨成本 17.93 元

這是統一超商向全臺三大代工公司（北部、中部是聯華食品）的進貨成本，這價格是依統一超商個體損益表上全公司數字去推估單一商品。

表 8-13　統一超商肉鬆三角飯糰的定價考量（本書舉例）

損益表	元	%（比率）	定價方法
營收含營業稅	28	101.74	一、建議零售價（recommend retail price，RRP） * 已考慮消費者意願
– 加值營業稅	0.479	1.74	
= 營收	27.521	100	
– 營業成本（cost of revenue）	18.164	66	
進貨成本（cost of goods sold）	17.93	65.16	
其他	0.234	0.84	
= 毛利	9.357	34	二、已考慮
– 營業費用	8.256	30	（一）同業對手價格 （二）異業相似產品價格
= 營業淨利	1.101	4	

8-15 統一超商、全家與萊爾富肉鬆飯糰售價

許多人早餐吃便利商店的肉鬆飯糰，有些女生當午餐吃，你到一大一中二小的便利商店去買肉鬆飯糰，會發現有個定價倫理：一哥統一超商平均每公克售價較高，當一哥調價，其他家跟著調。甚至統一超商價格促銷（最常見的是第二件 75 折），其他家也跟進。

一、市場結構

在第三章，曾以臺灣便利商店業作表說明市場結構，此處再複習。

1. 依店數基礎：獨占

由表 8-14 第三、四欄可見統一超商店數市占率 49.32%，等於 50%，市場結構屬於獨占。

2. 依營收基礎：寡占

依營收來說，2021 年統一超商個體營收 1829 億元，便利商店業營收 3821 億元，統一超商營收市占率 47.87%，市場結構近乎獨占，詳見表 16-5。

二、三角肉鬆飯糰的定價

肉鬆飯糰三大成分肉鬆、飯與海苔，每家便利商店皆不同，單品重量也不同，僅以每公克售價來比較定價倫理。

1. 獨占公司價格領導

由表 8-14 第五欄可見，統一超商每公克飯糰 0.28 元，比次高的全家 0.2737 元高 2.67%。

2. 其他公司價格跟隨

全家比較扮演挑戰者角色，售價 30 元，比統一超商 28 元高，但重量 110 公克，比統一超商的 100 公克重。

表 8-14　便利商店業市場地位與產品（肉鬆）定價

市場地位	公司	2022 年店數 *	店數市占率（%）	(1) 每公克售價 = (2) / (3)	(2) 售價（元）	(3) 重量（公克）
龍頭	統一超商	6,631	49.32	0.28	28	100
挑戰者	全家	4,138	30.78	0.2737	30	110
跟隨者	萊爾富	1,509	11.23	0.27	27	100
	來來商店（OK）	767	5.7	—	—	—
小計		13,445	100	—	—	—

資料來源：維基百科「臺灣便利商店列表」，原始資料來源經濟部統計處，2022 年 3 月，不含蝦皮店到店便利商店，約 401 家。

一、選擇題

(　) 1. 本書作者認為產品定價基本分法有幾種？ (A) 1 種（成本加成法） (B) 2 種 (C) 3 種以上

(　) 2. 如果以便利商店作為正常價格，那麼百貨公司相同品牌、規格產品定價如何？ (A) 折價 (B) 正常價 (C) 溢價

(　) 3. 屈臣氏等商店強調「買貴退差價」這是 (A) 有地理、時間限定條件 (B) 沒限定條件 (C) 各店不一

(　) 4. 一般來說，在何市場結構下，市場一哥會採取吸脂定價法？ (A) 獨占性競爭 (B) 寡占 (C) 獨占

(　) 5. 日本迅銷公司旗下優衣庫自認產品屬於 (A) 時尚服裝 (B) 產銷服裝 (C) 兩者皆是

二、問答題

1. 請比較家樂福、大潤發某品類中某品項（例如家用衛生紙）的定價水準。
2. 請找一個三級差別定價的案例。
3. 請找兩家百貨公司的代表店，比較其在週年慶時「產品一定價一促銷」。
4. 請找兩家同業規模相近零售公司，作出其商品部的組織編制。
5. 請找一家零售公司，如何運用人工智慧軟體於產品定價。

Chapter

09

品牌、零售行銷 I：現象級行銷公司耐吉

需求為發明之母

本書有 10 個以上作者自行發展的量表，主因是「用然後知不足」，當你想比較兩家同業的行銷組合力時，會發現沒有適當工具，此時只好進山開路！

9-1 行銷組合力量表

本章一開始，先用量表評估全球運動服鞋三強的行銷組合優勢。

一、問題

1970 年代如何把商店行銷組合（4Ps）一次綜合評量（assessment 或 evaluation），有相關論文，但論文引用次數 20 次以內，缺乏說服力。

二、解決之道

伍忠賢（2022）的行銷組合力量表（marketing mix strength scale），便依各行業調整行銷組合（4Ps）的比重，像運動服鞋是特殊品，消費者是衝著商品來的，所以產品的重要程度占 45%，其中狹義的商品占 30%。底下以全球運動服鞋三強的自營店（以旗艦店爲例）說明。

三、耐吉 93 分

耐吉得 93 分，幾乎每項都滿分，像促銷策略中第一中類的二小類廣告、品牌，這也是實證論文最多的題目。

以產品策略中第一中類商店「硬體」，我們給「中間」分 3 分，運動服鞋店外觀，內裝很難差異化；少數旗艦店例外。

四、銳跑 46 分

銳跑的行銷組合力 46 分，一大部分原因是因爲「勢單力孤」，2021 年營收 23 億美元，9,100 位員工，營收只有耐吉的 5%、員工 11.5%。

所以在行銷組合優勢得分 46 分，只有耐吉的一半。

五、愛迪達 74 分

愛迪達行銷組合力 74 分，比耐吉低 2 成，這已不容易。2022 年度（2021.6 ～ 2022.5）耐吉營收 467 億美元，愛迪達（2022 年 247.62 億美元），愛迪達只有耐吉營收 53.7%。

表 9-1　行銷組合力量表：運動服鞋三強比較

行銷組合 4P	中小分類		評分			耐吉	銳跑	愛迪達
產品策略 45%	硬體		1	3	5	3	2	3
	產品	產品廣度	1	5	10	10	5	8
		產品深度	1	5	10	10	5	8
	產品特色							
	● 設計造型		1	3	5	5	2	4
	● 產品功能：運動鞋		1	5	10	8	5	8
	店員服務		1	3	5	4	4	4
定價策略 15%	價格高低		1	3	5	3	4	3
	性價比		1	5	10	8	6	8
促銷管理 30%	溝通	1. 廣告	1	5	10	10	2	5
		2. 品牌	1	3	5	10	1	5
	促銷		1	3	5	3	3	3
	顧客關係管理（App 等）		1	5	10	9	4	7
實體配置策略 10%	全球普及程度		1	3	5	5	1	4
	網路購買		1	3	5	5	3	4
小計						93	46	74

® 伍忠賢，2020 年 6 月 27 日、2022 年 3 月 20 日。

9-2 現象級行銷公司：耐吉

大部分人都聽過全球運動服鞋霸主的廣告詞「Just Do It!」這個創意廣告在 1988 年 7 月 1 日推出，「不賣商品，只談運動，去做就對了」，距今超過 34 年，仍然是耐吉在廣告及品牌塑造上的主軸。

2022 年度（2021.6 ～ 2022.5）耐吉營收 467 億美元，全球營收最大的公司美國沃爾瑪，2022 年度（2021.2 ～ 2022.1）營收 5,728 億美元，耐吉只有沃爾瑪的 8%；在美國《財星》雜誌的美國營收前 500 大（Fortune 500）裡，只排第 84 名。

耐吉對公司經營管理最大的貢獻便是行銷（主要是廣告），由強調產品的「理性」訴求昇華到談「體驗、突破」的感性行銷。這一切源頭來自於 1982 ～ 1985 年遭到銳跑（Reebok，中國大陸稱銳步）的「產品（陸戰）」、「行銷（空戰）」打擊，耐吉創辦人兼董事長菲律普．奈特（Philip H. Knight，1938 ～；任期 1971.5 ～ 2016.6）」換腦袋，由銷售導向晉階到行銷導向，設立行銷部，砸大筆預算。

本章說明 1982 ～ 1988 年耐吉跟銳跑的行銷策略，限於資料，有關品牌價值、行銷費用二個項目，採取 2010 年以來耐吉跟愛迪達比較。

成語說：「如虎添翼」，表示「強又強」，在全球公司中，只有極少數是「長著翅膀的老虎」，也就是「品牌知名度」很高的公司。品牌知名度由表 9-1 可見，套用 2009 年 10 月 27 日，艾莉絲．施路德（Alice Schroder）的書《雪球》（The Snowball Warren Buffet and the Business of Life）中的名言：「Life is like a snowball. The important thing is finding wet snow and really long hill.」

在表 9-2 中，把這句「投資致富」三要素來跟耐吉品牌成功之道對比，完全吻合。

表 9-2　以巴菲特《雪球》比喻耐吉的品牌塑造

三要素	華倫．巴菲特《雪球》	耐吉的品牌塑造
本金	Wetsnow，（一開始）投資金額大。	每年龐大的廣告費用，1989 年迄 2022 年度，總計 400 億美元以上。
報酬率	Really Long Hill，報酬率 7% 以上。	創意吸睛，運動明星廣告代言。
時間複利效果	同上，早點開始投資享受複利效果。	1988 年迄 2022 年，34 年以上，前後具「一致性」，以「Just Do It」為主題。
績效	在美國《富比士雜誌》2022 年 4 月 6 日的全球富豪排行榜，排第 5 名，資產 1,180 億美元。	美國的國際品牌公司，在 2022 年 10 月 21 日全球最佳品牌公司，耐吉排第 10 名，品牌價值 503 億美元。

本章以「現象級」三要素來分析耐吉的品牌塑造之道，跟「雪球」比喻一致。

一、現象級的起源與標準

在網路上用中文、英文查「現象級」，大抵涵意、標準如下。

1. 字的起源

1997 年，巴西籍足球球員羅納度（Ronaldo L Deline）到義大利米蘭市踢球，一次得三獎（世界足球先生、歐洲全球獎、金靴獎），媒體以「現象級」（Phenomenal）選手稱呼他，把球員依球技分八級，第七級是「巨星」，第八級是現象級球員。

2. 現象級三個標準

符合現象級有三個標準：過程、公認、影響。

二、現象級「過程」：1985 ～ 1988 年

耐吉是典型「一經一事，不長一智」的例子，1982 ～ 1985 年遭到銳跑（Reebok）殺手級「鞋子（隨性 Freestyle）」廣告的攻擊，在美國運動鞋市場排名掉到第二。1986 年 1 月，耐吉董事長菲律普．奈特「換腦袋」，由銷售導向提升到行銷導向，設立行銷處，到 1988 年 7 月 1 日，推出殺手級廣告「Just Do It!」，過程共二年半。本章詳細說明奈特的「心路歷程」和耐吉的組織變革等。

三、現象級「公衆認可」

這留到 9-3 單元說明。

四、現象級的影響：1997 年起

1. 1997 年，美國《華盛頓郵報》

耐吉公司與菲律普·奈特開創了創意行銷時代。

2. 2019 年 2 月 3 日

美國紐約市「Rock The Bells」公司顧問伊恩·謝弗（Ian Schaffe）在美國 VICE 傳播媒體公司的「Vice News」上說，奈特是流行巨頭，銷售引領時尚的文化商品。

蘋果公司 Think Different 廣告小檔案

時：1997 ～ 2002 年

人：史蒂夫·賈伯斯，蘋果公司董事長兼執行長

問題：蘋果公司品牌早已被遺忘

解決之道：向耐吉取經

耐吉是史上最偉大的行銷公司。耐吉賣鞋子，這是商品之一，但是耐吉的廣告不會去說耐吉的「氣墊」、「鞋底」（Soles）比銳跑好。耐吉廣告榮耀偉大的運動選手：Who they are, what they are about.

所以蘋果公司廣告「Think Different」不以功能（MIPS，Megahertz）為主，不跟微軟比較，而是宣揚蘋果公司使命、創意，向愛因斯坦、人權領袖金恩博士等思想家看齊。

9-3 現象級公衆認可：耐吉與愛迪達品牌價值比較

是不是符合「現象級」須有大眾公開承認，在拙著《超圖解數位行銷與品牌管理》（五南圖書公司，2023年8月）一章說明「現象級網路紅人李子柒」，以二個單元10級標準，說明她公認的分數。本章限於篇幅，以美國三個權威機構的二個項目說明。

一、兩個權威廣告機構評價

1. 美國艾美獎的年度最佳五部商業廣告片

由表9-3下半部，可見美國電視藝術及科學學院頒發的艾美獎（Emmy Award）得獎廣告，其中每年有最佳商業廣告片五部，耐吉三年就獲獎一次，這很難，因為廣告片太多了。

2. 廣告時代

美國《廣告時代》（Ad Age）刊物，1930年創刊，對耐吉廣告至少有兩次好評。

二、品牌價值

如同電影「叫好又叫座」，廣告片得獎是「叫好」，那麼「品牌價值」（Brand Value）就是「叫座」，由表9-3上半部可見，全球最具權威的品牌價值評估公司——國際品牌公司（詳見小檔案）。

表 9-3　全球公認耐吉的廣告能力、績效

<table>
<tr><th>機構</th><th>說明</th></tr>
<tr><td>一、品牌價值：國際品牌公司（Interbrand）</td><td>1. 2001～2022 年
從 2001 年第 34 名，到 2022 年第 10 名，進步神速。
2. 國際品牌公司 2022 年 10 月公布全球 500 大品牌，運動服鞋相關公司如下。
(1) 頂高價
第 14 名威登 445 億美元，第 22 名香奈兒 293 億美元
(2) 中高價
第 10 名耐吉 503 億美元，第 42 名愛迪達 159 億美元。</td></tr>
<tr><td>二、廣告</td><td></td></tr>
<tr><td>（一）廣告時代</td><td>1. 1996 年
耐吉獲頒年度行銷者（Marketer）。
2. 1999 年 3 月 29 日評選 20 世紀 10 個最具影響力的廣告，第 2 名是耐吉的「Just Do It!」</td></tr>
<tr><td>（二）美國艾美獎最佳商業廣告，九年九部</td><td>
<table>
<tr><th>年</th><th>廣告</th><th>年</th><th>廣告</th></tr>
<tr><td>1997</td><td>Hell World</td><td>2017</td><td>Jigger</td></tr>
<tr><td>2000</td><td>Diving Range</td><td>2014</td><td>Possibilitiges</td></tr>
<tr><td>2001</td><td>Freestyle</td><td>2019</td><td>Dream Crazy</td></tr>
<tr><td>2009</td><td>Bottlool Courage</td><td>2021</td><td>Better, Mamba, Forever</td></tr>
<tr><td>2010</td><td>Human Chain</td><td></td><td></td></tr>
</table>
</td></tr>
</table>

資料來源：整理自英文維基百科 Emmy Award for outstanding commercial ads。

由圖 9-1 可見，以近 20 年趨勢來看，全球運動服鞋業一哥耐吉，領先二哥愛迪達，雙方在營收、品牌價值方面的差距越來越大。

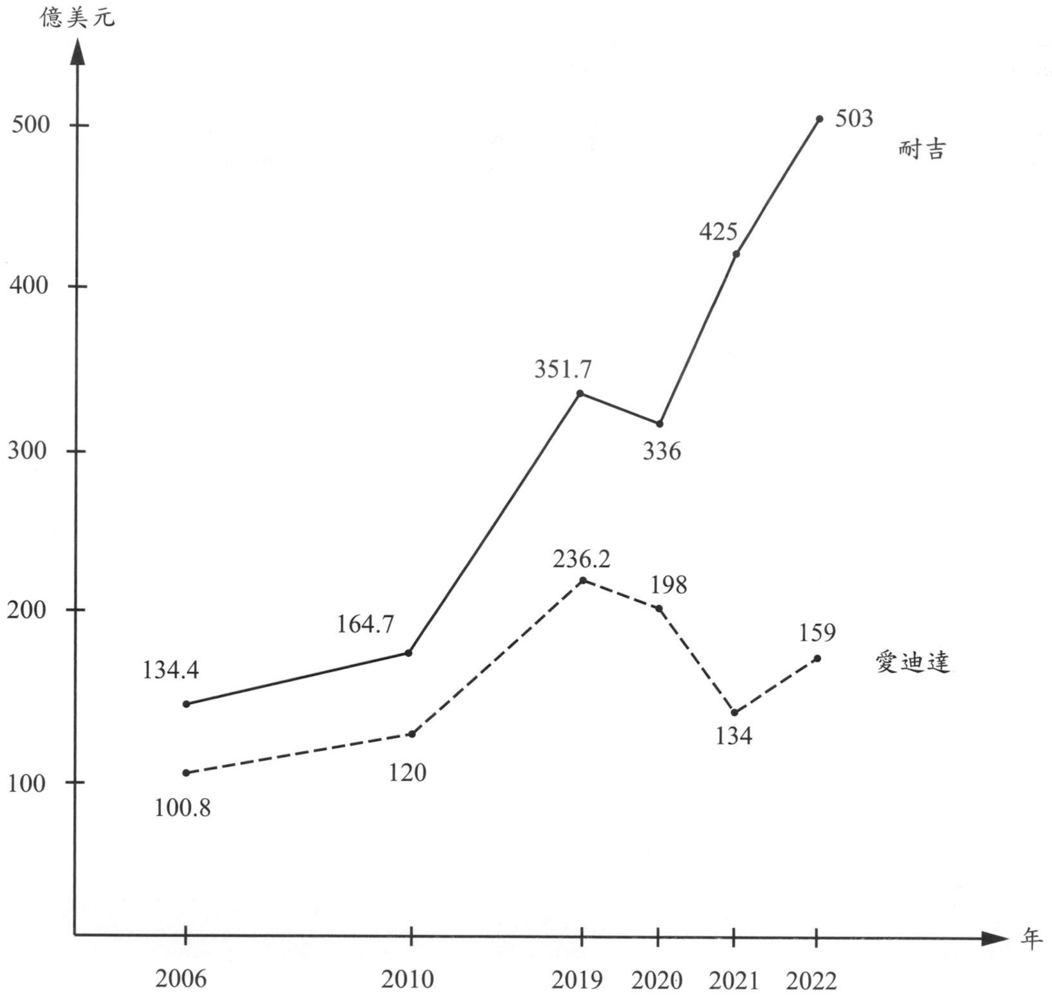

億美元
500
400
300
200
100
503
耐吉
425
351.7
336
236.2
198
164.7
159
134.4
愛迪達
134
120
100.8
年
2006 2010 2019 2020 2021 2022

圖 9-1　耐吉與愛迪達品牌價值

全球百大品牌公司報告

時：1992 年起

地：美國紐約市

人：國際品牌公司（Interbrand，中國大陸譯為英圖博略），公司 1974 年成立，

事：推出「全球最有價值品牌（World's Most Valuable Brands）」。

9-4 公司廣告費用營收比率：行銷觀念五階段發展沿革

零售公司本質是行銷公司，靠買賣商品賺差價，專長在看準商品與行銷，行銷費用是必要支出。一般來說，許多行業的「行銷費用占營收比率」（Marketing Expense to Sales Rates）呈一定比率，例如 4%，本單元先介紹這觀念。

一、以科技公司就近取譬

臺灣股票市場中，電子類股占市場價值比重 56%，許多投資人對「研發費用占營收比率」（R&D Expense to Sales）很熟悉，我們先用這比率來就近取譬說明「費用營收比率」觀念。依表 9-3，依研發密度把行業分三級。

(1) 研發密度 3% 以上的高科技公司

(2) 研發密度 1.5 ～ 3% 的中科技公司

(3) 研發密度 1.5% 以下的低科技公司

表 9-4　行銷五層級：耐吉與銳跑

階段（導向）	生產	產品	銷售	行銷	社會行銷
研發費用占營收比率	1.5%	1.5 ～ 3%	3 ～ 6%	6 ～ 10%	10% 以上
分類	低科技公司	中科技公司	高科技公司	半導體公司台積電	半導體公司晶片公司
行銷費用占營收比率	0.5% 以下	0.5 ～ 2%	2 ～ 5%	5 ～ 10%	10% 以上
消費品	文具公司	食品公司	日用品公司	時尚品牌公司	精品公司
行銷相關部門職級	行銷經理	行銷處長	1 位資深副總裁	1 位執行副總裁、行銷長	2 位執行副總裁
耐吉的廣告	1971 ～ 1975 年	1976 ～ 1981 年《跑步雜誌》廣告	1982 年電視廣告紐約市的馬拉松賽跑	1987 年起	1998 年起 EGS
銳跑	—	1979 ～ 1985 年 8 月	1985 年 9 月打電視廣告	1986 ～ 1987 年	1988 年起

® 伍忠賢，2022 年 3 月 22 日。

二、行銷密度

1. 依行銷密度分五級

由表 9-4 第四列可見，伍忠賢（2022）依行銷密度把公司依五級，跟行銷觀念五階段一一對應。

2. 精品公司以法國路易威登（LVMH）2022 年爲例，占 14%。

以法國路易・威登公司來說，最高的廣告費用是 2022 年 95.02 億歐元（註：資料來自 Staista 公司），營收 791.84 億歐元，廣告費用占營收比率 12%。

3. 公司行銷主管的職級

一家公司對行銷是否重視，由行銷部主管職級大抵可以看出端倪，表 7-3 第五列舉例以說明兩個極端。以工業品公司來說，標準品（石化、鋼鐵等）偏重生產導向，行銷主管職稱是四級主管的經理。在精品公司中，行銷相關主管職級是執行副總裁，而且有二位，例如一位行銷長，另一位是公共事務長等。

三、行銷觀念五階段發展進程

表 9-3 中，聚焦在本章主角、配角，可看出其在行銷觀念五階段發展進程。

1. 耐吉，表 9-3 第 4 項

耐吉在五階段的發展進程花了 27 年，而且從銷售導向階段晉級到行銷導向階段，一大部分原因是強敵銳跑壓境，耐吉董事長奈特被迫「換腦袋」。

2. 銳跑，表 9-3 第 5 項

銳跑在五階段發展只花了 10 年。

9-5 美國十大廣告支出零售公司

由於公司廣告對營收、淨利、品牌價值的重要性，所以有些人會單獨對公司廣告支出（占營收比率）去分析。本單元以美國零售公司爲對象說明。

一、限於資料

由於公司損益表中科目多寡不一，以行銷費用來說共分三級：營業費用、營業費用細分 2 ～ 3 大類（例如行銷與管理費用）、銷管費用拆成「行銷費用」、「管理費用」。行銷費用主要包括三項：廣告、促銷與人員銷售費用，其中廣告費用金額會在財務報表附註中查得到，但有些公司不揭露。

二、美國前十大廣告支出零售公司

在谷歌搜尋「Top 10 Ad Expense Retailer U.S.」，會出現德國漢堡市 Statista 公司的三手資料，數字在表 9-5 中第五欄。本書化成廣告費用營收比率，更進一步分析。2021 年，第一名是亞馬遜 104 億美元、第二名沃爾瑪 31 億美元。

三、依廣告費用率分三類

1. 高廣告費用率公司 5% 以上

商店中的百貨業：表中梅西、柯爾；服裝店：蓋普；網路商場：表中威菲兒（Wayfair）網路家具店。

2. 中廣告費用率公司 1 ～ 5%

綜合零售業中量販業的目標百貨（Target）、專業零售中 3C 量販店百思買、網路商場業中的亞馬遜。

3. 低廣告費用率公司，1% 以下

這類公司家數最多。

表 9-5 2021 年美國零售公司廣告費用營收比率（單位：億美元）

排名	行業	公司	(1) 營收	(2) 廣告	(3) 廣告營收比率 = (2) / (1) （%）
1	網路商店	亞馬遜	4,698	104.3	2.22
2	量販	沃爾瑪	5,591	31.05	0.56
3	量販	目標	935.6	15	1.6
4	百貨	梅西	181	12.67	7
5	網路家具	威菲兒（Wayfair）	137	11.31	8.255
6	超市	克羅格	1,325	9.84	0.74
7	五金	家得寶	1,321	9.59	0.726
8	百貨	柯爾	160	9.48	5.925
9	服裝	蓋普	138	9.44	6.84
10	3C 家電	百思買	472.62	8.46	1.79

資料來源：廣告費用部分整理自 Statista 公司，2022 年 1 月 6 日。

9-6 耐吉與愛迪達行銷費用

在 2005 年 8 月，銳跑出售給愛迪達，股票下市，沒有新資料，所以在分析耐吉的行銷費用時，比較對象換成運動服鞋業的二哥愛迪達。限於 1995 年 11 月 7 日時愛迪達公司股票上市，因此比較期間從 2000 年起，詳見表 9-6。

一、資料來源

1. 原始資料來源：耐吉提交給紐約交易所的 10K 報告。
2. 次級資料來源：印度新德里市 notesmatic。
3. 三手資料來源：德國漢堡市 Statista 公司，把次級資料來源的小數點下第二位四捨五入。

二、耐吉的行銷費用分析

1. 行銷費用營收比率

2003 ～ 2008 年，是耐吉行銷費用成長率 10% ～ 21% 的成長期，2010 ～ 2022 年度，行銷費用平均成長率約 4.88%，但營收成長率 11.25%。行銷費用占營收比率，2000 年 12.4%，2022 年 8.24%，即行銷費用比率逐年降低。

2. 行銷費用三種倍數

「比率」的倒數是「倍數」，在表中我們列出三種倍數，大方向是「越來越高」，簡單的說，這比較像是汽車從靜止啓動到時速 40 公里，只要加一點油，便很容易提升到時速 100、120 公里。

三、愛迪達的銷管費用分析

1. 愛迪達只有公布「銷售與管理費用」

2. 用耐吉的結構去設算

以耐吉 2022 年度行銷費用 38.5 億美元爲對象，銷管費用 127 億美元，即行銷費用占銷管費用 29.5%，但每年占比不同。

3. 2022 年度來說

銷管費用 36.29 億美元，乘上行銷費用占比 29.5%，得到行銷費用 10.7 億美元，除以營收 265 億美元，得到行銷費用營收比率 4.04%，這只占耐吉 9.59% 的 42 折。

表 9-6　2010～2022 年度耐吉與愛迪達行銷費用倍數分析（單位：億美元）

項目 / 年	2010	2015	2016	2018	2019	2020	2021	2022
一、耐吉（年度範圍為該年 6 月至隔年 5 月）								
(1) 營收	190	306	324	364	391	374	445	467
(2) 行銷費用	23.56	32.13	32.78	35.77	37.5	35.9	31.1	38.5
(3) 淨利	19	32.73	37.6	19.33	40.29	25.39	57.27	60.46
* 消費者滿意分數	80	78	80	77	81	78	78	-
(4) 品牌價值	137	230.7	250.34	301	324	343	425	503
(5) 行銷費用營收比率 = (2) / (1)（%）	12.4	10.5	10.12	9.83	9.59	9.6	7	8.24
(6) 營收行銷費用倍數 = (1) / (2)	8.06	9.52	9.88	10.18	10.43	10.42	14.31	12.13
(7) 淨利倍數 = (3) / (2)	0.806	1.02	1.15	0.54	1.07	0.71	1.84	1.57
(8) 品牌價值倍數 = (4) / (2)	5.81	7.18	7.64	8.41	8.64	9.55	13.66	13.06
二、愛迪達								
(1) 營收	159	187.8	213.5	258.8	265	226.7	240	247.62
(2) 行銷費用	16.8	19.88	24.23	28.47	26.97	25.4	28.78	24.76
(3) 淨利	7.54	7.04	11.25	20.1	6.59	4.93	24.38	2.508
* 消費者滿意分數	82	77	83	78	83	77	79	-
(4) 品牌價值	54.95	68.11	78.85	108	120	121	133.8	159
(5) 行銷費用營收比率（%）	10.56	10.58	11.35	10.98	10.16	11.2	12	10
(6) 營收行銷費用倍數	9.46	9.45	8.81	9.1	9.84	8.93	8.33	10
(7) 淨利倍數	0.448	0.354	0.464	0.707	0.245	0.194	0.85	0.1
(8) 品牌價值倍數	3.27	3.43	3.25	3.79	4.55	4.76	4.62	6.42

9-7 1971～1981 年，耐吉「生產 → 產品」導向進程

由表 9-7 可見，耐吉在行銷上的作法，依行銷管理書上五階段逐步演進，本單元先說明 1971～1975 年，公司成立後的前五年，從生產到產品導向過程。

一、1971～1975 年，生產導向階段

1. 問題

1964～1971 年 4 月，耐吉的前身藍帶體育用品公司代理日本亞瑟士運動鞋出售，作出成績。1971 年 5 月起，不作總代理，打自我品牌耐吉。

2. 解決之道：生產第一

公司剛成立，自產自銷；財力有限，沒錢打廣告，產量有限，可說是「有什麼賣什麼」的生產導向。

二、1976～1981 年，產品導向階段

1. 問題

(1) 1976 年，耐吉的經典（跑步）鞋，「鬆餅訓練用鞋」（Waffle Trainer）已賣到全美。

(2) 1979 年開始銷售運動服。

2. 解決之道：打平面廣告

(1) 廣告公司：華盛頓州西雅圖市的約翰．布朗與夥伴公司（John Brown & Partners）。

(2) 廣告媒體：取得美國《跑步者世界》（Runner World，1966年成立，公司在美國賓州）刊物五星（Five-Star）評分，這是田徑選手常看的雙月刊，大有助於推廣。

(3) 1976 年起，耐吉在此刊物上刊登廣告。

(4) 1977 年，一幅「永無終點」（Never Finished）平面廣告，沒提到耐吉的鞋子。

3. 績效

1980 年，耐吉在美國運動鞋市占率 50%，超越愛迪達。

三、產品導向的原因

1. 菲律普．奈特（Philip H. Knight）

耐吉董事長兼執行長奈特是美國加州史丹佛大學企管碩士（1962 年畢），上過「行銷管理」課，但他認爲他認爲他是在推廣運動，不是在賣運動鞋，所以不喜歡傳統廣告。

2. 比爾．鮑爾曼

另一位創辦人是教練比爾．鮑爾曼（Bill Bowerman），他更喜歡替選手量身訂做跑鞋，對鞋子標準有三：「A shoe must be three things : It must be light, comfortable, and it's got to go the distant.」

3. 成功的經驗

1964 ～ 1971 年 4 月代理日本亞瑟士（前身鬼塚公司）球鞋公司球鞋，主要也都是賣給大學等運動選手，由此便養成「產品導向」心態。

表 9-7　耐吉公司兩個行銷觀念階段

時間	1971 ～ 1982 年 3 月	1982 年 4 月～ 1987 年	1987 年起
行銷觀念	產品導向 （product driven）	銷售導向 （sales orientation）	行銷導向（marketing orientation）
（一）研發	everything started in the lab	同左	the customer has to lead
（二）行銷	everything revolve around the product	同左	everything spins off the consumers needs
產品	跑步鞋，1972 年起籃球鞋，1979 年起運動服	1984 年起，喬丹牌籃球鞋、高爾夫球鞋	運動服鞋之中類
市場定位	1. 國高中生，大學生 2. 專業運動員	1. 大衆 2. 學生 3. 選手	1. 80% 是一般人 2. 20% 是學生、選手
廣告公司	1976 年起為華盛頓州西雅圖市 John Brown & Partners 公司	1982 年 4 月 1 日起，奧勒岡州波特蘭市威登與甘迺迪公司，該公司第一家客戶便是耐吉	同左
廣告媒體	《跑步者世界》（Runner's World）雜誌平面（文字）廣告	例如 1982 年 10 月紐約市馬拉松賽跑	

9-8 1982 ～ 1985 年，耐吉銷售導向

1982 ～ 1985 年這四年間，耐吉產品線廣度夠，經營範圍已涵蓋美國西、東岸人口密集區。1982 年 10 月 24 日，號稱全球參加人數最多的美國紐約市馬拉松（New York city marathon）開跑，據稱共五萬人參加，耐吉在此時打了三支全國電視廣告，進入銷售導向時代。

一、問題

1. 市場定位：從選手市場擴大到大眾市場。
2. 地理範圍：美國西岸逐漸擴大到東岸等。
3. 產品線廣度：耐吉在運動服鞋三個中類：運動服、鞋、配件（大都指運動帽等）產品已全備。

二、解決之道

1. 財務資源

1980 年耐吉股票上市，有資金打全國電視廣告。

2. 廣告公司

1982 年 4 月 1 日，耐吉的廣告公司換成威登與甘迺迪公司（Weden & Kennedy），由原耐吉的廣告公司威廉 · 肯恩（William Cain）廣告公司的業務跳出來組成，第一個客戶就是耐吉。

3. 電視廣告

1982 年 10 月 24 日，以紐約市馬拉松比賽為背景，播出三支全國電視廣告。

三、耐吉電視廣告大都藉力使力

美國紐約市馬拉松比賽 1970 年起辦，號稱全球參與人數最多的馬拉松比賽，吸引許多電視媒體轉播。耐吉從這次電視廣告以後，大都藉運動賽事比賽發表相關運動鞋或打廣告，藉力使力，事半功倍。

一、選擇題

(　) 1. 耐吉公司在 1988 年推出「Just do it」廣告，以時間性來說屬於　(A) 先知先覺，樂知好行　(B) 後知後覺，困知勉行　(C) 無法判斷

(　) 2. 耐吉公司走上「感性行銷」是來自於　(A) 董事長奈特天縱英明　(B) 銳跑公司先跑，構成壓力　(C) 廣告公司巧舌如簧

(　) 3. 最足以衡量耐吉公司行銷成功的方式爲何？　(A) 品牌價值　(B) 廣告得獎　(C) 廣告公司得獎

(　) 4. 耐吉公司廣告代理人主要是　(A) 運動明星　(B) 明星　(C) 政治人物

(　) 5. 耐吉公司廣告占營收費用比率大約多少？　(A) 0.8%　(B) 8%　(C) 18%

二、問答題

1. 耐吉公司董事長奈特爲何在 1986 年以前，一直堅持廣告中的理性訴求？
2. 請問 1987 年以後，耐吉公司廣告訴求偏重感性訴求，有哪些做法？
3. 1988 年 3 月以來，耐吉公司的廣告 Slogan 一直是「Just do it」，有哪些公司也是「一路走來，始終如一」？
4. 愛迪達廣告主訴求是什麼？請跟耐吉公司比較。
5. 請找耐吉公司一年或一檔（例如奧運、世界足球賽）的廣告，作個案研究。

Chapter

10

品牌、零售行銷 II：行銷觀念五階段發展進程

個案分析的教科書

1980 年代，銳跑公司挑戰耐吉在美國運動服鞋的霸主地位，讓打瞌睡的兔子醒了過來，快速採取行銷導向，以求逆轉勝。

10-1 1987～1989年，耐吉跌下神壇

在銳跑的強烈猛攻下，由圖 10-1 可見，耐吉在 1987～1988 年度（年度 4 月～翌年 3 月）營收屈居下風，淨利近於零，在 1985 年、1987 年兩次裁員。公司遭受嚴重危機，本單元說明問題的嚴重程度。

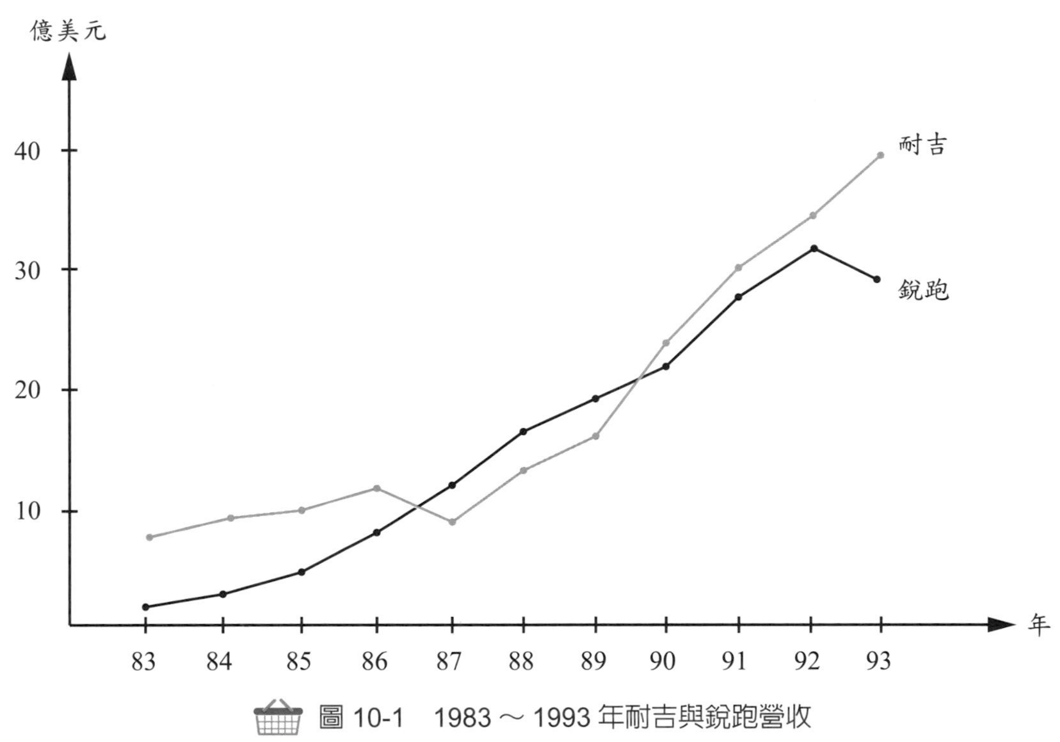

圖 10-1　1983～1993 年耐吉與銳跑營收

耐吉年度：以 1986 年度爲例，1985.4～1986.3，銳跑歷年度

一、問題

1979 年銳跑（美國）公司成立，1979～1981 年靠代理英國銳跑三雙跑步鞋站穩。1982 年起，推出「殺手級產品」有氧運動鞋「隨性」（Freestyle），再加上砸大錢打廣告，1986 年，銳跑營收 10.69 億美元，超越耐吉的 9.2 億美元。比起 1985 年營收 9.46 億美元，耐吉的表現還衰退了。

二、耐吉營收由盛轉衰

1. 營收成長階段：1984 ～ 1986 年度

(1) 1984 年度，營收 9.2 億美元，成長率 6%。

(2) 1985 年度，營收 9.46 億美元，成長率 2.8%。

(3) 1986 年度，營收 10.69 億美元，成長率 13%，看似不錯，主要營收成長來自 1985 年 4 月 1 日上市的「飛人喬丹籃球鞋」（Air Jordan），1985 年號稱營收 1.3 億美元。

2. 營收衰退的 1987 年度

銳跑 1986 年採用鉗形攻勢，自己再加上收購的 Rockport 公司，快速進軍運動鞋市場，擴大利基循環（Niche Cycling）。1987 年度耐吉營收 8.77 億美元，衰退 18%。

三、淨利

耐吉每年淨利都是正值，但 1985 年度掉到只剩 0.1 億美元，有二季虧損（即 1984 年 9 ～ 11 月、1984 年 12 月～ 1985 年 2 月），第一次裁員。1987 年度營收衰退，耐吉第二次裁員 280 名員工。

四、股票市場績效

1. 每股淨利

1985 年度耐吉每股淨利只剩 0.27 美元，1987 年度跌到 0.05 美元。

2. 股價

1986 年耐吉股價 0.1836 美元，下跌 16.85%，退回 1980 年 12 月股票上市承銷價 0.18 美元。

10-2　1986 年起，耐吉行銷導向

1986 年起，耐吉由銷售導向進階到行銷導向，主因在於銳跑的「攻城略地」，耐吉董事長奈特痛定思痛，採取復甦經營管理（Turnaround Management）策略，著重在行銷導向。

一、問題

1982 年，銳跑推出有氧運動鞋「隨性」（Freestyle），乘著 1970 年起的有氧運動狂熱，占領女性市場區塊。1984 年起，銳跑又推出籃球鞋、網球鞋，1985 年，壓迫到耐吉生存空間。1986 ～ 1988 年，銳跑營收超越耐吉，成為美國最大運動服鞋公司。

二、1985 ～ 1988 年耐吉復甦經營

耐吉採取復甦經營，限於篇幅，只說明核心活動。

1. 研發：殺手級核心技術

1987 年推出耐吉氣墊最大（Air Max）運動鞋，強調鞋底上中下三層的中層改成氣墊，耐震，這成為耐吉運動鞋系列的標準配備。耐吉在氣墊功力更上一層樓，且打下穩定口碑基礎。

2. 生產

耐吉 1981 年，在中國大陸設廠；1988 年，臺灣寶成在中國大陸設廠，以降低成本。耐吉大幅度轉給寶成等公司代工生產，進而降低售價，採取價格競爭。

3. 業務行銷：行銷導向

套用希臘《伊索寓言》的龜兔賽跑更新版，銳跑比較像「跑得快且不打瞌睡」的兔子，耐吉比較像烏龜，不打瞌睡、跑得慢（指不打廣告）。奈特痛定思痛，決定放棄「廣告不重要」的想法，1986 年 1 月設立行銷組（主管經理級），1987 年擴大到行銷處（處長協理級），1988 年擴又大到行銷部（主管副總裁級）。耐吉進入行銷導向階段（Marketing Oriented），顧客導向（Customer Orientation）或稱需求導向（Demand Driver），相關文章詳見表 10-1。

表 10-1　有關 1986 年耐吉轉向行銷導向的重要文章

時	地／人	事
1992 年 7/8 月	Geraldine E. Willigan 助理編輯	在《哈佛商業評論》上文章 “High-performance marketing: An interview with Nike’s Phil Knight.”
2019 年	美國加州洛杉磯縣西湖市 Jerome Conlon	在 Branding Strategy Inside 公司網站 “How Nike shifted from a sales to marketing mindset”
2021 年 8 月 13 日	美國華盛頓特區 Retail Dive 編輯	在《零售跳水》上文章 “A timeline of Reebok’s journey to No. 1 and back down. “

10-3 1986年起，耐吉成立行銷「單位」I

在耐吉，你會看到很多向上管理的情況，例如1971年5月公司改名字之前，設計師傑夫．詹森（Jeff Johnson）向董事長菲律普．奈特建議改用「耐吉」（希臘神話的勝利女神，羅馬神話的稱為維多利亞Victoria）為名。

1986年1月，耐吉第一次成立行銷相關部門並設立主管，則是傑諾姆．康倫的提案，本單元說明1984～1988年，耐吉三位行銷主管打下「耐吉」響叮噹品牌的過程。

一、問題：來自銳跑的廣告挑戰

1. 1985年9月22日

在艾美獎的頒獎典禮，女演員西碧兒．雪柏（Cybill Shepherd）穿銳跑「隨性鞋」參加，是鞋子第二波高潮，銳跑花了500萬美元打廣告。

2. 1986年砸1,500萬元打廣告

銳跑首次打電視廣告，主軸是「因為生命不該當觀眾」，鼓勵女性積極參加健身，引爆女性運動鞋風潮。

二、解決之道：以其人之道，還治其人之身

1. 1984～1985年

1984～1985年，耐吉有位同仁花了9個月進行成立行銷部的可行性研究，但仍不敵產品管理處湯瑪斯．克拉克（Thomas E. Clarke）及董事長的反對，他們擔心新產品市場測試等步驟花太多時間，會延誤新產品上市時間，同業不等人。

2. 傑諾姆．康倫進入耐吉工作

(1) 1982年1月～1984年1月，傑諾姆．康倫（Jerome Conlon）在耐吉擔任資訊中心經理。

(2) 1984年1月～1985年12月，他在財務長旗下擔任財務系統經理，主要負責更新各部門的財務、管理「報告」（Reportering）。這一部分是應紐約證交所對上市公司財務揭露的要求。

3. 發現問題：沒有行銷部

康倫發現耐吉打廣告、做行銷，沒有專責單位在管，沒目標也沒有績效衡量。他先向產品管理處長湯瑪斯．克拉克與產品設計處長馬克．帕克（Mark G. Parker）開會談此事——這兩人是菲律普．奈特的愛將，之後相繼擔任總裁兼營運長；克拉克再向董事長報告此案。

4. 1986 年 1 月，成立四級單位

一週後，董事長任命康倫出任耐吉第一位行銷相關主管。

表 10-2　1987 ～ 1995 年奠定耐吉品牌帝國三大功臣

人	傑諾姆．康倫	斯科特．貝德貝利	湯瑪斯．克拉克
英文	Jerome Conlon	Scott Bedbury	Thomas E. Clarke
當時職位	1986.1 ～ 1990.1 全球行銷資訊經理	1987 年 11 月～ 1994 年 9 月，廣告處長	行銷副總裁，1980 年加入公司
之後經歷	1. 1990.1 ～ 1996.1 耐吉全球行銷洞見與規畫處長 2. 1996.1 ～ 1998.1 星巴克副總裁	1995 年 5 月～ 1998 年 5 月星巴克資深副總裁，行銷與品牌發展	1. 1990 ～ 1996 年 1 月喬丹品牌公司總經理 2. 1994.1 ～ 2000.6 總裁兼營運長
現職	2002 年 1 月起，成立品牌顧問公司 Brand Frameworks	1998 年 8 月起，自行成立品牌顧問公司 Brandstream	耐吉創新事業總裁，一級主管，2001 年起
出生	1956 年	1957 年 10 月 3 日，奧勒岡州尤金市	可能 1954 年
學歷	華盛頓州岡薩加大學（Gonzaga）企管碩士（1979 ～ 1980）	奧勒岡大學大眾傳播系	賓州州立大學生物化學博士（1976 ～ 1980）

10-4　1987 ～ 1988 年，耐吉行銷單位 II

基於版面平衡考量，1987 ～ 1988 年耐吉行銷相關單位的發展沿革，移到本單元說明。

一、1987 年起，二級單位

1. 問題：需求

(1) 1987 年 3 月 26 日，耐吉推出耐吉「最大氣墊」（Air Max）跑步鞋。

(2) 1987 年銳跑行銷費用 3,000 萬美元，設立廣告部，由夏濃．柯恩副總裁領導。

2. 解決之道：耐吉砸大錢打電視廣告

1987 年推出「（空氣）革命」（Revolution）主題電視廣告，背景音樂是英國現象級樂團披頭四 1967 年的主打歌「革命」。這廣告片是黑白的，因披頭四控告耐吉侵權，使其自 1988 年初不再播出，1989 年初，雙方庭外和解，和解條件不公布。此廣告片導演是 Paula Greif。

3. 組織設計

成立廣告處。

4. 用人：三級主管

由斯科特．貝德貝利（Scott Bedbury）擔任廣告處處長。

5. 績效

少數文章主張這是耐吉「龍興」的廣告。

二、1988 年起，一級單位

1. 問題

1988 年 1 月，麥可．喬丹參加「全明星賽」（All-Star Game），耐吉趁勢推出飛人喬丹鞋 3 號，黑色、大象皮款鞋面。同時銳跑砸大錢打電視廣告，行銷經費 8,000 萬美元。

2. 解決之道：砸 4,000 萬美元打廣告

1988 年 2 月，推出喬丹鞋 3 號鞋電視廣告，代言人有麥可．喬丹與他的大粉絲喜劇演員兼導演史派克．李（Spike Lee）。1988 年 7 月 1 日，推出「Just Do It !」電視廣告。

3. 組織設計

耐吉成立行銷「部」（Division），主管副總裁級。

4. 用人

由耐吉「新起之秀」湯瑪斯．克拉克出任副總裁；1990～1994 年 1 月，出任喬丹品牌公司總經理。

10-5　1988 年，耐吉與銳跑的廣告大決戰

套用 2022 年 2 月 24 日俄國入侵烏克蘭為例，由於俄國人員、武器與糧食等不耐久戰；4 月 1 日起，戰局出現逆轉，俄軍大幅從占領區撤退；烏克蘭軍隊大幅反攻。

同樣的，1985～1987 年，銳跑出現火力不繼的情況。1987 年，耐吉推出二波產品攻勢；1988 年，耐吉以銳跑 2 倍以上行銷經費輾壓銳跑，如同 1982 年電影《洛基 II》，男主角洛基．巴波亞把拳王阿波羅．克里德（Apollo Creed）打趴在地。

一、1985 年 9 月～ 1988 年銳跑隨性鞋的困境

1985～1986 年，銳跑面臨「品質門」困境，隨性鞋皮面上半部在使用數個月後會逐漸脫落，銳跑因應之道如下。

1. 減少出貨量

銳跑 1985 年 9 月起減少品質不佳代工公司的出貨量，如此一來，供貨量不足，造成訂單累積問題。銳跑要求南韓代工公司擴大產能，1986 年 6 月，南韓代工公司月產能擴大到 400 萬雙，但產能仍不足，銳跑派出駐廠品管人員也由 7 人增加到 27 人。

2. 打廣告，加速訂單累積問題嚴重程度

在單元 10-3 中提到，1985 年銳跑花 500 萬美元打隨性鞋廣告、1986 年花 1,500 萬美元。累積訂單（Backlog）如下：1985 年 1、1986 年 4、1987 年 4.05 億美元。累積訂單是雙面刃，一方面下訂的消費者不耐久待；另一方面，潛在競爭者「看見兔子便放鷹」，耐吉等大小公司，紛紛推出有氧運動鞋，搶奪銳跑有氧鞋市場。

二、耐吉完勝銳跑

1. 必要條件：產品強

1987 年起，耐吉推出兩大殺手級產品

(1) 最大氣墊鞋 Air Max。

(2) 喬丹 3 號鞋，號稱第一雙麥可．喬丹色彩的籃球鞋。

2. 充分條件：以行銷中的廣告爲例

火力是單一武器火力乘上數量，由表 10-3 可見，耐吉活力旺盛。

(1) 武器數量勝，耐吉對銳跑 4,000 比 2,000

耐吉廣告預算 4,000 萬美元，銳跑 2,000 萬美元。

(2) 單一武器火力，耐吉勝

廣告的效果在當時，缺乏收視率調查數字，但大家看法如下：

1989 年 8～12 月，銳跑 800 萬美元廣告經費，一大部分花在「Reebok Let U.B.S」廣告，找素人穿銳跑服鞋，但失敗。（摘自 1988 年 company History.com）

表 10-3　1988 年耐吉與銳跑廣告戰

項目	耐吉	銳跑
一、火力強度	勝	
1. 主力廣告	1988 年 7 月 1 日「去做就對了」（Just Do It !）	1988 年 8～12 月，花 800 萬美元打廣告，一大部分主訴求「Reebok's Let U.B.S.」
2. 輔助廣告	每個月都有延續性廣告，維持熱度	推出銳跑人權獎，舉辦音樂會募款，捐給人權團體。
二、數量	勝	
1. 行銷經費	1 億美元以上	號稱 8,000 萬美元
2. 其中廣告經費	4,000 萬美元以上，其中第 1 季 700 萬美元。	約 2,000 萬美元，第 1 季 170 萬美元。

三、一年定一生

1. 行銷：

1987 年 3 月，電視廣告以英國披頭合唱團的 1968 年歌曲「革命 9」（Revolution）作配樂，打響耐吉氣墊鞋（Nike Air），首次電視廣告加配樂，喬丹氣墊鞋營收破 10 億美元。

1988 年 9 月，在加州舊金山市金門大橋，80 歲的跑步偶像華德．史塔克（Walter Stack），標語口號「Just Do It!」

2. 1988 年起，耐吉一飛衝天

3. 1989 年起，銳跑

銳跑的各種反擊都「無力回天」，營收停滯在 30 億美元。

10-6 1985 年起，由理性廣告轉到感性廣告

公司廣告訴求大抵可用餐廳來分類，小吃店功能在於「吃飽」，偏重功能；至於餐廳則略有裝潢，讓顧客「賞心悅目」，已由「吃飽」提升到「吃好」、「吃派頭」。同樣的，1985 年起，銳跑廣告已由以產品爲主角的理性訴求，提升到以「人」爲主角的感性訴求。由於廣告效果打動人心，1987 年 3 月 26 日，耐吉「有樣學樣」，也快速跟上，1988 年 7 月 1 日，更靠著「去做就對了」（Just Do It!）大放異彩。本單元說明。

一、廣告訴求

在拙著《超圖解數位行銷與廣告管理》（五南圖書公司，2023 年 8 月）第三章中，以一單元、作表整理廣告的兩大類訴求，本單元以一段說明，以馬斯洛需求五層級來對應。

1. 理性訴求（Rational Appeal）：生存、生活需求

廣告以產品功能爲重心，強調產品可以滿足人的生存、生活功能。

2. 感性訴求（Emotional Appeal）：社會親和、自尊與自我實現需求

廣告以消費者使用的「體驗」爲重心，甚至不出現公司、產品名字，也就是不那麼商業化。

二、銳跑廣告訴求改變

1985 年起，銳跑的廣告已由理性提升到感性訴求。

1. 1985 年 10 月的報紙廣告

(1) 目標客層：成年女性，尤其是注重「健康強壯」（Fitness）的都會女性。

(2) 廣告訴求：自我實現方面：精神、心情（Mood）；自尊方面：Felling of Joy，A Lightness of Being；第三層級社會親和層級：Experiential, A Runner High 等。

2. 1986 年的「因爲生命不該當觀衆」

在 1986 年，銳跑行銷經費 1,100 萬美元，電視廣告主打片是「因爲生命不該當觀眾」。

3. 對耐吉的衝擊

耐吉行銷資訊組總理傑諾姆．康倫仔細分析銳跑廣告長處。

三、耐吉

以耐吉電視廣告來分析，由廣告訴求可劃分楚河漢界。

1. 理性訴求

以 1972 年 10 月第一隻電視廣告紐約市馬拉松比賽來說，仍以選手爲主要目標客層，著重在選手賽跑鞋。

2. 1987 年 3 月起，感性訴求

這支電視廣告可說是耐吉的第一隻「感性訴求」的電視廣告。

(1) 目標客層：所有人，尤其是女性、青少年

(2) 代言人：職棒明星博．傑克森（Bo Jockson），網球選手馬克安諾（John P. McEnroe）

(3) 廣告歌曲：1967 年英國披頭四樂團的歌曲「革命」。

3. 1988 年 7 月 1 日，「去做就對了」電視廣告

這廣告前後都沒有耐吉新產品上市，「去做就對了」的電視廣告是公司、品牌廣告，不是產品廣告。

表 10-4　耐吉與銳跑的兩階段廣告訴求

項目	理性廣告	感性廣告	
一、耐吉	1972 年	1987 年	1988 年
1. 產品	–	1987.3.26 推出「最大氣墊」（Air Max）跑步鞋。	1988.2 推出喬丹鞋 3 號籃球鞋，皮面，定價 100 美元。
2. 廣告	奧勒岡州尤金市奧勒岡大學運動場（Hayward Field）。	1987.3.26 推出「（氣墊 Air）革命」（Revolution）電視廣告。	1988.7.1 推出「去做就對了」（Just Do It!）。
二、銳跑	1985 年	1986 年	1987 年
1. 產品	1985 年 10 ～ 12 月 一雙鞋有運動、休閒等多用途	–	–
2. 廣告	1985 年，報刊廣告，在韻律舞教室、城市，穿著銳跑鞋、短裙的。	1986 年，推出「因為生命不該當觀眾」，號稱是第一支電視廣告。	1987 年，至少 5 隻電視廣告。

10-7　1988 年，銳跑跟耐吉電視廣告王牌對決

電視連續劇中「三國」兩軍作戰，很喜歡由兩軍主將出來單挑，這在冷兵器時期還有點意義，到了南宋槍砲「熱」兵器時代，主將單挑場景就不再了。

同樣的，一家公司一年內會有好幾支電視廣告，但是許多人喜歡拿銳跑 1987 年「因爲生命不該當觀眾」，來跟耐吉 1988 年「去做就對了」兩支電視廣告來比較，好像兩軍主將對決一樣。

一、銳跑：1986 年電視廣告

1986 年，銳跑至少有 5 支電視廣告，主軸是「因爲生命不該當觀眾」（Because Life Is Not A Spectator Spot），由表 10-5 第二欄可以大致了解。

二、耐吉：1988 年「去做就對了」

由表 10-5 第三欄可見耐吉「去做就對了」電視廣告一些內容，這個現象級廣告（Phenomenal Advertising）有太多文章分析，在下段中，我們以表 10-6 呈現其內容。

三、耐吉電視廣告成功原因

由於耐吉的「去做就對了」廣告效果太強，這成了以後耐吉電視廣告的基調。由於耐吉廣告的成功，分析文章多如繁星，在表 10-6 中我們盡可能以「5W2H」架構分析，其中廣告內容，我們依馬斯洛需求五層級，把耐吉廣告七項特色歸類。

表 10-5　1980 年代銳跑跟耐吉兩支廣告王牌對決

項目		銳跑	耐吉
時		1986 年	1988 年 7 月 10
地		攝影棚內	加州舊金山市金門大橋
人	廣告主	行銷創意與設計處處長 Jide Osifeso（非裔）	斯科特．貝德貝利（Scott Bedbury）
	廣告公司	1987 年起，由 Chiat / Day 公司負責。	威頓與甘迺迪公司，主要由二位創辦人之一丹．威頓（Dan Wieden）負責。
廣告	標題	「因為生命不該當觀衆」（Because Life Is Not A Spectator Spot.）。	「去做就對了」（Just Do It，簡稱 JDI）。
	內容	鼓勵消費者由「觀衆」跳下場成為「選手」，這原來自羅馬時奧古斯都皇帝時著名詩人賀拉斯（Horace）的格言「把握當下」（拉丁文 Carpe Diem）。	華德．史塔克（Walter Stack）跑經過大橋。在英文維基百科詳細說明他是經典跑步偶像。
	代言人	艾倫．艾佛森（Allen Iverson），美國職籃明星，他在籃球場上，打球有型；在籃球場外，穿著有型。 其他人，依英文順序排列如下： (1) Arca：電影明星。 (2) Ghetts：說唱歌手。 (3) Terms：音樂家、歌手。	籃球巨星：麥可．喬丹、科比．布萊恩、勒布朗．詹姆士。 網球：瑞士費德勒（Roger Federer）、西班牙納達爾（Rafaei Nadal）。 美式足球：Bo Jackson、Ronaldinho、Wayne Rooney。

（續）表 10-5　1980 年代銳跑跟耐吉兩支廣告王牌對決

項目		銳跑	耐吉
廣告媒體	電視	經典古典皮鞋輪廓（Iconic Classic Leathe Silkouello）	主力產品「最大（底中層）氣墊」（跑步）鞋： (1) 合成皮、尼龍面（1987 年）。 (2) 皮面款：1988 年。
	詞	（Ghetts）	–
	曲	法國 Lolo Zouai（女）	–
	配樂		–
	指揮（導演）	Bernt Faiyaz	–
	片長	30 秒	3 分鐘

表 10-6　耐吉電視廣告的呈現方式

廣告代言人（Who）	廣告人物屬性（What）	廣告內容（How）	媒體型態（Which）
1. 明星級運動選手 2. 一般人	1. 包容 (1) 性別：男、女 (2) 種族：非裔 (3) 宗教：基督教、穆斯林 (4) 國籍	1. 馬斯洛需求層級 (1) 第五級自我實現：真人真事（Origin Stories Sell）、提升運動士氣 (2) 第四級自尊：酷（Cool）、漂亮（Beauty） (3) 第三級社會親和：幽默 (4) 第二級生活：創意 (5) 第一級生存：簡單（Simplicity）	1. 電視廣告為主 2. 文字 24 字以內 Words are only used when there are strike emotional chords.（註：弦）

資料來源：整理自 Motion Cue 公司網站上文章“15 best Nike commercial and why they are so effective”。

一、選擇題

( ) 1. 下列哪一家公司在行銷（尤其是電視廣告）方面，可說是現象級？ (A) 彪馬 (B) 耐吉 (C) 愛迪達。

( ) 2. 耐吉的品牌價值大概多少億元？ (A) 5 億美元 (B) 50 億美元 (C) 500 億美元。

( ) 3. 耐吉品牌價值在全球排名第幾？ (A) 1 (B) 10 (C) 100。

( ) 4. 耐吉廣告費占營收比率多少？ (A) 0.8% (B) 8% (C) 18%。

( ) 5. 耐吉跟愛迪達誰的廣告支出效果更好？ (A) 耐吉 (B) 愛迪達 (C) 平分秋色。

( ) 6. 美國零售業中，哪種行業廣告營收比率較高？ (A) 百貨業 (B) 便利商店業 (C) 超市（量販）。

( ) 7. 1986～1988 年美國運動服鞋業營收第一是誰？ (A) 耐吉 (B) 銳跑 (C) 匡威。

( ) 8. 銳跑靠什麼類型的鞋大殺市場？ (A) 籃球鞋 (B) 跑步鞋 (C) 有氧運動鞋。

( ) 9. 1988 年起耐吉電視廣告的主軸是什麼？ (A) 殺很大 (B) Just Do It! (C) I am loving it。

( )10. 「這鞋子穿不壞」的廣告屬於哪種訴求？ (A) 理性訴求 (B) 感性訴求 (C) 二者皆是。

二、問答題

1. 零售業哪些行業「廣告費用營收比率」較高？爲何？
2. 公司在行銷觀念五階段，是否該一階段一階段往上進升？
3. 爲何耐吉從 1982 年起的廣告，以一家新成立的廣告公司「威登與甘迺迪」爲主？
4. 「廣告費用」在耐吉、銳跑的廣告戰中扮演何角色？
5. 試評估 1986 年銳跑、1988 年耐吉的主打電視廣告的優劣。

Chapter

11

展店策略

本章可以抵 10 本最棒的書

商店（包括餐廳等）挑店址，大抵決定成功的一半，但這只是從一間小商店的角度來看，站在全球一線公司（例如咖啡店中星巴克）的角度上，視野則廣許多。本章有幾個亮點：

第 1 ～ 6 單元是星巴克全球個案分析，以美國星巴克為對象，從全球總部、各洲、各大國、大國中分六大區（美中），說明組織設計，並以美國東部（商店）開發與設計副總裁為例，說明其下轄二個處；第 5 單元詳細說明美國星巴克的選址標準，以「市場區隔」四大類變數當架構；第 7 單元以星巴克使用 Esri 公司的雲端「地理資源系統」軟體「地圖集」(Atlas) 為例說明；第 8 ～ 12 單元以一國的三個組織層級說明各層級的權責；董事會負責開店「策略」，總裁負責各大區開店，第 11 ～ 15 單元說明各國（美中）大區（約 8 部、省）開店發展部負責各省、各直轄市開店。

11-1 展店各層級決定內容和相關人士

一、店址的重要性

選對地點，成功的一半

每次任何人講到零售的三大關鍵成功因素，總是小和尚唸經（有口無心）的套用美國房地產廣告的說明：「Location, Location, Location」。

展店的店址可用「正確的開始，成功的一半」來形容。

地點，地點，地點（location, location, location）

時：1926 年

地：美國伊利諾州庫克郡芝加哥市

人：房地產公司

事：在芝加哥論壇報（Chicago Tribune）房地產廣告上「Attension Salemen, sales managers: location, location, location, close to Rogerspark（即羅傑斯公園社區）」（註：芝加哥市 77 個社區之一，4.76 平方公里，人口約 5.44 萬人，2015 年）

二、全球一線公司星巴克

以全球一線公司星巴克在商店發展的組織設計，可以精確的了解其組織設計思維。

由表 11-1 可見。

1. 第一欄組織層級

第一欄是大一管理學、大四策略管理書中，最常見的影響（或營收、淨利、重要性）層面來分類。

2. 第二欄：工作職掌

第二欄則是展店相關決策。

3. 第三欄：決策者

第三欄是各層級決策的決策者，董事會決定展店數目目標，總裁決定展店政策，負責展店方針管理，各大國的各大區商店發展與設計部副總裁負責執行。

4. 第四欄：執行者

第四欄是展店決策執行者，上級負責決策，次一級就負執行成敗責任。

表 11-1　全球公司展店各組織層級決策和相關人士：以星巴克為例

<table>
<tr><th colspan="2">組織層級</th><th>主要職掌</th><th>決策者 *</th><th>執行者 *</th></tr>
<tr><td colspan="2">母公司</td><td>(一) 商店 vs. 網路商店比率
(二) 全球商店數
(三) 各洲商店數
(四) 店型
一般店、得來速店、自取店（攤販型）</td><td>1. 總裁兼執行長納拉西姆漢（Laxman Narasimhan），2022 年 10 月起
2. 營運長卡爾弗（John Culver）</td><td>1. 商店發展與設計資深副總裁 Andy Adams
2. 全球成長與發展資深副總裁 Katie Young</td></tr>
<tr><td rowspan="4">各洲總部</td><td>北美</td><td rowspan="4">依上述 (一)～(四) 順序評估洲內各國商店數、洲內各國的店址標準</td><td>Rossan William（2022 年 6 月離職）</td><td>商店發展與設計資深副總裁
Chris Tarrant</td></tr>
<tr><td>歐中東非</td><td>Duncan Moir</td><td>—</td></tr>
<tr><td>中南美洲</td><td>Tom Ferguson</td><td>—</td></tr>
<tr><td>亞太區</td><td>Emmy Kan</td><td>Scott Keller</td></tr>
<tr><td rowspan="3">洲下各大國</td><td>中國大陸</td><td rowspan="3">(一) 展店地區順序
北→中→南→東部
(二) 國內六大區開店數</td><td>王靜瑛 (Belinda Wong)</td><td>六大區資深副總裁下轄商店發展副總裁</td></tr>
<tr><td>日本</td><td>崛江貴文（Takafumi Minaguchi）</td><td>—</td></tr>
<tr><td>各大國
各大區</td><td>各大區商店發展與設計副總裁</td><td>各省商店發展處長城市選擇，資深經理各市商圈選擇</td></tr>
</table>

* 資料來源：整理自星巴克網站上 (Leadership)。

11-2 全球展店目標

星巴克從董事長霍華・舒茲擔任董事長期間（1987 迄 2018 年 6 月），幾乎每年都會在一些場合宣布「明年」或「五年」展店目標。

一、提目標的時間：每年 11 月

1. 會計年度

星巴克會計年度跟美國政府同，即今年 10 月迄明年 9 月。

2. 每年 10 月 28 日自結年度財報

大約 10 月 28 或 29 日，會以新聞稿方式，宣布上年度與上年度第四季營收、淨利。

3. 對外提出目標時間

每年 11 ～ 12 月，全球法人說明會，都採取網路直播方式，但法人須事先向星巴克財務部旗下「投資人關係部」（investor relations department），這是三級部（副總裁級），2021 年起由會計師 Tiffany Willis（非裔女性）擔任。

二、提目標的方式

以視訊方式舉行的法人說明會。

三、提目標的人

- 營收面目標：主要是展店數、營收等，由總裁提出。
- 財務目標：每股淨利等，由財務部說明。

四、公司目標種類

1. 年度目標

2021 年 11 月 2 日宣布 2022 年度營收目標 325 億美元，成長率 11.17%，新增 2,000 家店。

2. 五年目標

2010、2016、2017、2018 年各提過一次長期目標，詳見表 11-2 第二欄。

3. 十年目標

2020 年 1 月 21 日的展店目標，是爲了達成政府環保署要求的節能減碳環境目標（environment goals），即要做到三減：「減碳、減廢水、減廢棄物」，其中減碳會做到「碳中和」（carbon neutral）。

表 11-2 星巴克展店目標：網路視訊全球法人說明會

時間	2018 年 5 月 16 日	2020 年 12 月 19 日	2022 年 3 月 16 日
地點	中國大陸上海市	美國華盛頓州西雅圖市	同左
人物	總裁凱文．約翰遜等	同左，加上財務長 Pat Grismer	董事長 Mellody Hubson
事件：目標	中國大陸 2022 年度營收是 2017 年度的三倍	1. 2023、2024 年度，每股淨利約 3.24 美元。（註：2019 年 2.92 美元，成長率約 11%）	主持 30 週年股東會： 1. 2022 ～ 2025 年現金股利 200 億美元，2018 ～ 2021 年 250 億美元
策略	1. 2022 年 230 個城市 6000 家店，其中有 1 成是自取店（Starbucks Now） 2. 包裝商品委由康師傅控股公司，後者有 12.5 萬個零售點	2. 2030 年度全球 100 國店數 5.5 萬家，商店組合如下： ・一般店 ・有得來速占 44% ・沒得來速占 55% ・自取商店占 1%（Starbucks Now）	2. 店數目標如左述

註：美國年度普遍爲今年 10 月迄明年 9 月。

11-3 展店策略決策 I：店數過多時閉店

開店數目取決於總體環境（主要是經濟）、個體環境（主要是一地區商店飽和程度），在冬天時必須設法過苦日子。本單元說明星巴克 2008 ～ 2009 年大幅閉店的時空背景。

一、2004 ～ 2006 年好日子

1. 經濟熱

經濟成長率從 2004 年 3.81%、2005 年 3.51%。

2. 星巴克過度擴充

2005 年 7,353 家店，2007 年 10,680 家店，平均年成長率 22.6%；約是美國經濟成長率的 6 倍。

2002 年 33 億美元到 2007 年 94 億美元，平均成長率 37%；營收美國占 78%、國外 18%、商店商品占 4%。

二、2006 ～ 2009 年苦日子

1. 經濟冷

2005 ～ 2006 年有許多家庭還不起高額房屋貸款，因此倒帳，房價下跌，房地產泡沫破裂，拖累美國經濟，經濟成長率 2006 年 2.78%、2007 年 2.01%、2008 年 0.12%、2009 年 – 2.54%。

2. 美國星巴克過冬天

肉食動物同一物種大都會吃同類，這稱爲「同類相殘」（cannibalism）；在連鎖商店，同家公司鄰近店彼此搶顧客，造成兩敗俱傷。

三、解決之道

1. 亡羊補牢關閉店：2008 年 660 家、2009 年 300 家

2008 年閉店 660 家店（美國占 442 家），占全球店數 5%，2009 年關閉 300 家店。關的店主要是「商店過剩」（over stored）地區。

表 11-3　美國星巴克店數與所有權

年	2007	2008	2009	2010	2015	2020	2021	2022
0 經濟成長率 (%)	2.01	0.12	– 2.54	2.71	2.71	– 3.4	5.67	2.1
1. 自營	6,793	7,238	6,764	6,707	7,559	8,941	8,947	9,265
2. 授權	3,891	4,329	4,364	4,424	4,962	6,387	6,497	6,608
小計	10,684	11,567	11,128	11,131	12,521	15,329	15,444	15,873

資料來源：整理自德國漢堡市 Statista 公司，2022 年 11 月 28 日。

11-4 展店策略決策 II：展店數

公司在考慮一國（或一省一市）展店數、速度時，以星巴克來說，在中國大陸市場發展，分兩時期。

一、問題 I：2016 ～ 2017 年

1. 內憂

2016 年起，星巴克在美國許多地區店數過多，以致同店相殘，只好閉店，少開新店。

2. 解決之道

在業務發展方面，2017 年起，把中國大陸市場視爲咖啡市場第二個（飛機）引擎。

二、問題 II：2018 年起中國大陸對手出現

1. 問題

2017 年 10 月，號稱中國大陸版星巴克的瑞幸咖啡（Luckin coffee）營業，公司登記在英屬開曼群島，總部在福建省廈門市。開店 1 年（2018 年 10 月）店數 1,300 家，2019 年 5 月 17 日，瑞幸在美國那斯達克股市上市，有財務資源爲後盾，6 月初宣布迄 2021 年開 1 萬家店。

2. 解決之道

在表 11-2 第二欄，你可看到星巴克爲了突顯中國大陸市場的重視，2018 年 5 月 16 日，總裁兼執行長凱文．約翰遜（2022 年 4 月 4 日離職）親率高階主管到上海市（註：中國大陸星巴克公司住址）舉行法人說明會，宣布 2030 年中國大陸市場的營收目標：中國大陸市場營收跟美國市場一樣大。

三、實績

以 2020 年路透社新聞，2019 年亞太地區營收只占美洲區 20%。

四、咖啡店兩強分析

1. 外行看熱鬧

你上網總會看到這樣的新聞，「2021 年瑞幸 6,024 家店，超車星巴克 5,557 家店」，從此之後，每年每季幾乎都有這樣的報導，充斥新聞版面。

2. 內行看門道

瑞幸 8214 家店中 94% 是自取店（pick-up store），縱使有店面，營業面積也較小。媒體報導，瑞幸每店營收約只有星巴克 35%。以此來說，2022 年瑞幸 8,214 家店，約當星巴克 2,875 家店，跟星巴克 6,000 家店相比，約 48%。

3. 市占率

2022 年 4 月 22 日德國漢堡市 Statista 公司資料如下，以 2020 年來說，星巴克 36.4%、瑞幸 6.8%、英國咖世家（Costa）2.3%。

表 11-4　星巴克與瑞幸店數

年	2017	2018	2019	2020	2021	2022
一、星巴克						
(1) 全球	27,339	29,324	31,256	32,660	33,833	35,711
(2) 中國大陸	2,936	3,521	4,123	4,704	5,557	6,000
城市	—	141	—	—	200	240
員工（萬人）	3.75	4.5	5.26	5.8	6	6.9
二、瑞幸						
小計	3,000	3,800	4,500	4,750	6,024	8,214
直營	—	—	—	—	4,397	5,543
加盟	—	—	—	—	1,627	2,671

2018 年起，把授權店全收回去。

11-5 展店策略決策 III：自營 PK 加盟

從全球一線公司在母國（美國）、地主國（此例中國大陸）的展店所有權決策，可以發現一個簡單的事實：1992 年 6 月 26 日，星巴克在那斯達克股市上市，開盤 17 美元，收盤 21.5 美元。由圖 11-1 可見，在中國大陸某些美國市場經營時，被「經營限制」卡住，沒採取自營方式，讓外人賺了一手。

中國大陸市場進入模式許多學者（尤其是國際企管）花很多篇幅說明，一家公司進入他國去「直接投資」時，稱爲「進入市場模式」（entry market modes）。當你仔細看獨資以外的情況：合資（而且未持有經營股權）、授權經營（包括技術授權），都是「無奈」，因地主國有外資公司有持股比率上限 49% 的限制，2002 年以前的中國大陸就是一個例子。

1. 2001 年 12 月前

2001 年 12 月，中國大陸加入世界貿易組織，對外資進入服務業，分成「禁止」、「限制」、「開放」三類，咖啡店屬於「限制」類。1999 年起，星巴克進軍中國大陸，只好把中國大陸劃分北東南三部，各跟中國大陸公司合資。

2. 2003 年起，陸續買回合資方股權

2001 年 12 月之後，中國大陸國務院便在貿易、投資等方面，依期限逐步取消外資「投資禁止」、「持股比率上限（49%）」等，2003 年起，星巴克對授權經營，予以收購；對合資公司，收購合資方持有股權。

2017 年，星巴克以 13 億美元收購上海市星巴克中統一企業的持股（50%），取得公司 100% 股權，下有 1,300 家店。

3. 2018 年起，全部自營

由表 11-3 可見，從 2018 年起，星巴克在中國大陸全部店都是自營店（corporate-owned store），不用跟別人（合資股東）分享經營績效。

三、那加盟店呢？

1. 財力不繼的麥當勞

1955 年 4 月，雷・克羅克（Ray Kroc，1902 ～ 1984）成立麥當勞（系統）公司時，由於財力有限，便是採取特許加盟方式，2023 年，全球約 4 萬家店，有 93.2% 的加盟店。麥當勞從各國各加盟主營收中平均抽 26%（有考慮房租收入）作爲授權收入。

2. 創業家精神爲重的便利商店

便利商店一年 365 天、一天 24 小時營業，獲利有限，很難花錢全部請全職員工，許多情況是高中、大學生兼職，受考試等影響，不好排班。加盟主必須「校長兼撞鐘」，以統一超商來說，1987 年 6 月 10 日開業，母公司統一企業財力雄厚，大可自營，但 1990 年統一超商推動加盟時，而是由試辦中得悉，加盟店比直營店營收多三成，淨利率也較高。創業家精神很難買得到，只能透過加盟方式來維持。2022 年加盟比率約 85%，全家便利店 90%。

二、在美國市場

你在表 11-3 中會看到，2022 年星巴克在美國 15873 家店中，有 41.63%（6,608 家店）是授權經營的，你會有疑問：「美國政府對咖啡店業應該沒有投資限制吧？」

1. 政府限制經營

各大機場（尤其是出境大廳）的商場、商店，基於飛安考量，大都是特許經營。星巴克只好授權特許執照的公司經營。

2. 商店限制經營

有一些量販店（例如目標）、超市在店內設立星巴克，這種店中店大都是「票亭（kiskos）」，即攤販型，也是授權經營。

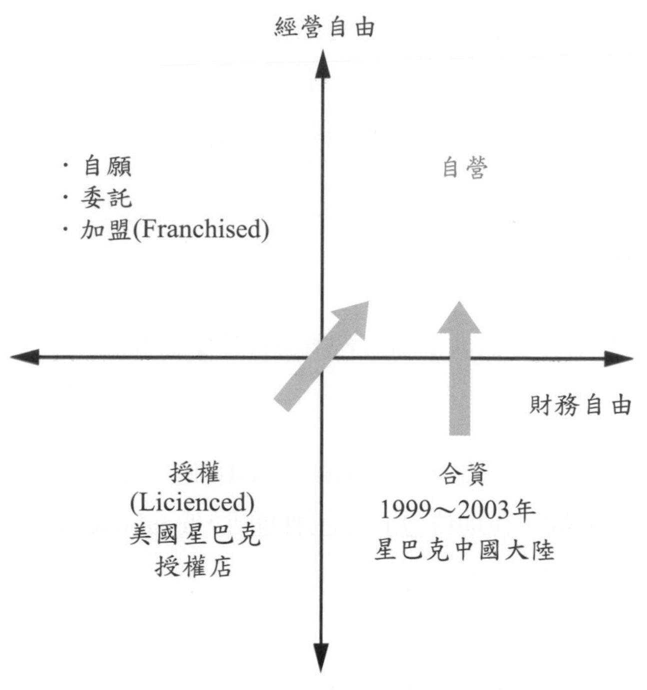

圖 11-1 星巴克展店的所有權型態

11-6 執行面：美國東部

星巴克把美國 50 州分成六大區，每個大區由子公司級「執行」（母公司副總裁級）副總裁管理，等於是六大「軍區」司令，下轄幾位資深副總裁。本處以超大區的東部（紐約州、麻州等）商店發展部爲例，由副總裁在《領英》上的現職與經歷可見，詳見表 11-5，分成二個處。

一、商店發展處

一個處分成三個組，眞正在找店址的發展組織只有 7 人，由一位經理帶頭，人數少，經常委由各州各市的商場開發公司、房地產顧問公司提供案源與分析報告。

其中「房地產經理」（real estate manager），須說明一下，星巴克租下各店，一般租期 10 年，在簽約時另有一條「屆期優先續約 10 年權」。

星巴克租屋的租金比行情略低，原因有二：一是租期長，房東喜歡；二是星巴克設店有「點石成金」效果，星巴克不再續租，房東可用星巴克租過，來抬高房租，星巴克房地產經理主要工作便是計算租約到期是否續約、房租如何？甚至房價合適時，直接買下。

二、商店設計和體驗處

在商店設計和體驗處比較像建築師事務所負責建築藍圖等。

1. 商店設計

星巴克有幾個店型公版，在全球 70 國，有 18 個「設計中心」（in-house design studio），偏重於店外觀「在地特色」（在地連結，local relevancy）、「環境永續」。營造施工由各地外包承包商負責。

2. 商店體驗

此處「體驗」是指建築硬體，包括店外觀獨特，甚至成為地標，俗稱打卡聖地，其次是店內裝潢。

表 11-5　美國東部兩州的星巴克商店發展部二個處

找店址	轉換	產出
一、（商店）發展處三位經理 1. 找店址 2. 跟房東簽約 3. 房地產投資組合管理 俗稱房地產經理	二、商店設計和體驗處 比較偏建築設計與營造（construction） 20 餘人 * 設備處（facilities）	移交給（operational turnover）營運部

資料來源整理自 Todd Trewhell, Linkedin。

11-7 星巴克店址選擇：電腦系統

數十年來，我看了無數開店選址的文章，等到看了美國星巴克選址文章，很明確具體，詳見表 11-6。美國公司、美國人喜歡把話「講清楚，說明白」，不怕商機外洩。讀了本單元以後，你就可以依樣葫蘆了。

一、店址選擇標準

爲了避免各州、各國子公司亂搞，星巴克三個地理範圍的公司皆會提出店址標準（criteria）。

1. 星巴克母公司

星巴克母公司綜合四大洲、主要國家的店經營績效，提出一般性選址「標準」。

2. 各洲：以亞太區爲例

亞太區總部商店發展與設計副總裁監管亞太區各國星巴克的開店事宜，會把各國各店經營績效，計算出選址參考標準。

3. 以中國大陸爲例

中國大陸有許多文章大談中國大陸星巴克開店成功率 100%，原始出處來自中國大陸成都星巴克公司中西區公共事務部處長（陸稱總監）龔明，大約在 2016 年 6 月的演講，「壹讀」、「贏商網」等到處轉載，但內容不比美國星巴克選址文章清楚。

二、美國情況

2008 年起，星巴克商店發展部採用美國環境系統研究所公司（Esri）推出的「全球定位」（GPS）爲主的「地理資訊系統」（global information system, GIS）軟體，軟體名稱是「地圖集」（Atlas），詳見表 11-6 第三欄。

三、有關美國環境系統研究所公司

1. 市場地位

該公司在地理資訊系統地位數一數二，可套用企業資源規劃（ERP）的德國思愛普（SAP）或顧客關係管理（CRM）的美國賽富時（Salesforce）來形容。

2. 重要客戶

食方面：速食店溫蒂；衣方面女裝 Ascena 零售集團；育方面寵物食品用品店沛可（Petco）。

表 11-6　美國星巴克挑店址的準則與軟體

<table>
<tr><th colspan="3">市場區隔</th><th>說明</th><th>地點智慧軟體 *：
2008 年起</th><th>相關市調</th></tr>
<tr><td colspan="3">地理</td><td>商務部人口普查局的普查分區，大區（4 州）、中區小縣下分區（CCD），例如加州 397 個，德拉瓦州 27 個</td><td>時：1969 年成立
地：美國加州雷德蘭茲鎮（Redlands）
人：美國環境系統研究所公司（Esri）
事：推出電腦版
Arc GIS
雲端版
Arc GIS online
重點是左述資料皆「即時」更新</td><td>－</td></tr>
<tr><td rowspan="5">人文</td><td rowspan="2">人口數（人流）</td><td>常住人口
人口密度（偏夜間）</td><td>90,000 人，區內有大學、醫院尤佳（population density）</td><td>－</td><td>商場公司例如阿拉巴馬州首府蒙馬利市奧本區的 Jil Retail 公司</td></tr>
<tr><td>流動人口（偏日間）</td><td>一天汽車流量 25000 輛，俗稱便利性</td><td>－</td><td>直布羅陀（Gibraltar）管理公司</td></tr>
<tr><td rowspan="2">所得</td><td>（美國）社區調查（AS-S）</td><td>每月</td><td>星巴克用的是地圖集（Altas）</td><td>唐先生甜甜圈店（Dunkin Donut）使用 Tango 分析公司的軟體</td></tr>
<tr><td>年所得</td><td>53,000 美元以上</td><td>店址決定</td><td>－</td></tr>
<tr><td colspan="2">年齡</td><td>16～45 歲為宜</td><td>－</td><td>－</td></tr>
<tr><td colspan="3">心理</td><td>－</td><td>－</td><td>－</td></tr>
<tr><td rowspan="2">行為</td><td colspan="2">消費支出調查</td><td>✓，每月</td><td>區內的商店等</td><td>菜單、酒類消費量
三葉草咖啡機（clover brewing system）銷量</td></tr>
<tr><td colspan="2">犯罪行為</td><td>－</td><td>－</td><td>－</td></tr>
</table>

* 資料來源：整理自中文維基百科「美國環境系統研究所公司」。

11-8 展店策略決策 IV：董事會與總裁

公司開店的策略決策權在臺灣：董事會；在美國：總裁兼執行長。

一、展店策略

就跟軍隊作戰一樣，兵力配置，作戰快慢節奏（例如閃電戰 vs. 消耗戰），全操在三軍統帥手上。同樣的，零售公司展店「策略三大內容」：成長方向、速度、方式（即自行發展 vs. 公司併購），則是掌握在董事會手中。

二、公司策略成份

以臺灣策略管理大師司徒達賢教授把公司「策略」分成三個方面，大部分「○○策略」也適用。

1. 成長方向

成長方向有三：垂直、水平、複合多角化。

限於篇幅，只以水平多角化為例，這至少有二個決策。

國內與國際化決策：即進軍海外市場。

通路決策：包括商店與網路商店。

2. 成長速度

成長速度快慢標準有：

中標：這是行業（平均）成長率，例如便利商店業 5%。

低標：這是以全國經濟成長率（例如 2.5%）為比較標準。

3. 成長方式

成長方式只有二種方式。

- 內部成長：主要有三種方式：自營、合資（本公司占控制股權）、連鎖經營中的委託加盟（類似內部創業）。
- 外部成長：主要有四，收購與合併、授權經營、合資（本公司占少數股權）、連鎖自願加盟情況。

表 11-7　公司的展店策略

市場結構		展店都市涵蓋範圍			展店速度			展店方式		
		50%以上	80%	100%	慢	中	快	自願加盟	志願加盟	自營
獨占	龍頭			✓			✓		✓為輔	✓為主
	其他	✓	✓		✓	✓		✓		
寡占	一哥			✓			✓		✓	
	二哥		✓	✓		✓	✓	✓		✓
	三哥以外	✓市場跟隨者			✓			✓		
獨占性競爭		✓				✓		✓		
完全競爭		✓				✓		✓		

® 伍忠賢，2022 年 5 月 24 日。

11-9 展店策略決策 V：成長速度與風險管理

一年開展幾家新店的決策，取決於公司所處行業的經營風險（主要是商店飽和程度）、財務資源。自營開店須砸錢租房子、裝潢與設備，這取決於公司財務資源是否足夠支撐？本單元說明。

一、就近取譬

1. 公司營運資金政策

在大二《財務管理》書中有一單元討論公司營運資金政策，一般是以速動比率來衡量，詳見表 11-8 中第二欄。像 2023 年臺灣的台積電，速動比率 1.9 倍，要還 1 元流動負債，有 1.9 元速動資產撐著，完全不用擔心錢不夠，須向銀行週轉。但速動資產過多的缺點在於「資金」低度利用，因活期存款利率約 0.33%，一年期定期存款 1.4%，皆很低。以個人股票投資來說，股票價格起伏太大，以公司經營來說，即經營風險太大，財務風險即降到可控制甚至 0，以「0」來說，便是不融資（借錢）買股票，靠閒錢，縱使股票被套牢半年，也不用怕被銀行斷頭。

二、展店速度政策

同樣的，公司在展店速度的快慢也可區分爲「積極」、「中性」、「穩健」三程度，其好處（營運）、風險（財務風險）詳見表 11-8。

1. 只有適不適合，沒有什麼「優點」、「缺點」

大部分書以「優點」、「缺點」來形容各替代方案，本書不如此，以「積極」展店速度來說，當公司財務雄厚（主要是股票上市），像星巴克一年全球開 2000 家店，縱使一年不賺錢，星巴克淨利、資本公積都扛得住，即俗稱「口袋很深」。瑞幸咖啡在中國大陸展店速度也快。

2. 沒錢就沒膽

像英國咖世家（Costa Coffee）1971 年成立，但股票未上市，子彈不夠，沒能力豪邁展店，在中國大陸約 400 家店，2020 年市占率 2.3%，星巴克 36.4%。

表 11-8 以營運資金政策比喻展店速度

分類	公司速動比率	個人股票投資	開店：以一大城市為例	營運	財務風險高低	代表公司	
						服飾	餐飲
積極	0.8	融資比率50%（以上）	幾乎同時，在幾個超級、一線商圈開新店	跑馬插旗占地	最高，可能擴張「過度」而財力不繼	日本迅銷公司旗下優衣庫	麥當勞
中性	1	融資比率 10～40%	每個商圈第一家店損益兩平，再開下一家店	打帶跑	中	西班牙佐拉	肯德基
穩健	1.3	0 融資	每個商圈第一家店「獲利」6 個月後，再開下家店	太過保守，以致市場被占	低	美國蓋普	其他

11-10 一國各地區開店順序

一、由上到下的開店策略

套用「由上往下」的投資組合、預算編製，展店的佈局也是由大到小。

一、展店順位理論

如同財務管理中，針對公司募資有學者主張「融資順位理論」(pecking order theory)，英文字源自於雞有順序啄玉米，同樣的現象也出現在零售公司展店順序，可稱之爲展店順位理論 (location pecking order theory)。由實務歸納出圖 11-2 的結構，一般來說（尤其是市場領導者、跟隨者），大抵採取下列展店佈局。首先依 X 軸（即地理地區）把臺灣分成三線地區。

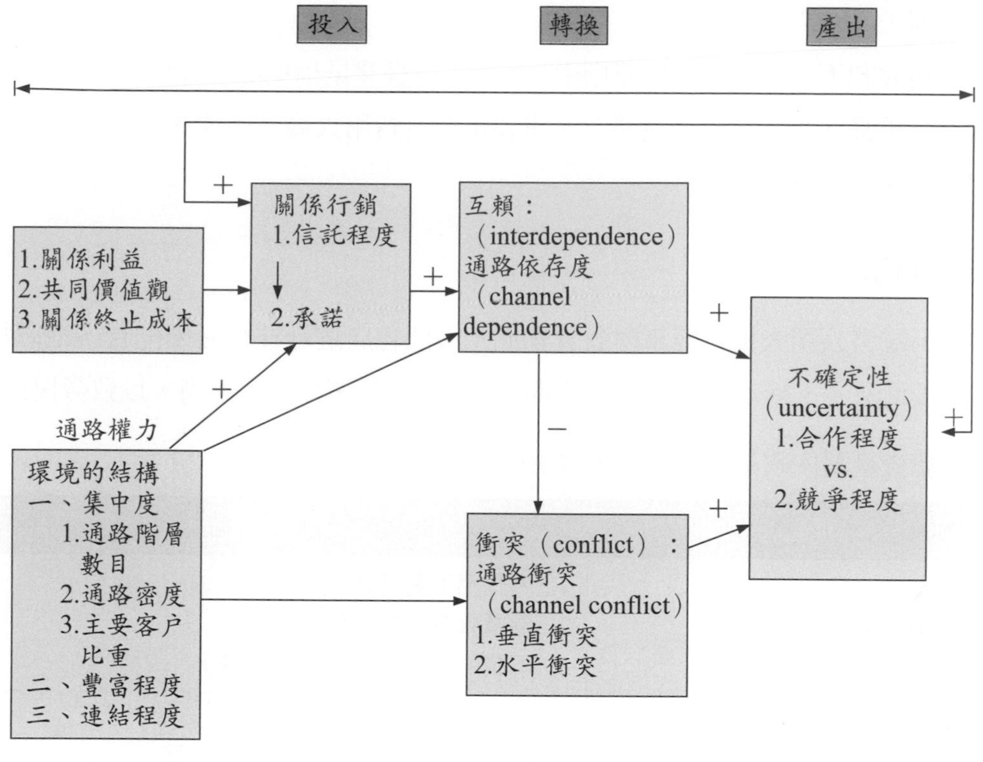

圖 11-2　展店順位理論與本章架構

1. 一線地區

先占一線地區，在臺灣是指北部，尤其是指大臺北（即雙北市），臺灣六成消費力集中於此處。

在北部，展店順位則依 Y 軸（即區域內的地段）的順序來展店，由上到下先挑市中心（downtown，或商業區，俗稱鬧區），快開滿了，再往住商混合區去開店，最後再往住宅區去開店。

縱使在同一地段，展店也有順序，即先挑大馬路十字路口、三角窗的 A 級店，接著再開 B 級店，最後「沒魚蝦嘛好」的開 C 級店，這是採取「ABC 管理」，依店「地點」好壞把店址分級。

便利商店中的萊爾富集中在北部，稱爲「深耕」展店策略。

2. 二線地區

行有餘力，則往中部進軍，萊爾富可說 2002 年才做到此。

3. 三線地區

第三爲再收割下一級（80：20 原則中）市場，在臺灣是指東部（宜蘭、花蓮、臺東），最後才是外島（先澎湖、後金馬），主要是物流費用太高了；能做到這一步驟的也只有財大的統一超商和全家。

二、考慮物流路線時

物流，零售公司大抵自備車隊負責物流，因此各店選址往往必須配合各地區物流中心，以免孤軍深入，補給線太長，不是補給不足，便是運輸費用太高，以致勞民傷財。

三步驟查臺灣內政部地政司「房價所得比」：

期間	步驟
當期分析：「房價所得比」	1. 內政部不動產資訊平台 2. 房價負擔能力統計 3. 下載所需年度統計表（PDF）
趨勢分析	1. 內政部不動產資訊平台 2. 價格指標 3. 房價所得比

11-11 戰術層級：城市內展店順序決策

動物挑棲息地，一定先爭資源豐富的，草食動物挑草、樹、水，肉食動物則跟著獵物（草食動物）移動，肉食動物常常爲了爭奪好地盤，會大打出手，同類也相殘，這是國家地理頻道「動物王國」、動物星球很喜歡作的題目。

同樣的，零售公司在一個城市開店順序也是一樣，套用房地產業「蛋黃，蛋白，蛋殼」觀念，本單元以臺灣的臺北市爲例。

一、跨城市的營業地區

以一家商店的立場來看，顧客的地理範圍便是營業地區（business district）；其營業區域像洋蔥一樣，由內到外分成三層。迪士尼度假區也如此。

1. 主要營業地區，占營收七成

101 購物中心的主要營業地區（primary business district）恰巧就是信義威秀商圈，當初主要就是看準此商圈龐大人潮所帶來的消費力，才會在此設點。

公司的策略主要先看商圈間的競爭，接下來再探討店與店之間的競爭。例如跟信義商圈肉搏戰的便是頂好商圈（俗稱東門町），一樣是以上班族爲顧客，而且都延著北市捷運板南線，只有 4 分鐘車程距離罷了，2014 年 11 月加上松山新店線助陣。

2. 次要營業地區，占營收二成

主要營業地區外一層便是次要營業地區（secondary business district），例如整個臺北市，或至少頂好商圈。

3. 邊緣營業地區，占營收一成

新北市顧客偶一爲之，去世貿中心看展時，順便到 101 購物中心「逛街」（光看不提袋），這些顧客約只占營收一成，所以新北市可說是邊緣營業地區（fringe business district）。

4. 當商圈小於商店營業地區時

大型商店（主要是百貨公司、購物中心）不只是做所在商圈內顧客的生意，還要賺商圈外顧客的錢，因此此時商店營業地區大於商圈，我們以臺北市 101 購物中心來舉例，詳見圖 11-3。

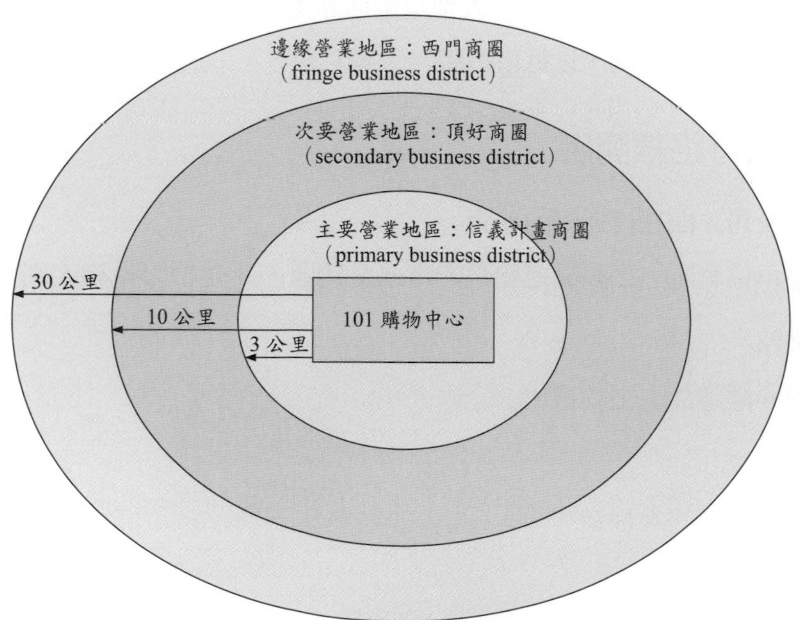

圖 11-3 以同心圓方式說明營業地區範圍

二、城市內展店順序

由表 11-11 可見，臺北市是個長方型的都市，分成 12 個行政區，依新屋每坪房價恰巧三區各有 4 個行政區。

1. 蛋黃區：4 區（新屋房價 100 萬元／坪以上）

一般蛋黃區大都在都市中央，這是當初都市發展時最好的地點，大都是水陸交通要道，有交通之便，中正區有鐵路（含高鐵）、捷運、公車；松山區有松山機場，有一線商圈。

2. 蛋白區：4 區（新屋房價 80 ～ 100 萬元／坪）

包在中央商業區之外的便是蛋白區，二、三線商圈在此。

3. 蛋殼區：4 區（新屋房價 60 ～ 80 萬元／坪）

蛋殼區恰如其名，即臺北市外圍 4 區，一般只有四線商圈。

4. 在日本稱爲甜甜圈形狀

1960 年代，許多日本百貨公司沿著鐵道開設，後來交通系統發達，城市朝向郊區，以甜甜圈狀向外爲擴散，促成 1970 年代大型店興起，西友、伊藤榮堂、佳仕客及一些大型家電器專賣店等，都是當時開始發展的。

5. 以都市一、二、三、四環來說

臺灣、中國大陸零售業設店順序也差不多，例如北京由一環（第一環道）、二環、三環道，持續向城市外圍擴張開發，大型量販店家樂福、頂新的樂購量販店等隨著城市開發腳步，落腳都市外圍，以低價取勝，大賺其錢。

三、依顧客旅行路線開店

1. 大店（百貨公司）開在捷運線的站旁

百貨公司停車位有限，必須靠運輸量的重運量捷運，才能帶來足夠人潮。

2. 中店在主道路

這主要是指 6 線道以上主幹道。

3. 小店在次道路

這主要是指 4 線道的次幹道。

表 11-9 都市展店順序：以臺灣臺北市為例

重要程度	執行人員	行政區	1 級區	2 級區	3 級區
50% 策略	開店經理	一、全市			
		北	松山	士林	北投
		東	信義	南港	內湖
		西	中正	大同	萬華
		南	大安	中山	文山
30% 戰術	開店組長	二、一個區	商業區型		
		1. 交通用語	一環	二環	三環
		2. 商圈	一級	二級	三級
		信義區	華納威秀商圈	夜市	吳興商圈
		大安區	東區商圈（忠孝）	永康商圈 公館商圈	師大夜市 景美夜市
20% 戰技	開店專員	三區內			
		1. 辦公區	主要街道	次要街道	三級以下
		2. 工業區	—	—	—
		3. 住宅區	主要街道	次要街道	三級以下
		4. 其他			

® 伍忠賢，2022 年 5 月 24 日。

11-12 戰技層級：城市內商圈分析

在一個都市內新開店，不考慮對手，主要開店順序是從一、二、三、四線商圈逐步開下去，先從肥田下手，一次到劣田，荒地就不用去了，本單元說明。

一、商圈定義

「商圈」（trade area 或 trading area）是指商業行爲爲目的，提供消費者跟店家交易的一個範圍、區域，小自數家店面的集結，大至數條街或甚至整個市鎮都能形成一個商圈，延伸此種概念，商圈就是提供人們經濟交易和日常生活的地區。

商圈最常見的說法便是市中心（down town，緣自紐約市下城區），如果再縮小便是像臺北市信義商圈、臺中市逢甲（大學）、高雄市大統商圈。

二、商圈的分類

伍忠賢（2022）商圈分類很簡單，只以產值（營收），詳見表 11-10 第一欄，這是隱含 Y 軸（營收），本處以 100 億元爲級距，這是爲了舉例。

本表以臺灣臺北市的大安區爲例。

1. 超級商圈：全臺只有一個

以全臺灣來說，超級商圈只有一個臺北市信義區信義威秀商圈，年營收 900 億元左右。

2. 一線商圈：年營收 500 ～ 700 億元

一線商圈一定有二家（以上）百貨公司，體量大，才能夠吸引人，大安區內的東區商圈有分爲二個商圈，其中之一是頂好商圈，這主要靠崇光百貨忠孝店、復興館撐著，此處有兩條捷運線交接，屬於交通轉運點。

3. 二線商圈：年營收 300 ～ 500 億元

這由東區商圈之二的明曜商圈，明曜百貨營業面積約 7000 坪，屬於小型商品力有限，主要靠 1 ～ 3 樓的優衣庫大店撐著，年營收約 15 億元，約只有 2022 年新光三越（臺中市）中港店 245 億元的 6%。

4. 三線商圈：年營收 100 ～ 300 億元

以永康商圈來說，主要靠觀光客（日本、中國大陸）撐著，商店特色是鼎泰豐、芒果冰（數家）、牛肉麵，其他相關店。

5. 四線商圈：年營收 100 億元

大安區的師大夜市，全臺一半夜市都靠大學生撐著，最有名的是臺中市的逢甲（大學）夜市、東海（大學）商圈。在臺北市士林區士林夜市。大學生消費能力有限，夜市主要是賣吃的、賣穿的。

三、商圈分析

開店找店面必須經由商圈分析 (trade area analysis)，充分掌握人口數、住宅種類、年齡層等商圈結構，並了解人與車通行量的動線狀況，完整評估後才能決定是否開店、店開在那裏。這有許多商業房地產、商場公司會提供幾乎所有資料，下段說明。

四、美澳的例子

在表 11-6 第四欄可見「術業有專攻」，有許多商圈、主要道路店面市調機構替你作了商圈分析，花錢便可取得。

1. 美國阿拉巴馬州首府蒙高馬利市

Jil 零售公司刊出在奧本區（Auburn）的某商場招租，區內有奧本大學（學生數約 3 萬人）。在網站上幾乎把表 11-6 中商店選址條件中資料都涵蓋了。

2. 澳大利亞雪梨市

直布羅陀房地產管理公司專攻雪梨市等商場。

3. 星巴克也須借助各省各市合作夥伴。

表 11-10　一線城市內商圈等級

<table>
<tr><th>商圈營收</th><th>行業</th><th>臺北市</th><th>常住人口</th><th>流動人口</th><th>說明</th></tr>
<tr><td>超級商圈
700 億元以上</td><td>百貨公司 10 家以上</td><td>信義區
信義威秀商圈，15 家</td><td>層次
1. 上班族
2. 豪宅居民</td><td>為主</td><td>捷運淡水信義線</td></tr>
<tr><td>一線商圈
500 ～ 700 億元</td><td>同上
百貨公司 40 ～ 9 家</td><td>大安區東區商圈之一：頂好商圈
崇光百貨忠孝店、復興館</td><td>同上</td><td>同上</td><td>捷運松山新店線</td></tr>
<tr><td>二線商圈
100 ～ 500 億元</td><td>百貨：1 ～ 3 家
大型專賣店</td><td>東區商圈之二：明曜商圈</td><td>同上</td><td>同上
交通集散區</td><td></td></tr>
<tr><td>三線商圈
100 ～ 300 億元</td><td>餐飲
中小型店</td><td>永康商圈</td><td></td><td>同上
觀光客
外地</td><td rowspan="2">捷運淡水信義線</td></tr>
<tr><td>四線商圈
100 億元以下</td><td>街面店攤</td><td>師大夜市</td><td>台師大學生</td><td>外區人口</td></tr>
</table>

® 伍忠賢，2022 年 5 月 24 日。

11-13 展店進軍新商圈的生命週期

在競爭策略方面，依零售公司市場地位（分爲四種）不同，在地區佈局方面有二種走向。本單元以臺灣臺北市 12 個行政區中的信義區中的信義威秀商圈爲例，此處號稱有 13 家百貨公司，營收億元，一個商圈的百貨公司營收 700 億元，超過六都（例如 2022 年臺中市百貨 790 億元）中的其他五都，只能用「超級」商圈形容。

一、臺北市信義計畫區

由中文維基百科「信義計畫區」可見，主要內容如下：

時：1980 年起

地：153 公頃

人：臺北市政府等政府單位

事：區內土地分區使用，A ～ E 區，其中百貨業在 A 區

地標：臺北 101 大樓，樓高 509 公尺，2004.12.1 ～ 2010.1.7，世界第一高樓。

地位：臺北市的首要「中心商業區」（CBD）。

交通：2013 年捷運信義線開通

二、產業生命週期架構

由表 11-11 第一欄可見，1950 年代的產品生命週期衍生出 1980 年代的產業生命週期（industry life cycle）。

三、創新擴散模型當架構

由表 11-11 第二列可見，套用 1962 年美國俄亥俄州立大學羅傑斯（Everett Rogers）的論文《創新擴散理論》（Innovations Diffusion theory），這是把之前 508 篇文獻彙總的結果。

四、產業導入期

市場創新者就先行者優勢產業在導入期，是否有機會「轉大人」，以及何時都是「賭博」。領導公司（market leader）往往先介入市場，可以挑於最多地方下網，因此大抵採取展店順位理論的做法。百貨業一哥新光三越在信義威秀商圈首先插旗，開出 A11 館。以下圍棋來說，先在棋盤右下方下第一子，享受「先行者優勢」（first-mover advantage），等到三年後，隨著市場由導入期。

五、產業導入階段，市場挑戰者緊貼創新者

市場挑戰者（market challenger）、利基者（market niche），有可能「寧爲雞首，不爲牛後」，先在市場領導者還沒有介入地方，先去插旗。由表 11-11 可見，2000 年 3 月，吸引力生活事業公司開了 Att for Fun。

六、產業成長初～末期——早期採用者、早期大衆到晚期大衆

市場跟隨者（market followers）則是「有樣學樣」，只要不招惹老大哥反擊就好了。

七、產業成長期，市場落後者

臺灣的第二大百貨公司遠東百貨公司，在信義計畫區的 A13 用地早已取得，因董事長徐旭東希望外觀、室內裝潢成爲臺北市「最時髦」的百貨店，拖了十餘年挑建築設計案，直到姚仁喜建築師的案子才收手。直到 2020 年 1 月 18 日才開幕遠百信義店。

表 11-11　介入新市場展店的創新擴散模型：臺北市信義區

產業生命週期	導入期	成長初期	成長中期	成長末期	成熟期
創新擴散模型	創新者	早期採用者	早期大衆	晚期大衆	落後者
英文	Innovator	Early adopters	Early majority	Late majority	Laggard
占比率	2.5%	13.5%	34%	34%	16%
時	1996～2000年	2001 ～ 2005年	2006 ～ 2010年	2011 ～ 2015年	2016 年以後
三大百貨公司	新光三越 1997 年 11 月 8 日 信義天地 A11 館 (10622)	A4、8、9 館 (9655，13369，10622)	2006 年 1 月 1 日誠品書店信義店 7500 坪，2023 年 12 月被收回	—	2020 年 1 月 19 日遠東百貨信義店 (A13)，14000 坪
其他	2000 年 3 月 ATT for Fun，13500 坪，2016 營收 50 億元	2003 年 3 月 14 日：101 購物中心，23000 坪	1. 2009 年 9 月 20 日寶麗廣場，10000 坪 2. 2010 年 10 月 7 日統一時代百貨，8000 坪	微風廣場 1. 2014 年 10 月 24 日松高店 (A10)，3800 坪 2. 2015 年 11 月 5 日信義店 (A3)，9000 坪	2019 年 1 月 10 日微風南山店，16200 坪 2023 年新光三越旗下鑽石塔，4400 坪

® 伍忠賢，2022 年 5 月 24 日。註：不討論 NEO 19。

11-14 展店的戰術決策：地段選擇

選店是科學，只要所須數字資料夠，用電腦系統（其中人工智慧）也可挑店，2011年美國職棒電影《魔球》（Money Ball）便是這觀念，因此本單元討論量表。

一、伍忠賢 (2022) 店址選擇量表

每個開店專員都有許多店源，往往是商業房地產公司、房東提供的，每個點的立地條件、房租都不同。伍忠賢 (2022) 店址吸引力量表 (store site attractiveness scale)，綜合考量三大因素，詳見表 11-12。其中占 50% 的人潮太重要，在單元 11-15 中說明。

二、占 30% 因素：競爭因素

一個棲息地，可以允許許多獅子、豹生存，重點在於「是否店太多」（overstore），這可由兩項來估計。

1. 粗估

例如一個社區（像我住的新北市新店區臺北小城社區）人數 3,000 人，一家便利商店須 1,730 人才養得起。台北小城最多時有 2 家便利商店，後來有家 C 咖店不支倒地，只剩全家。

2. 細估

由於店有大中小之分，所以還要看營業面積。

3. 市場三哥以下

C 咖，大抵不會跟 A、B 咖硬碰硬。

三、占 20% 因素：財務可行性

房租依各行各業而不同，例如星巴克在北京市的店房租占營收比率近 20%，因星巴克毛利夠，還是付得起。

表 11-12　店址量表：以美國星巴克為例

		分類／項目	1	5	10	A 店	B 店
市場可行性占 50%	人口數	常住人口（萬人）	5	9	14	8	6
		流動人口	1	5	10	8	6
	家庭所得（萬美元）		4	7	12	8	6
	消費水準					8	6
	交通	捷運站（出口）	300 公尺	100 公尺	10 公尺		
		公車（路線）	1	5	10		
		汽車輛	2,000	2,500	3,000		
競爭狀態占 30%	商店飽和程度		100%	50%	10%	16	24
房租占營收比占 20%			10%	5%	1%	6	12
小計						62	66

® 伍忠賢，2022 年 5 月 23、25 日。

11-15　市場可行性

商店經營很像釣魚，地點選得對（近魚場），魚就一條條上；反之則可能釣一整天，也只有小魚兩三隻。可見，選對地點可說成功的一半。

一、商機是最主要考量因素

商機是展店的必要條件，有錢賺才能生存。

二、錢潮來自人潮

人潮分成兩類。

1. 常住人口

這大部分來自戶籍資料，各縣市的社會局、戶政局網站上都可查得到。

2. 流動人口

如同單元 11-12 中所說，流動人口的估計有外部資料來源，以星巴克店址來說，細到以目標點前 200 公尺的下列資料

每日車流量：

- 大眾交通工具的班次與人流量
- 流動人口性別：星巴克號稱七成顧客是女性。
- 活動人口所得：一般都是「人要衣裝」，由穿著去判斷所得水準，由外表去判斷年齡，星巴克主力客群 18 ～ 45 歲。

三、四種店所須人口數

由圖 11-4 可見，四種綜合零售業最低營業面積與所需顧客人數。

1. X 軸：最低營業面積

由 X 軸可見，大抵可用 30、200、4000 坪，把四種綜合零售業最低營業面積分界。要有一定面積才能裝下一定種類商品，才足以服務顧客。

2. Y 軸：最低顧客人數

一般人平均 2.77 天去一次便利商店、46 天去一次超市、7 天去一趟量販店，一個月去一趟百貨公司，因此各綜合商店，可從客單價去反推所須顧客人數，由到大小如下：百貨公司 30 萬人，量販店 10 萬人，超市 5 萬人，便利商店 2,100 人。

(1) 地理地區

以新光三越臺中市中港店爲例，鑑於消費者旅行的習性，一般來講不會超過 15 公里，所以其地理地區不會超過臺中市。

(2) 經濟地區

百貨公司在消費價位上屬於金字塔較高部分，所以這部分可說是目標市場。雖然透過網路交易等方式可以延伸地理涵蓋地區，換另一個角度看，百貨公司的對外商業部（簡稱外商）、型錄行銷、網路行銷和電視購物，皆可單獨視爲一個市場，單獨估計其市場潛量，因爲這些業務不必然得依附在百貨公司的硬體結構下才可以。

英文的商業地區、商圈跟臺灣的用詞習慣正好相反，所以我們採取美國學者的用詞。

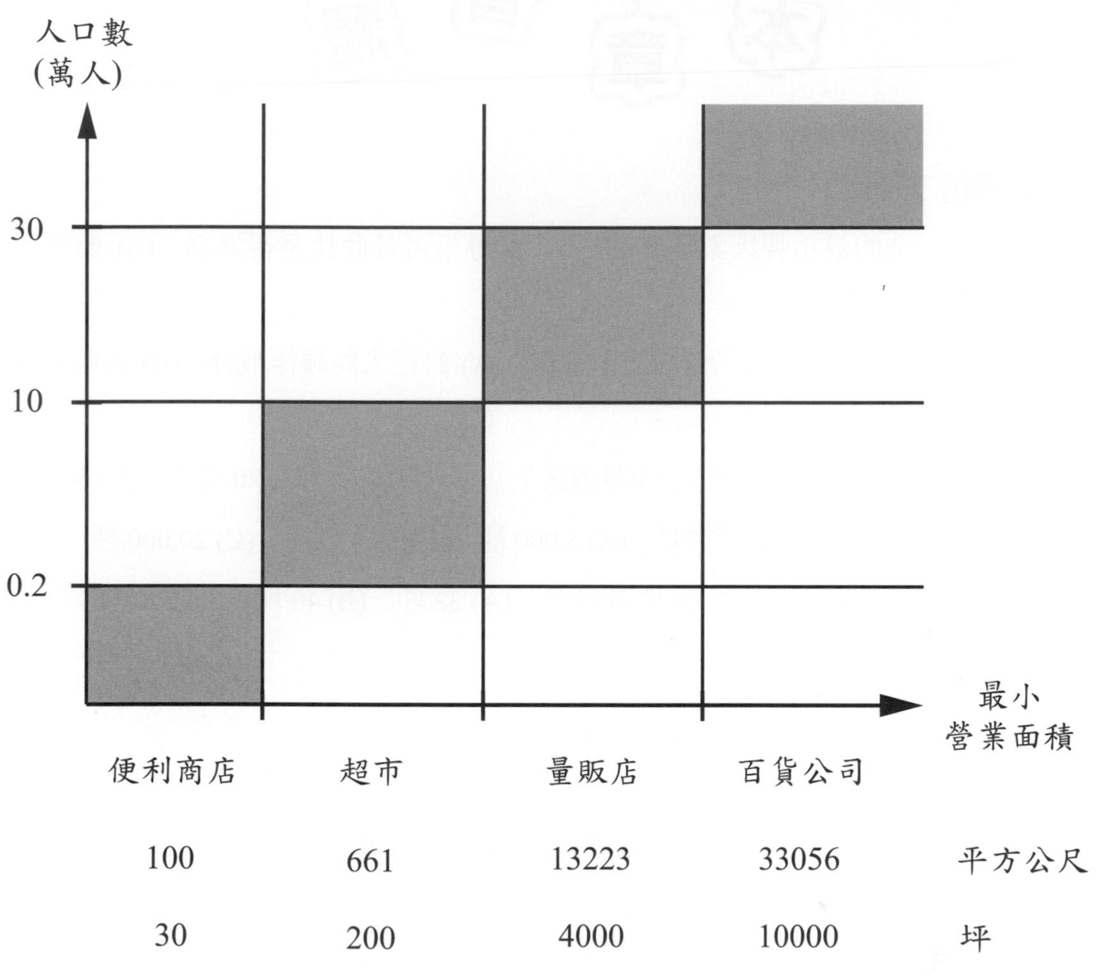

圖 11-4 各零售業顧客人數門檻

一、選擇題

(　) 1. 考慮店址的最重要因素是什麼？　(A) 房租占營收比是否過高　(B) 競爭程度　(C) 店的位置

(　) 2. 開新店時，決策依據的資料來源應爲　(A) 自己人踩線作市調　(B) 電腦資訊系統　(C) 其他公司分析

(　) 3. 多少居民等才足以「養」一家量販店？　(A) 10 萬人　(B) 20 萬人　(C) 30 萬人

(　) 4. 百貨公司營業面積最好需要　(A) 8,000 坪　(B) 10,000 坪　(C) 20,000 坪

(　) 5. 一般便利商店營業面積大約爲幾坪？　(A) 32 坪　(B) 40 坪　(C) 80 坪

二、問答題

1. 你同意「營業地區保障」這個觀念嗎？
2. 以一個商店爲例說明圖 11-4。
3. 以一家加盟體系爲例，具體說明加盟連鎖體系成功步驟。

Note

Chapter

12

量販店經營管理：行銷、組織與人資管理

好市多靠低價與積極服務的員工全球稱王

你去過好市多嗎？好市多每間店平均 4,000 坪營業空間，商品品項約 4,000 項，比家樂福等少很多。雖然 1997 年才來臺，比 1989 年來臺的家樂福晚 8 年，但在 2018 年營收超越家樂福，14 家店打贏 67 家店；在美國，好市多營收在零售業中排第四，2022 年度（2021.9 ～ 2022.8）營收 2,270 億美元，比臺灣營收第一鴻海精密 6.627 兆元（2163 億美元）高 4.95%；2019 年 8 月 27 日起，好市多在中國大陸上海市開第一家店，2020 年 12 月 8 日，江蘇省蘇州市開第二店，每次開幕都造成轟動。

看似簡單的量販店，會員每年還須繳年費，為何好市多在美國股價近 540 美元、本益比 40 倍？

本單元從對外（顧客、對手山姆俱樂部）的行銷組合，以及對內（員工）的組織管理（組織結構、領導型態與薪資）兩大角度切入。看似簡單的問題，卻有複雜的答案。

12-1 量販店與倉儲式量販店興起的人口經濟條件

臺灣的量販店二大（好市多 14 店、家樂福 67 店，營收 700 億元以上）、二小（全聯實業公司旗下大潤發 20 家店、愛買 15 家店，營收 200 億元），以長期來說，以後將只剩下 2 家。本文以美國好市多（Costco）爲主要數據說明在美國如獨占鰲頭。

民初的作者梁啓超在『李鴻章傳』書中的名言：「英雄造時勢，時勢亦造英雄」中，其中「時勢造英雄」貼切說明「每個零售業業態，皆反映著時代環境」。本單元說明兩種量販店的時代背景，詳見表 12-1。

表 12-1　量販店、倉儲式量販店興起的時空背景

項目		1946 ～ 1965 年	1974 ～ 1985 年
經濟狀況	全球人口	1950 年 25 億人到 1965 年 33.3 億人	1974 年 40 億人，1985 年 48.3 億人
	經濟	戰後經濟復甦，全球經濟成長率 6% 以上	2 次石油危機，1985 年物價上漲率 1.1%，失業率 6.6%
零售業業態		(一) 量販店：法國 1. 1958 年 1 月 1 日法國家樂福（Carrefour） 2. 1961 年法國歐尚集團（Auchan） (二) 折價超市：美國 1. 1962 年 7 月 2 日沃爾瑪（Wal-Mart） 2. 1962 年凱瑪（Kmart）	倉儲式量販店：美國 3 家 1. 1983 年 山姆俱樂部、好市多 2. 1984 年 BJ 倉儲俱樂部

一、戰後嬰兒潮引發法國量販業興起

1945 年 8 月，二次世界大戰結束，軍人返鄉，結婚、生子，造就各國嬰兒潮（1946 ～ 1964 年），全球人口大幅增加。

1. 1950 年 25.25 億人、1965 年 33.3 億人

由於全球人口統計大抵起自 1950 年，以 1950 到 1965 年來說，人口增加 8 億人，成長 32%，平均成長率 2.125%。

2. 大家庭是特徵

此時，許多歐美國家的年輕夫妻普遍生 4 個子女，家庭人口數 6 人以上，許多三代同堂，人口數更多。

3. 法國 2 家大量販店興起

法國有 2 家量販店，美國則是像沃爾瑪、目標、凱瑪的折價商店。

二、1973 ～ 1982 年兩次石油危機，引發美國倉儲式量販業興起

兩次石油危機（第一次 1973 ～ 1974 年、第二次 1978 年 12 月 26 日迄 1980 年），使得全球經濟惡化，美國是第一大經濟國，受傷更嚴重。

1. 兩次石油危機對美國經濟的衝擊

由表 12-2 可見，美國經濟嚴重惡化，分成三方面說明。

表 12-2　1970 年代兩次石油危機對美國經濟的衝擊

項目 / 年		1973	1974	1975	1976	1977	1978	1979	1980	1981	1982
人口數（億人）		2.12	2.14	2.16	2.18	2.2	2.226	2.25	2.277	2.3	2.32
經濟	(1) 人均總產值（美元）	6,740	7,241	7,820	8,609	9,469	10,585	11,693	12,570	13,960	14,400
	(2) 經濟成長率 (%)	5.6	0.5	0.2	5.4	4.6	5.6	3.2	0.2	2.6	1.9
	(3) 失業率 (%)	4.9	7.2	8.2	7.8	6.4	6	6	7.2	8.5	10.8
	(4) 物價上漲率 (%)	8.7	12.3	6.9	4.9	6.7	9	13.3	12.5	8.9	7.8
	(5) = (3) + (4) 生活痛苦指數 (%)	13.6	19.5	15.1	12.7	13.1	15	19.3	19.7	17.4	14.6

資料來源：整理自 the balance（註：Dotdash 出公司旗下），US Economy: Unemployment Rate by Year Since 1927 Compared Inflation and GDP

(1) 經濟成長率：1962 ～ 1969 年約 4.5%，但 1974 ～ 1982 年有 4 年衰退；

(2) 消費者物價上漲率：1971 ～ 1972 年約 3.3%，1973 ～ 1981 年約 9%；

(3) 失業率：1973 年 4.9%，1974 ～ 1984 年約 8%

簡單的說，美國發生「停滯性物價上漲」（stagflation），這跟 1929 ～ 1933 年大蕭條不同，以 1932 年爲例，經濟成長率－ 12.9%、失業率 23.6%、物價下跌 10.3%。

(4) 生活痛苦指數

約 1975 年，美國經濟學者奧肯（Arthur Okun，1928 ～ 1980）提出「生活痛苦指數」（life misery index），由表 12-2 可見，便是把失業率加物價上漲率而得。一般情況，應小於 10%，以 1971 年來說，失業率 6%、物價上漲率 3.3%，小計 9.3%。

1973 年物價上漲率 8.7% + 失業率 4.9% = 生活痛苦指數 13.6%

2. 消費趨勢

全民普遍「勒緊腰帶過日子」，想方設法能省則省，倉儲式量販店比量販店價格更低，大爲流行。

「倉儲批發」量販店（warehouse club retailer）

1. 倉儲：在賣場中，下層貨架是商品貨架，上層貨架是倉儲貨架，方便店員補貨。
2. 批發：以蘋果為例，一盒 10 粒，零售價 369 元，大部分商品都是整袋包賣。商品項約 4,000 項，項目少、零售整包，因此可以有進貨數量折扣，藉此以降低零售價。
3. 商品特色：美國商品。
4. 業態：美國把量販業歸在超市業，中國大陸稱為量販式超市。

12-2 SWOT 分析

一、商機

以美國超市的市場規模來說，每年（以 2022 年來說）12 月 10 日，市調機構澳大利亞墨爾本市的宜必思世界公司（IBIS World）出版下列報告：

Supermarkets and grocery stores in the U.S.：market size：2023～2028年。2021年約7,832億美元、2022年8,484億美元，成長率約8.3%，是經濟成長率的3.3倍。

二、市場結構：好市多壟斷

由美國紐約CFRA研究公司數字來看，倉儲式量販業的結構如表12-3。

1. 好市多市占率62%

2016年以前，好市多營收一直是美國第二大零售公司，2017年被亞馬遜公司超越。

2. 山姆俱樂部市占率31%

山姆俱樂部營收占沃爾瑪合併營收13.74%。不考慮「坪」效情況，山姆俱樂部2家店營收等於好市多一家店營收。受好市多、亞馬遜公司雙重打擊，2018年1月11日沃爾瑪公司宣布山姆俱樂部將閉店43家，裁員7510人（平均1家店雇用150位）。

3. BJ倉儲俱樂部控股市占率7%

BJ倉儲俱樂部公司（BJ's warehouse club holdings, Inc）位於麻州，店數215家，主要位於美國東岸，公司股票上市，2023年度（2月～翌年1月）營收預估193億美元、淨利5.13億美元、每股淨利3.76美元，會員年費有55與110美元2級，會員人數500萬人，現金回饋率2%。

表12-3　美國三家會員制倉儲式量販店公司簡介：2022年

項目	山姆西方公司	好市多倉儲	BJ倉儲俱樂部控股
1. 成立時間	1983.4.7	1983.9.15	1984年
2. 住址	阿肯色州本拉維爾（Bentonville）市，跟母公司沃爾瑪一起	華盛頓州伊瑟闊鎮（Issaquah）	麻州維斯特伯魯鎮（Westborough）
3. 公司名稱來源	沃爾瑪創辦人山姆．沃爾頓的山姆	Costco拆成2個字 cost成本 co公司	公司第二任總裁Mervyn Weich女兒名，中間名（Beverly Jean）的縮寫
4. 創辦人	山姆．沃爾頓	辛尼格二人	Max & Morris Feldberg兄弟
出生地	奧克拉荷馬州	賓州匹茲堡市	1919年在麻州波士頓市創業

（續）表 12-3　美國三家會員制倉儲式量販店公司簡介：2022 年

項目	山姆西方公司	好市多倉儲	BJ 倉儲俱樂部控股
大學	密蘇里州	加州大學聖地牙哥分校	—
5. 公司股票上市	未上市，母公司沃爾瑪股票上市	在那斯達克股市上市	2018 年 6 月在紐約交易所上市，母公司為 Leonard Green & Partners
6. 店數	600	847	247
(1) 美國	600	583	247（東岸 17 州）
(2) 國外	—	264	—
7. 員工數（萬人）	10	30.4	3.4

三、美國三大零售公司市占率預測

時：2022 年 5 月

地：美國紐約州紐約市

人：Edge by Ascential 公司

事：發表（2022 US Retail Landscape and go-to-Market Planning Report）

表 12-4 是本書所作，沃爾瑪下降，亞馬遜、好市多上升；表中三家公司 2026 年度營收來自 Stock Forecast.com。

表 12-4　2022、2026 年度美國三大零售公司市占率

年	2022 年度		2026 年度（預測）	
單位	兆美元	%	兆美元	%
產值	7.1	100	7.9	100
沃爾瑪	0.5727	8.07	0.685	8.67
亞馬遜	0.514	7.24	0.617	7.8
好市多	0.227	3.2	0.291	3.68

12-3　美國倉儲式量販店關鍵成功因素

許多國家有許多人在研究好市多的行銷策略、經營績效，由於好市多強調的商品特色是美國貨，基於「西瓜跟西瓜比，橘子跟橘子」的考量，我們以美國三家倉儲式量販店來比較。一開始我們拉個全景，從「天時、地利、人和」三方面依序來看三家倉儲式量販店的關鍵成功因素，好市多贏在「地利與人和」，詳見表 12-6。

一、天時：起跑點是公平的

由表 12-5 可見三家量販店成立時間皆在 1983 年、1984 年，所以沒有誰有「先行者優勢」（first mover advantage）。

1. 山姆西方公司（Sam West Co.）

沃爾瑪創辦人山姆．沃爾瑪是中西部人，出生在奧克拉荷馬州，到東北邊的鄰州密蘇里州唸大學，1963 年創立沃爾瑪時，選在東邊鄰州阿肯色州。1983 年，設立山姆俱樂部公司時，第一家開在自己的家鄉奧克拉荷馬州。美國中西部大都是農業州，人均總產值低，人們消費較注重商品價位，所以很適合沃爾瑪、山姆俱樂部（品牌名稱）等「拚價格低」的折價商店。

2. 好市多

好市多董事長（2012 年元月卸任）辛尼格（James D. Sinegal）在加州聖地牙哥唸大學，畢業後留在當地折扣量販店 Fed Mart，這是普萊斯（Sol Price）1954 年創辦的，1976 年成立 Price Club。辛尼格 1995 年加入公司，一路晉升到副總裁。1979 ～ 1983 年，辛尼格創業，專營商品代理、經銷，是批發公司。

辛尼格大學畢業後都在加州，所以開了好市多後，也選在美國西部，只是公司住址設在華盛頓州金郡的伊瑟闊鎮（Issaquah）。這是另一位創辦人的出生州。

3. BJ 俱樂部

BJ 俱樂部是澤雷（Zayre）公司的子公司，這是兩兄弟 1919 年在麻州波士頓市創立的，1984 年成立 BJ 批發俱樂部後，公司住址設在波士頓市西邊的大學鎮韋斯特伯魯鎮。

二、海外營收、淨利不重要

在分析地點力對公司經營績效的影響時，須考慮國外子公司的影響，由於三家公司中只有好市多詳細公布其各區域的經營狀況，由表 12-5 可見，好市多的北美（加美）營收占 86.78%，而臺灣 14 家好市多，單店營收看似很大，但店數少，占好市多合併營收 1.7%。

表 12-5　好市多、山姆俱樂部店數的國家分布

項目	好市多	員工人數（萬人）	營收	山姆俱樂部
時	2022 年度	30.4	2,270	2023C 度
店	847	—	—	840
一、北美占 81.5%		25.2	1969.75	
美	583	20.2	1653	100%
加	107	5	316.75	—
二、北美以外占 18.5%		5.2	300	
歐洲	英 29%、法 2%	—	—	—
亞太	日 31%、韓 18%、臺灣 14%	—	—	—

三、地利：第一大關鍵成功因素，地點力

俗語說：「站對山頭，贏過拳頭」，挑對良田，隨便種就豐收，選到劣田，努力耕種，收穫不多。但美國太大了，針對公司創業時地點、開店店址的選擇，經常跟公司創辦人出生地、唸大學、工作地有密切的地緣關係，往往對這些地方比較熟悉，可以說是其舒適圈。

對創業地區的選擇，往往涉及公司創辦人的「地緣關係」。

「西瓜要跟西瓜比，橘子要跟橘子比」，這句俚語貼切說明同類相比才有意義，所以要分析好市多的行銷策略、經營績效，必須在美國跟美國的同業相比，此時賣的商品都是美國貨。

表 12-6　好市多成為倉儲式量販店霸主的關鍵成功因素

項目	山姆俱樂部	好市多	BJ
1. 地區選擇：俗稱地利	主要是延續創辦人山姆．沃爾頓「以鄉村包圍城市」的想法 敗	基本上是美國西部為主，加州占營收 31% 勝	主要在美國東部 中
2. 總產值	以第一家店為例，位於美國中南部的奧克拉荷馬州中西市（Midwest city）	以加州為例，由於有矽谷，所以 2022 年總產值 3.6 兆美元，占美國 14.14%。以全球來說，加州總產值超過英國，是全球第 5 大經濟「體」。	三大州占 45% 紐約州占 19% 佛州 14% 麻州 12%
3. 土地面積	全美第 20 大，該州的地利之便在於美國本土 48 州的地理中心附近	加州是美國第 3 大州，次於阿拉斯加、德州	東海岸 15 個州
4. 人口數	奧克拉荷馬州人口數 400 萬人，全美排 27 名	美國第 1 名 因天氣好、就業機會多，亞洲移民第一站，3918 萬人，占美國人口 14.69%	東海岸 1.18 億人占美國人口 3.35 億人的 35.21%

圖 12-1　美國好市多與山姆俱樂部、BJ 的地區分布

1. 山姆俱樂部

山姆俱樂部有個富爸爸沃爾瑪，但或許基於分工考量，山姆俱樂部 1984 ～ 2005 年，市場定位以小公司爲主，直到 2016 年起，才努力衝刺家庭市場，詳見表 12-8。

2. 好市多懂變通

1983 年，好市多由辛尼格和博特曼（Jeffery H. Brotman）創立，創業沒多久，發現家庭也紛紛查詢是否可以成爲會員，便改變市場定位，通吃小公司、家庭兩客群，詳見 12-7。

公司、家庭買的商品品類、品項、品牌皆不同，另外「服務」類項目需求也不同。2018 年時，較難跟 1984 年時的貨架比較。所幸，好市多、山姆俱樂部都有「公司中心」（business center），可以比較跟一般店差別，詳見表 12-7。

表 12-7　好市多會員種類結構

年費	卡別	2019 年會員數（億）	%
120 美元	執行卡（executive）	0.985	100
60 美元	金星卡（Gold Star）	0.429	43.55
	商業卡（Business）	0.11	11.17
60 美元	家庭卡（household）	0.446	45.28

12-4　好市多關鍵成功因素：行銷策略之市場定位

一、市調機構

美國伊利諾州芝加哥市消費者調查公司 Numerator（成立於 1990 年，員工 2400 人）對美國大公司的目標市場進行調查，但外界須購買其調查報告。

二、目標市場

由表 12-8 可見好市多與山姆俱樂部的目標市場。

表 12-8　好市多與山姆俱樂部目標市場

四個變數	好市多	山姆俱樂部	沃爾瑪 *	目標
一、地理				
1. 地區	美國西岸		東部、南部	
2. 城鄉	大都市、郊區	市區，有 25% 在沃爾瑪店旁	郊區	
二、人文				
1. 性別	女性（已婚）	—	女性	女性（已婚）
2. 種族	(1) 亞洲裔 (2) 西班牙裔 (3) 白人	下列來自 2018 年 Statista 公司的全球消費者調查	✓	
3. 年齡（歲）	(1) 35 ～ 44 歲 (2) 65 歲以上 (3) 霸榮刊物平均 43 歲	(1) 30 ～ 49 歲 29.6% (2) 18 ～ 29 歲 23.69% (3) 50 ～ 64 歲 17.23%	59 歲	Y 世代 32 ～ 42 歲
4. 教育水準	大學以上			
5. 年所得（萬美元）	(1) 12.5 (2) 10 ～ 12 (3) 摩根士丹利證券公司調查 9.3	(1) 75 ～ (2) 10 ～ 12.5	6，占 65% 以上	8
三、心理			網購，25 ～ 35 歲占 45%	
四、行為（平均次）	1. 一年買 23 次 2. 每次 114 美元、9 項商品			一年買 21 次

* 資料來源：start.io，Walmart target market analysis，2022 年 3 月 21 日。

12-5 好市多與山姆俱樂部行銷組合比較

「市場定位」仍只是行銷策略中的規劃階段，行銷組合則是行銷策略的「執行」階段，四項行銷組合環環相扣。

一、資料來源

針對二家倉儲式量販店的行銷組合孰強孰弱，結果詳見表 12-10，資料來源如下。

1. 主流、公信力較強

美國消費者聯盟出版的「消費者報導」月刊（詳見小檔案）。

(1) 主要是 2018 年 3 月 6 日那期，Costco vs. Sam's Club，由 Jessica Tyler 寫的，發表在商業內幕（Business Insider）雜誌。

(2) 其次是 2017 年 6 月 3 日、2015 年 3 月 9 日那期，YouTube 2015 年 2 月 20 日有 2 分 23 秒的比較。

2. 非主流、公信力弱一些

(1) 時：2013 年 4 月 26 日

(2) 地：美國推特上 BBS：Retail;-Me-Not's The Road Deal。

「Retail Me Not」是美國專門搜尋商店點券（coupon）的網站。

(3) 人：Andrea Pyros

代表比較 3 家倉儲式量販店 36 項商品，好市多 15 項便宜、山姆俱樂部 13 項、BJ 8 項。但三家量販店價差極微，（本書更新）2022 年會員年費（membership fees）如下：山姆 50 美元、好市多金星會員 60 美元、BJ 110 美元，他得出的結論如下：離家最方便的量販店即可。

另外 2016 年 8 月 2 日，Lauren Greutman，比較 430 項商品，結果差不多。

1. 時：2018 年 1 月 15 日
2. 地：美國
3. 人：G.E. Miller
4. 事：山姆俱樂部與好市多比較：我們的評論：這篇文章是我見過所有相關文章中最完整、直白的。

二、好市多贏在行銷組合

2014 年 11 月初，電視新聞中的國際新聞時段，作了美國好市多幾個行銷組合，都跟同業背道而馳，爲何大發利市，詳見表 12-9。

表 12-9 好市多在行銷組合的成功之處

行銷組合	說明
商品策略	1. 商品只有 4000 樣，只有同業的 30%，以果醬來說，只有 6 項，同業有 20 樣以上，如此簡化顧客選擇，不會不知所措而棄置。 2. 大包裝（例如：六條牙膏），逼得顧客採取合購（跟鄰居親朋），營收也增加。
定價策略	美國每年會費 120 美元（臺灣 1,350 元）「逼」得會員想多消費，以把會員費「賺」回來，因此平均每位顧客消費金額是同業 3 倍。
促銷策略	幾乎不打廣告。
實體配置策略	店內各乾貨貨架不標示商品（例如：汽車商品），只標示「1」「2」等號碼，整個店像座迷宮，誘導顧客閒逛，買更多。

三、好市多幾乎樣樣贏

好市多的創辦人之一、首屆董事長辛尼格替好市多立下許多經營理念，許多落實在行銷組合中。「儘可能以最低價格提供會員高品質商品，爲了達到此目標，我們必須竭力降低所有的營運成本，把省下的錢回饋給會員。」

美國消費者報導雜誌（Consumer Report）小檔案

年：1936 年 1 月

住址：美國紐約州楊克斯市

人：消費者聯盟（Consumer Union）

事：每年花 250 萬美元，檢驗 5000 樣商品，包括新車和二手車。

出版「消費者報導」月刊

2016 個約有 700 萬位訂戶（380 萬戶紙本、320 萬戶數位訂戶）

表 12-10　美國好市多與山姆俱樂部行銷組合比較

行銷組合	好市多	山姆俱樂部
一、商品策略	*SKU：Stock Keeping Unit，庫存單位，細到品牌的顏色、尺寸	
(一)商品（SKU）	4,000 項，種類少，以集中向供貨公司要求數量折扣	沃爾瑪四種店型中的「超級中心」約 14,000 項 勝
(二)品類結構	2022 年報第 60 頁	
1. 食	食品（乾貨）38.45% (1) 新鮮食品 13.26%。主要是肉、水果、烘焙 (2) 零食（sundries）7%，主要是餅乾、糖果、酒、飲料	針對顧客對生鮮食品不滿意，山姆俱樂部退 2 倍售價 勝
2. 衣	◎衣服 * 化妝品 勝	左述 ◎合稱 soft line 商品，占 16%，主要是「衣」、「住」中床單等 * 合稱 hard line 商品，占 11%，主要是耐久品
3. 住	◎小型應用 * 大型應用 勝	—
4. 行	家庭改善 電子 健康	—
5. 育	輔助與其他 20.86% 藥房 配眼鏡 助聽器中心 勝	同左
6. 樂	旅遊中心 1 小時照像攤 加油站、換輪胎 飲食區（food court） 勝	同左，有飯店和租車折扣、郵輪旅遊折扣
7. 金融服務	跟金融公司合作，提供 貸款（房屋、汽車、遊艇） 貨物保險，主要是房屋、汽車 勝	少提供汽車貸款。
(三)品項	以果醬來說，6 種品牌	20 種品牌 勝

行銷組合	好市多	山姆俱樂部
(四)品牌		
1. 商店品牌	1995 年推出商店品牌「科克蘭招牌」（Kirkland Signature），好市多公司住址 1987 ～ 1995 年位於華盛頓州科克蘭市，所以用地名來命名；約占營收 20% 勝	(1) 馬克品牌 (2) silk 品牌 (3) Simply Right 但只有沃爾瑪有賣 Sam's Choice 或 Great Value 品牌
(五)商品品質	主要是女裝和童裝、首飾、眼鏡 勝	兩家量販店的電子商品品質相同 平
(六)退貨政策	退貨項目較廣，購後退貨天數時間較長 勝	退貨條件也很寬
二、定價策略		
1. 會員費率（2017 年 6 月 1 日起）	1. 頂級：稱為商業 (executive) 會員 120 美金（原 110 美金） 現金回饋率 2%，每年上限 1,000 美元 2. 一般：稱為金星（gold star）60 美元（原 55 美元）	稱為 Plus，100 美元（稱為 270cash back reward），消費有現金折扣，下次消費折扣 2%，回饋上限 500美元，稱為一般（regular）會員：45 美元，對學生、軍人有卡費優惠。 2012 年會員數 4700 萬人 勝
2. 價位比較	以 17 樣商品來說，好市多比山姆俱樂部價格低 5%，比一般商店與亞馬遜公司低 11%。勝	—
3. 定價準則	進貨價加 14% 以內，一般商品加成 8 ～ 10%，科克蘭招牌 15%。勝	省略
三、促銷策略		
(一)廣告	一年節慶前 7 天，垂直廣告內容是特價商品 勝	同左
(二)人員銷售	只是 50 步笑百步 勝	兩家量販店的顧客服務皆不出色，評價從差勁到尚可
(三)贈品促銷	少	少
四、實體配置	美國店址分布：西、東南部，大都中高所得	西北、中西部南邊、東北部，大都中低所得

（續）表 12-10　美國好市多與山姆俱樂部行銷組合比較

行銷組合	好市多	山姆俱樂部
(一)宅配	同右	2015 年起，可要求山姆俱樂部定期宅配物品，例如尿布、印表機墨水 勝
(二)網路銷售	2001 年 4 月 17 日，對任何公司開放網路銷售，稱為 Instacart 業務，但商品售價跟好市多店內不同，且須付運費。 2017 年 3 月，好市多擴大網購，年費 99 美元或月繳 14 美元，單次購買 35 美元以上，4 月在佛州坦帕（Tampa）市試點，10 月對會員試辦日用品 1 或 2 日宅配。 2016 年度占營收 3%，2017 占 3.63%，2022 年度 4.77%（詳見表 12-18）。	有網路拍賣。 2016 年 5 月，改善公司網頁。 2016 年 9 月，總裁蘿莎琳 · 布魯爾（Rosalind Brewer）強攻「網路下單、店內取貨」。她 2012 年 2 月上任，2017 年 1 月卸任，由約翰 · 弗那（John Funer）接任。 2023 年度營收 80 億美元，占總營收 52%。 勝

12-6　關鍵競爭優勢：好市多價格便宜

消費者對折價商店的最重要要求，價格水準可能占 50%、商品力占 30%、地點力占 20%。由好市多與沃爾瑪的損益表結構，由表 12-11 可見，好市多採取成本加成法（2022 年度以進貨價 89.52 美元來說，加成 10.48%，售價 100 美元），相形之下，沃爾瑪 24.15%（進貨價 75.85 美元，售價 100 美元），好市多有價格競爭優勢。

表 12-11　好市多與沃爾瑪成本結構比較

時	2022 年度			
公司	好市多（2021.9 ～ 2022.8）		沃爾瑪（2022.2 ～ 2023.1）	
單位	億美元	%	億美元	%
營收	2269.54	100	6113	100
－營業成本	1993.82	87.85	4637	78.854
＝毛利	275.72	12.15	1476	24.145
－營業費用	197.79	8.72	1271	20.79

＝營業淨利	77.93	3.43	204.28	3.355
－營業外收支	19.49	0.86	87.48	1.445
＝淨利	58.44	2.57	116.8	1.91

12-7　好市多與山姆俱樂部產品組合

由表 12-12 可見，好市多強在「生鮮」、「熟食」，占營收 54.4%。

表 12-12　好市多與山姆俱樂部商品結構　　單位：%

	好市多	山姆俱樂部	沃爾瑪
時	2022 年度	2022 年度	2022 年度
食	1. 生鮮 13.26 2. 食品 38.45	63 grocery and consumable	58.8
衣	3. 食品以外 27.43	11	一般商品 0
住			28.2
行			
* 油	4. 輔助與其他 20.80	17，燃料等	
育		5，醫藥與保健	11.1
樂		3，科技，辦公室與娛樂	1.9

肉與新鮮餐食的重要性

時：2016 年 3 月 2 日

人：路透社

事：在《財星》雙週刊上文章“ How Sam's Club plan to attract wealth customers?”

文中引用美國凱度（Kantar）公司零售研究處長 Sara Al-Tukhain 的說法，根據市調結果，肉類與預處理新鮮餐食（prepared fresh meals）的重要性如下：對會員卡續約（renewal）的影響程度，好市多會員占 33%、山姆俱樂部占 23%。

由表 12-13 可見，2016 年起，山姆俱樂部在肉與新鮮餐食方面，向好市多看齊。

表 12-13　好市多與山姆俱樂部「生鮮」食品的決策

公司	好市多	山姆俱樂部	
時	-	2015 年以前	2016 年起
1. 策略	當地供應		
(1) 口味	✓ 例如本地沙拉，有特色		✓
(2) 新鮮	✓		✓
(3) 有機	✓		✓
(4) 價位	高		高
2. 組織設計	美國五地區部分公司分權	總公司商品部中央集權	同好市多，占食品項目 30%
3. 用人		—	從「1 美元」公司（Dallas）找一票人

12-8　組織設計：好市多與山姆俱樂部

由兩家公司的組織設計、各部門主管職級，可以看出各部門的重要程度。

一、組織圖以表列方式呈現

每家公司組織圖呈現方式不同，而且跨年度也不同，並列兩家公司比較，更不容易看。

二、架構：核心 vs. 支援活動

我從 2006 年 2 月起出版臺灣企業《鴻海藍圖》以來，爲了方便兩家公司組織圖比較，以表 12-14 的組織表來比較兩家公司組織結構。

1. 組織層級

分成三層：董事會、總裁與（執行、資深）副總裁，由於兩家公司皆採總裁兼執行長，本書不列董事會成員。

2. 企業活動：核心 vs. 支援活動

三、包容／多元分析

1. 總裁兼執行長

由表第二列可見，好市多總裁傑立尼克 1952 年次，2012 年起上任；山姆俱樂部總裁麥克萊，1974 年次，2019 年 11 月上任，女性。

2. 主管性別、種族

我們在各主管名字後特別標示（女性），此外，但大體來說，兩家公司都是美國的白人男性為主。

3. 主管國籍

美國以外的外國人極少。

表 12-14　好市多與山姆俱樂部組織結構（2023.5）

組織層級	好市多	山姆俱樂部
一、總裁兼執行長	克雷格．傑立尼克（Walla Craig Jelinek）2012 年起，五席董事之一	凱瑟琳．麥克萊 (Kathryn McLay， 女)2019 年 11 月起，澳大利亞人
(一) 營運長	Ron M. Vachris	*Lance de la Rosa
(二) 事業發展	Jeff Cole	Kieran Shanhan
二、核心活動		
(一) 研發	—	
(二) 採購	—	
1. 商品長	*Claudine Adamo（女）	*Megan Crozier（女）
食品與「雜項」(Sundries)	Nancy Griese（女）	
食品中生鮮	Sarah George（女）	
食品以外兼食品安全	Geoff Shavey	
藥品	Richard Stephens	—
2. 產品長	—	Tim Simmons
3. 運籌與物流	Teresa Jones（女）	—
(三) 業務／行銷		

（續）表 12-14　好市多與山姆俱樂部組織結構（2023.5）

組織層級	好市多	山姆俱樂部
1. 業務		
* 美國北部	*James Klauler	
* 美國東部與加拿大	*Joseph P. Porters	
* 美國西南區與墨西哥	*Caton Fretes	
* 國際部	*James P. Murphy	Pierre Riel
電子商務	*Mike Parrott	Sameer Aggarwal
2. 行銷		
行銷長	Sandy Torrey（女）	Ciara Anfield
溝通長	—	**Meggan Kring（女）
3. 房地產	David Messner	—
營建與採購	Ali Moayeri	—
三、支援活動		
*0. 行政	*Patrick J. Callans	—
(一) 資訊	Terry Williams	Vinod Bidaakpold
(二) 財務會計		
* 財務長	Richard A. Galanti	Brandi Joplin（女）
會計長	Daniel M. Hines	—
(三) 人力資源	Brendd Weber	Christopher Shryock
(四) 法務長暨（董事會）秘書	*John Sulliran	**Vicki Smith（女）

* 執行副總裁，** 副總裁，未標示者爲資深副總裁。

12-9　好市多薪資有多好？

一、媒體喜歡報導好市多調薪

好市多每年 3、10 月各給員工調薪一次，許多媒體皆會報導。

二、分析很仔細文章

時：2022 年 2 月 1 日

地：美國紐約市

人：Laura Williams Bustos

事：在《mashed》公司網站上文章

"Here's how much Costco employees really make."

三、結果

勞工的薪資包括貨幣薪資、福利津貼等，上述文章一項一項說明美國好市多的薪資，詳見表 12-15 第一欄。表中第三欄，你在谷歌下打「○○（公司）Employee Reviews」會出現許多人力仲介公司對該公司的調查結果。

表 12-15　美國好市多員工高薪說明

項目	規定	說明
一、勞工保險、健康保險占 32%	1. 退休金計畫（401k plan） 勞工自提 1 美元，好市多配合存 0.5 美元，一個月上限 500 美元 2. 雇主支付健保費用（employer-funded health insurance）兼職人員每週工時 23 小時以上，便可享用	1. 在人力仲介公司 Glassdoor 上，好市多員工評此項 4.4 顆星（滿分 5 顆星）西海岸勞工聯盟 250 美元 2. 此稱為健保福利（health benefit）
	3. 津貼（perks） 「公司級」（executive） 好市多會員卡 年費 120 美元，比家庭卡年費多 60 美元 三節津貼 例如感恩節有一隻烤火雞	(1) 購物點數回饋 2%，上限 1000 美元 (2) 好市多汽車保險提供道路救援
	4. 有薪假（pay vacation） 工作 15 年以上，5 週 工作 5 年以上，3 週 工作 2 ～ 5 年以上，2 週 工作 1 ～ 2 年以上，1 週	人力仲介公司 Comparbly 估計此項福利價值每月 1,000 ～ 1,500 美元 左述，工作滿 2,000 小時有 40 小時有薪假

項目	規定	說明
二、薪水占 68%		
1. 員工自曝（self-reperted）	平均時薪 18 美元	美國一家人力仲介公司 Payscale 有關好市多資料，有 21 頁 店經理年薪 13.8 萬美元，此處還有紅利、員工認股，合計約 40 萬美元
2. 公司宣稱	最低時薪 17 美元 平均薪水 24 美元	聯邦政府規定最低時薪 7.45 美元
三、總評	2021 年 2 月	依 Glassdoor
1. 對總裁		90%「認可」（approval）
2. 對薪資		4 顆星
3. 對工作		5 顆星，但有些人覺得像機器中螺絲

12-10 好市多靠高薪支持好業績

零售業由於只是賺價差的買賣業，淨利率低於 5%，因此，一般來說，爲了把薪資率控制在 5% 以下，大都採取正職人員低薪、用兼職人員取代正職人員的兩種方式。本單元說明美國零售業三哥好市多採取高薪，業績蒸蒸日上，1976 年創業，後發先至，營收僅次於亞馬遜、沃爾瑪，許多跟好市多秉持同樣理念、善待員工出名的零售公司，財務表現也都優於同業，例如諾德斯特龍百貨、美妝產品業者絲芙蘭（Sephora）和健康食品連鎖超市全食超市。顧問業者 Retail Prophet 創辦人史蒂芬斯說，好市多經驗顯示，就算公司走的不是高檔路線，也能支付員工像樣薪水。（經濟日報，2013 年 7 月 1 日，A9 版）

一、平衡計分卡架構

套用平衡計分卡的四個績效，以圖 12-2 呈現，詳細說明於下。

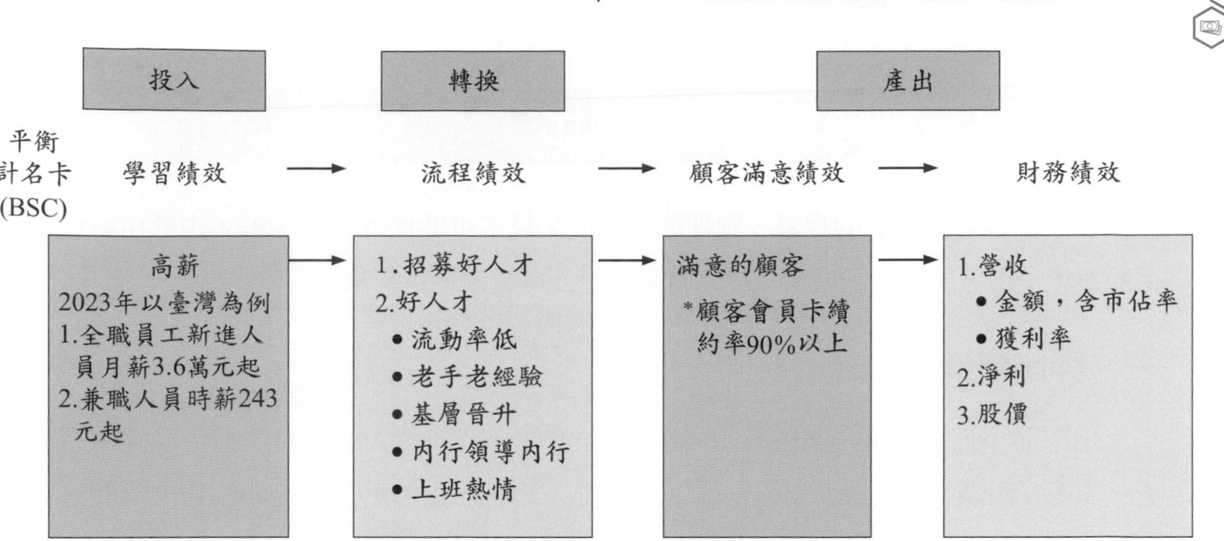

圖 12-2 從平衡計分卡架構來分析好市多經營績效

二、學習績效

一般認爲好市多願意花錢訓練員工，以提升員工的能力。

三、流程績效

好市多大方給薪源自於經營階層相信，較高薪資可以降低員工流動率、提高忠誠度與生產力、改善顧客滿意度。而更好的顧客服務就代表更多營收和獲利。

四、消費者滿意程度

好市多 80 分以上，跟亞馬遜、蘋果公司同一組；山姆俱樂部 78 分，算中上。

五、財務績效

2022 年度，好市多營收 2270 億美元，店數 847 家，單店平均營收 2.68 億美元；山姆俱樂部營收 840 億美元，店數 600 家，單店平均營收 1.4 億美元。好市多的單店營收是山姆俱樂部的 1.91 倍。

12-11 經營管理能力評比

公司三級管理階層的經營、管理能力如何？員工可能比外人更了解，由於山姆俱樂部股票未上市，所以市調機構在評比時以其母公司沃爾瑪為對象。

一、評比機構

由下面小檔案可見，美國有 10 家左右人力仲介公司對大公司員工進行網路問卷調查，本書採用調查項目最多、最常被引用的加州聖塔莫尼卡市 Comparably 公司結果。

美國大公司薪資、企業文化、經營管理階層評比

- 市調機構：公司依英文字母順序
  CarrerBliss、Comparably、Glassdoor、Indeed、Simply Hired
  調查對象：員工 10000 名以上公司，約 1345 家。
- 調查方式：網路問卷填答，供各大公司員工（須填性別、種族、年資、服務部門等資料）
- 結果：分成「0～100 分」、「五星」兩種方式。
- 查詢方式：你打「○○（公司名字） CEO & Leadership Team」

二、總裁：好市多 pk 沃爾瑪 86 分比 62 分

這兩人不同一級，好市多的傑立尼克在員工 1 萬人以上的公司 1341 家中排前 5%，沃爾瑪的董明倫排第 50%。

1. 山姆俱樂部總裁

- 2012 年 2 月～ 2017 年 1 月，羅莎琳德．布魯爾（Ronalind Brewer）擔任；她跳槽到星巴克；
- 2017 年 2 月 1 日～ 2019 年 11 月，約翰．弗那（John Furner）擔任，他原任商品長。
- 2019 年 11 月 15 日起，由凱瑟琳．麥克萊（Kathryn McLay）出任，她是澳大利亞籍

三、副總裁級：好市多 PK 沃爾瑪，80 分比 61 分

四、對經理階層：好市多 PK 沃爾瑪，76 分比 62 分

1. 評分項目至少二題

(1) How often do you get valuable feedback on how to improve at work?

(2) Does your manager seem to care about you as a person?

2.

表 12-16　好市多與沃爾瑪三級管理層員工評分

項目	好市多	沃爾瑪
0. 員工人數	1457	6438
一、總裁	傑立尼克（W Craig Jelink）	董明倫（Doug McMillon）
(一) 得分	86(A+ 級) 前 5%	62（C 級） 前 50%
(二) 兩題		
1. 經營型態	（management style）	
・同意	74	40
・不同意	20	54
2. 經營績效		
・極佳	27	16
・佳	36	23
・普通	32	36
・差	5	15
・很差	0	10
二、副總裁級（executives）	80（A+）	61（C–）
三、經理級（managers）	76（A–） 同規模公司中前 15%	62（C–） 最低 30%

資料來源：整理自美國 The Comparbly 公司。

12-12　好市多與沃爾瑪員工認同

公司總裁、行銷與業務主管關心顧客認同；對內，總裁、人力資源和多元主管注重員工認同；這兩種認同皆包括三項觀念，由「滿意」到「續任」、「推荐」。

一、資料來源

美國加州聖塔莫尼卡市 Comparably 公司，2023 年 5 月 12 日。

二、員工滿意：好市多 PK 沃爾瑪，86% 比 66%

由表 12-17 第二欄可見，在 14 題中，得到員工對公司滿意程度，好市多 85% 員工滿意，沃爾瑪 66%。

三、員工留任意願

1. 員工留任意願：79 分比 62 分

- 員工離職率：6% 比 6% 以上更高。
  好市多每年員工離職率 6% 以下，一般認爲高薪與好福利是關鍵。沃爾瑪年報不揭露員工離職率。

四、員工向親朋推荐來公司上班

—員工淨推荐分數

由表 12-17 中可見淨推薦分數（net promoter score，NPS）計算方式。

1. 好市多 38 分

61% 受訪員工願向他人推薦到好市多上班，只有 23% 不願意。

2. 沃爾瑪 20 分

29% 受訪員工願意推薦，但 49% 不願意，29%–49% = –20%。

五、最佳雇主名單

許多人力仲介公司會評比「最佳雇主」排行，像美國加州舊金山市「玻璃門」（Glassdoor，2007 年成立）在這項很權威，以“Best place to work”來說，2012 年起，好市多入列，而且是量販業第一。

表 12-17 好市多與沃爾瑪的三種員工認同 2023 年 5 月 10 日

三項	員工滿意	續任意願	推荐意願
一、關鍵字	Costco Employee Reviews	Costco Retention Score	Costco “employee Net Promoter Score”（eNPS）
0. 受訪員工數	1760	1760	1460
1. 問題	共 14 題，主要是人力資源（薪水等）、組織管理（企業文化、領導型態）	15 題，例如第 14 題 Would you turn down a job offer for slightly more money?	How likely are to recommend work at Costo to a friend 評分 1 ～ 10 分
2. 結果		79 分 (A)，同規模（1 萬位員工）1341 家公司前 10%	38 分 = (1) – (3) =61% – 23%
(1) 正面	85%	59%	61%（promoters）
(2) 中性	—		18%（passives）
(3) 負面	15%	41%	23%（detractors）
排名	五家同業第一	同左	同業 6 家中第一
二、沃爾瑪			
0. 受訪員工數	14860	9147	7804
2. 結果		62 分 (D+)，同規模後 25%	- 20= (1) - (3) = 29 - 49
(1) 正面	66%	40%	29
(2) 中性	—		22
(3) 負面	34%	49%	49
排名	註：2022 年 11 月 24 日	6 家同業第 5	6 家同業第 5

® 伍忠賢，2022 年 4 月 7 日。

12-13 好市多與山姆俱樂部經營績效

以美國職籃比喻，好市多可說比較像 2016 年以來的加州舊金山市勇士隊，好市多也是以美國加州為主場，其經營績效一直名列前茅，詳見表 12-18，底下詳細說明。

一、顧客滿意績效

滿意程度

1. 消費者滿意分數

每年 3 月 1 日左右，2022 年第 3 季美國密西根大學等三家機構公布大公司的「美國消費者滿意程度指數」（ACSI），分六大類項目。以綜合零售業來說，2017 年起，好市多皆第一；2023 年得分如下：好市多 82 分、BJ 倉儲 81 分、山姆俱樂部 80 分。

好市多向顧客收取年費，美國會員續約率（renewal rate）維持在 92.6% 以上，海外 90.4%，證明了顧客滿意度非常高。

二、財務績效

1. 營收

好市多營收成長率 8% 以上，2020 ～ 2021 年新冠肺炎疫情也傷不了。

山姆俱樂部營收成長率 7%。

2. 毛利率

由表 12-11 可見好市多 12%、沃爾瑪 24%，間接指出好市多「薄利多銷」。

三、股票市場績效（2023 年 5 月）

以股票市場績效來說，由於山姆俱樂部公司股票未上市，所以以其母公司沃爾瑪來比。

1. 沃爾瑪公司股價 150 美元

沃爾瑪股價 152 美元、本益比 36 倍，算是很棒的股價，比美國許多電子股（像英特爾 30 美元）高。

2. 好市多 540 美元

好市多股價近 500 美元、本益比 37 倍，跟電子類股的蘋果公司股價 175 美元、本益比 25 倍高許多。

3. BJ 倉儲控股公司

股價 70 美元、本益比 22 倍。

表 12-18　美國好市多與山姆俱樂部經營績效　　單位：億美元

公司／項目	2000	2010	2020	2021	2022
一、好市多（9 月～隔年 8 月）					
* 店數 *	313	540	795	815	847
* 員工數（萬人）	8.52	14.7	27.3	28.8	30.4
* 營收 ** 網路銷售	316.2 —	779.46 —	1,667.6 68.1	1,959 97.17	2,270 108.32
會員人數（億人）	—	0.316	1.055	1.116	1.297
** 會員年費收入	5.47	16.9	35.41	38.77	42.24
* 淨利	6.31	13.03	40.02	50.07	58.4
美股淨利（美元）	0.38	2.92	9.02	11.27	13.14
* 股價（美元）	39.94	72.21	376.78	567	480
二、山姆俱樂部（2 月～隔年 1 月）					
營收 **	248	467.1	588	639	736

註：好市多會計年度爲每年 8 月 29 日左右迄翌年 8 月 28 日，簡式損益表在年報。年報上 2020、2021 年度營收略小於外部資料。美國山姆俱樂部股票沒上市，營收資料來自沃爾瑪，約占沃爾瑪合併營收 12%，會計年度爲 2 月 1 日迄翌年 1 月 31 日。
* 資料來源：英文維基百科 Costco。
** 資料來源：dazeinf, Sam's club net sales: 1990 ～ 2020。

表 12-19　好市多店面自有比率（2022 年）

	自有	%	租賃	%	小計	%
一、全部	661	79	177	21	838	100
二、國家						
1. 美國	466	55.6	112	13.36	57.9	69
2. 加拿大	90	10.74	17	2.03	107	12.77
3. 國際	105	12.66	48	5.01	153	18.23

資料來源：好市多 2022 年報，第 18 頁。

一、選擇題

(　) 1. 全球營收最大的量販店是？　(A) 美國好市多　(B) 法國家樂福　(C) 英國特易購

(　) 2. 在美國，好市多勝過山姆俱樂部、BJ 倉儲俱樂部的原因是？　(A) 天時（起步早）　(B) 地利　(C) 人和

(　) 3. 以成本加成法來說，好市多「加成」的幅度爲　(A) 13%　(B) 23%　(C) 33%

(　) 4. 好市多在美國，主要集中在哪一州？　(A) 加州　(B) 德州　(C) 紐約州

(　) 5. 好市多如何做到壓低進貨成本？　(A) 品項少（4000 項）　(B) 進次級品　(C) 進即期品

二、問答題

1. 如何證明好市多比山姆俱樂部產品便宜？
2. 好市多會員費的主要目的爲何？
3. 好市多的退貨政策對營收的助益爲何？
4. 好市多在臺灣如何成爲量販業一哥？
5. 好市多在中國大陸發展如何？

Note

Chapter

13

百貨公司經營：美中日臺百貨業衰退

衰退行業，神仙難救

1980 年，美國策略管理大師麥可・波特在《競爭策略》書中，有一章討論產業生命週期在衰退期的公司該如何「少輸就是贏」，其中有一句話簡單的令人難過：「衰退行業的人，不要想有升官發財的機會」，的確「大勢已去」，剩下的只是「如何少輸就是贏」。

本章單元 13-5，先把「美中日臺」2000～2022 年的百貨業產值線圖畫出，看出由盛轉衰的趨勢；單元 13-6，伍忠賢 (2022) 總體環境量表，把四大類、八中類因素，各依不同比重把美中日臺百貨業衰退原因一個表比較，這種「因時因地」項目比重制宜的量表，是量表設計的一個好創意；剩下 7 個單元，大抵有二種切入方式，以分析百貨業「困獸猶鬥」的經營方式。

1. **通論：美中日臺**

   單元 13-9，作表說明美日臺的百貨公司如何進行「商品」（商店）組合、促銷（尤其是節慶行銷、廣告代言人）。當你看了美中日百貨公司的經營管理方式後，竟然會發現「了無新意」，百貨業「缺乏鬥志、創意」。

2. **以臺灣百貨公司店王新光三越臺中市中港店為例**

   說明其「1～14 樓」的餐廳「飲料」（主要是咖啡店）的品牌，餐廳分成「中日美與其他」，這比較像「檢查表」，你可以用以去檢查其他百貨店、購物中心、暢貨中心。

13-1 美國服裝市場 I：總體經濟中的支出面

本書主角是美國的百貨業，百貨業營收最大比重商品是「服裝與飾品」，以梅西百貨（詳見表 7-2）來說，至少占 80%。

一、公務統計機構

美國勞工部勞工統計局（1913 年成立）的家庭收支調查，每年 9 月公布去年數字。

二、恩格爾定律適用於食衣支出

隨著個人總產值的提高，「吃得飽，穿得暖」的支出占消費支出比率逐年降低，在食物方面，稱爲恩格爾定律；在服飾類也一樣。

三、百年趨勢分析

由小檔案資料來源，再加上 2019 年數字，詳見圖 13-1，以 1996 年 5.1% 到 2019 年 2.98%，平均每年約降 0.1 個百分點。

四、2019 年情況

以 2019 年爲例，這是撇開 2020 年受新冠肺炎疫情封城影響（封城，不出門，少買衣），平均家庭消費支出 6.3 萬美元；食物（不含外食、酒）支出比率 7.36%、服裝與服務占 2.98%。

美國家庭消費百年趨勢分析

時：2006 年 5 月

地：美國華盛頓特區

人：美國勞工部勞工統計局（1913 年 3 月成立）

事：公布美國 100 年消費支出（1901 ～ 2003），涵蓋全美、紐約市、波士頓市

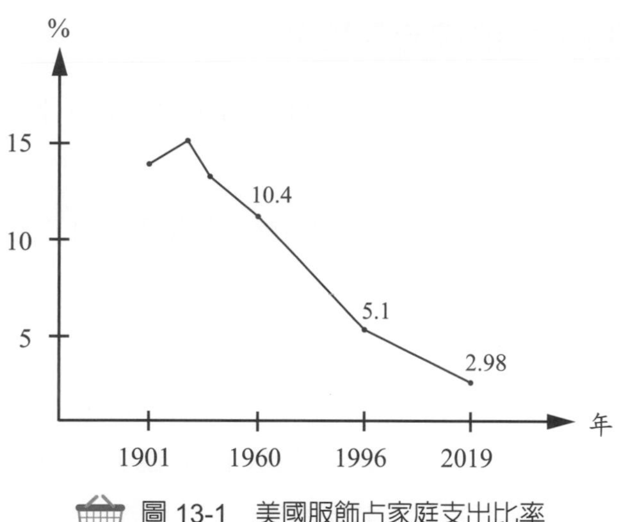

圖 13-1　美國服飾占家庭支出比率

1. 服裝與服飾 (clothing & clothing accessory)

1.1 服裝店 (clothing store)

1.1.1　女性服裝店 (Women's clothing store)

1.1.2　男性服裝店 (men's clothing store)

1.1.3　全家服裝店

13-2　美國服裝市場 II：產業分析

你用英文關鍵字查美國服飾店產值（營收），會發現服飾店分類很多，而且統計範圍很複雜，因此有必要拉個全景，服飾爲主的零售業，詳見表 13-1。

一、狹義：專賣零售業中的服裝店

由表 13-1 第二欄可見，這是美國國會採用北美「產」（或工）業分類碼，但這跟全球產業分類碼不同。你可看出「服裝店」代碼 448，全球產業碼 473。在 448 碼之下，細分 6 個細碼。

二、廣義：以服飾為主的綜合零售業

綜合零售業中，便利商店、超市營收的服飾產品比率不高，下列兩個行業占比很高。

1. 百貨業

美國百貨業龍頭梅西百貨男女服裝占營收 40%（詳見表 13-1），這不含服「飾」中的鞋、珠寶等。

2. 量販業

量販業中依服飾占比，分成兩小類。

- 以服飾類爲主：像目標百貨（2022 年度營收 1,060 億美元，年度 6 月～翌年 5 月），第四大類產品項目是服飾類，占 17%。
- 服飾占比很高的，例如好市多。

表 13-1　服裝飾品為主的綜合、專賣零售業

分類	專賣零售業（代號 473）* （clothing & accessory）	綜合零售業 （general retail）
一、中高價 (一) 高價	一、精品店 法國路易威登（LV） 美國	一、百貨業（45221） (一) 購物中心 1. 超級（7.4 萬平方公尺以上） 2. 地區型 3. 7 ～ 7.4 萬平方公尺
(二) 中高價	二、服裝店（448） (一) 時尚服裝店 瑞典 H&M，582 家店 美國蓋普（GAP），520 家店 日本優衣庫，52 家店	(二) 百貨公司 1. 中高價位 布魯明黛 2. 中價位 梅西
二、平價	(二) 一般服裝店（全家，family）（448140） 女性服裝店（448120） 男性服裝店（448110） 兒童服裝店（448130） 服裝飾品店（44150） 其他服裝店（44190） (三) 運動服裝專賣店	(三) 暢貨中心（outlet） Premium （Brand） Outlets

三、折價	(四) 折扣服裝店（offprice stores） 1. 羅斯（Ross stores），1,290 家店 2. TJ Max 1649 家店 註 (五) 鞋店（448210） 註 (六) 飾品、皮件（4483）	二、量販店（4714） (一) 服飾為主量販店 沃爾瑪（Walmart） 目標（Target） (二) 一般量販店 好市多

* 北美產業分類碼 (North American Industrial Classification System，NAICS)。

13-3 美國服裝市場 III：營收與每人支出

以美國服裝店產值進一步分析，詳見表 13-2。

一、公務統計機構

商務部普查局網站上，許多地方，例如「Business and Industry」。分成兩種。

- 歷史資料，粗分「有」、「沒有」季節修正（seasonally adjusted）。
- 預估資料，以「未」季節調整資料來做的。

1. 零售業調查

這是逐月公布，每月 25 日左右，公布上月資料。

2. 服裝店的勞動統計

例如雇用人數、工時，仍由勞工部勞工統計局負責。

二、服飾類支出

1. 產值，2022 年 3351 億美元

成人女性、成年男性、兒童（15 歲以下）各占，52.25%，32.2%，15.55%。

2. 成長率 1.87%，2015 ～ 2022 年

跟經濟成長率相近，平均每年低 0.1 個百分點。

三、服飾類個人支出

1. 每人平均消費支出（2022 年女性）

每年每人花 520 美元，金額不大。

2. 成長率 1.2%，女性為例

服裝店平均營收率 1.87%，但每人營收成長率 1.2%，多出的部分 0.67 個百分點，是來自人口數量成長。

四、零售型電子商務中服飾類銷售

由表下零售型電子商務中服飾類金額、比率來分析。

1. 網路服裝商店滲透率，2020 年 38%

這有許多市調機構統計，較權威的是美國伊利諾州芝加哥市的數位商務 360 公司（digital commerce 360，1999 年成立）。

表 13-2　美國服裝飾品消費金額

範圍	2015 年	2020 年	2021 年	2022 年	2023 年
一、產值（億美元）					
(1) 營收	2962.8	1913.5	3175.3	3351	3584
女性	1532	1547	1659	1751	1875
男性	951.7	951.8	1021	1079	1160
兒童	479.1	414.7	495.7	520.5	549.5
二、人均消費（美元）					
1. 女性	480	470	500	520	550
2. 男性	300	290	310	320	340
3. 兒童	150	140	150	160	160
三、零售型電子商務服裝					
*(2) 零售型網路店服裝營收	-	1106.8	-	-	-
(3) 零售型電商滲透率 = (2) / (1) (%)	-	38	-	-	-

* 資料來源：Statista，2021 年 10 月，原始來自商務部。
* 資料來源：April Berthene，在《digital commerce 360》，2021 年 6 月 28 日。

13-4　臺灣百貨、服裝店業產業分析

臺灣百貨、服裝店業產業發展比較像日本，本單元一步一步用資料分：

一、資料來源

表 13-3 有兩個資料來源，使用語音輸入便可查到。

1. 總體經濟資料

總體經濟的資料來源，主要是行政院主計總處，它扮演國家總計局角色，表中 2023 年匯率、人均總產值是本書的數字。

2. 產業資料

大部分產（或行）業資料來源自經濟部總計處，2022 ～ 2023 年數字是本書預測。

二、總體環境之二「經濟／人口」

買東西是靠錢、人數匯集的：

1. 經濟：經濟成長率、人均總產值

由下列二項來分析

(1) 經濟成長率：景氣好，人花錢就大多。

(2) 人均總產值：這是「購買力」（錢潮）的代名詞。

2. 人口

買東西一部分靠的人口數，這來自兩部分：

(1) 本地人口：由表可見，2020 年起，臺灣人口衰退。

(2) 外國觀光客：外國觀光客主要支出在交通、購物、餐飲，購物的主要地方是百貨公司、土特產店。

三、行業分析

本處從五力分析中「競爭」三力中的「替代品」來看網路商店對百貨、服裝店業的衝擊。

1. 百貨業

(1) 百貨業營收

由表可見，百貨業 2019 年營收高峰 3,552 億元，之後小幅衰退 2 年，主要是 2020 年 1 月迄 2022 年全球新冠肺炎疫情（失業、封城）影響，2022 年營收 3,945 億元。

(2) 百貨業占零售業比率

百貨業占零售業（不含汽機車）比率，2020 年 11.07% 達高峰，2021 年小幅下降，2022 年回到 11.07%。

2. 服裝店業

(1) 服裝業營收

由表 13-3 可見，2018 年起服裝業營收成長，主因是迅銷公司優衣庫等大幅展店。

(2) 服裝業占零售業比率

爲了節省篇幅，此比率並未列出，2014 年 8.6%，2023 年預估 9.53%。

3. 替代品：網路商店

(1) 零售型電子商務營收

這項總計數字歸在專業零售業中「無店舖販售」的最大項「電子購物及郵購業」，以金額來說，每年成長 100 億元。

(2) 零售型電子商務占零售比率

由表中第 11 項可見零售型電子商務滲透率（ecommerce penetration rate），2021 年 8.58%，之後仍微幅上升，這是正常現象，人們逐漸習慣網路購物。

表 13-3　2014～2023 年臺灣百貨、服裝店產值

20××	14	15	16	17	18	19	20	21	22	23
一、總體分析										
(1) 總產值（兆元）	16.26	17.05	17.55	17.98	18.38	18.91	19.91	21.74	22.7	23.835
※經濟成長率（%）	4.72	1.47	2.17	3.31	2.79	3.06	3.39	6.53	2.45	2
(2) 人口（萬人）	2340	2346	2351.5	2355	2358	2358	2356	2347	2332	2330
(3) 人均總產值 = (1)/(2)（萬元）	69.47	72.69	75.52	76.34	77.93	80.17	83.95	92.63	97.69	102.3
(4) 美元匯率	30.37	31.91	32.33	30.44	30.16	30.93	29.58	28.02	29.77	30.7
(5) 人均總產值 = (3)/(4)（美元）	22874	22780	23091	25080	25838	25908	28383	33059	32811	33221
二、產業分析零售業										
(6.1) 零售（億元）	36209	35863	3624	36563	37371	38523	38597	39855	42815	43243
(6.2) 零售（不含汽機車）	30473	30062	30131	30376	31364	32150	31996	33249	35995	36715
(一) 商店										
(7) 綜合零售之百貨業	3061	3189	3331	3346	3401	3552	3541	3426	3946	4065
(8) 百貨業比重 = (7)/(6.2)（%）	10.05	10.61	11.05	11.01	10.84	11.05	11.07	10.3	10.96	11.07
(9) 專業零售業之服裝	2623	2645	2683	2684	2728	2835	2880	2941	3494	3500
(二) 無店鋪之電商										
(10) 電子商店及郵購業	1370	1459	1557	1685	1894	2078	2412	2854	3103	3200
(11) 電商滲透率 = (10)/(6.2)（%）	4.5	4.85	5.17	5.55	60.4	6.46	7.54	8.58	8.62	8.71

13-5 美中日百貨業進入衰退期

在亞洲人類房屋耕地向森林擴充，造成象的生活棲息地減少，象群瀕臨滅絕危機。在人類的行業中，零售業中百貨業中的百貨店可說是「象」，量體大，可見性高，2001年起，隨著零售型電子商務進入成長初期，服飾爲主的百貨業開始「過苦日子」，本單元以美中日臺爲對象，爲了節省篇幅，分兩個圖分析，Y 軸的貨幣單位是各國的幣值。

一、美國百貨業衰退

1. 轉折點：2000 年 2325 億美元

2. 主因：零售型電子商務

二、中國大陸百貨業衰退

1. 由盛轉衰轉折點：2015 年人民幣 3948 億元

2. 衰退原因

- 經濟 / 人口占 20%：2007 年起，經濟成長率低於 10%，2015 年起，降至 7% 以下。
- 科技 / 環境占 80%：2022 年零售型電子商務滲透率 27.2%。

三、日本百貨業衰退

日本百貨業衰退，兩個時期，1965 年起經濟產業省開始有百貨業統計數字，

1. 1989 年起，泡沫經濟破裂

1991 年，經濟成長率 3.42%，1992 年 0.85%，1993 年 -0.52%，泡沫經濟破裂。1991 年，百貨業產值 9.7 兆日圓，之後衰退。2022 年 4.98 兆日圓，幾乎打對折。

人均總產值以美元計價，1995 年高點 43429 美元，之後衰退，2022 年 33911 美元。用美元計價比較好跨國比較，但受匯率高低影響。

2. 次因：2008 年起

人口衰退：2008 年 2.81 億人，之後人口衰退；每年少 25 萬人。

人口老化，日本人口「老化」起始時間，全球最早，2022 年（65 歲以上）老年人口占總人口比率約 29.4%，

3. 2022 年 4.98 兆日圓

2018 年 5.88 兆日圓，2019 年 5.75 兆日圓，2021 年只剩 4.4 兆日圓，2022 年攀升到 4.98 兆日圓，上漲 13.1%，是新冠肺炎疫情結束的效果。

四、臺灣百貨業小幅成長

1. 2016 年起，靠暢貨中心撐著

臺灣百貨公司 2019 年營收 3552 億元，之後，停滯，三大百貨公司也沒再開新店（或館）。2016 ～ 2022 年，產值仍有成長，主要是幾家年營收 80 億元的暢貨中心開幕。

2. 2022 年成長 15.2%。

2020 年營收 3541 億元，2021 年營收 3,426 億元，這主要是 2021 年 5 月 15 日～ 7 月 27 日，新冠肺炎疫情三級警戒，人們少出門，因此百貨業營收衰退。2022 年疫情逐漸平息，營收回升到 3,946 億元，2020 ～ 2022 年平均成長率 5.72%。

3. 趨勢：利空一堆

- 外國旅遊人口：2018 年起，中國大陸限制人民赴臺觀光，一年少了 400 萬位陸客。
- 本地人口：2020 年 1 月起，人口衰退；平均一年少 4 萬人。

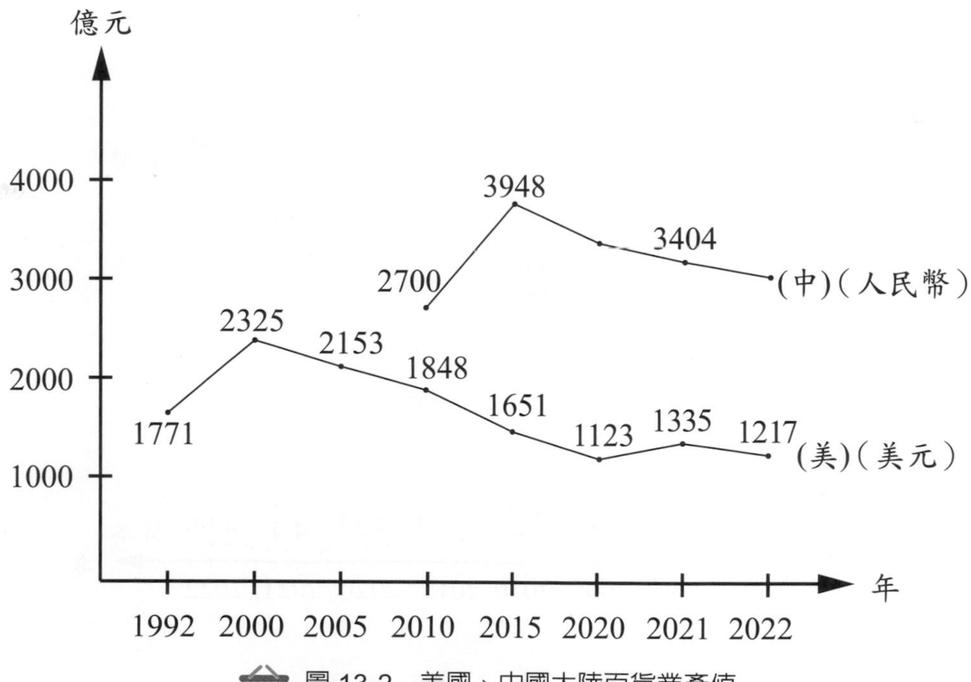

圖 13-2　美國、中國大陸百貨業產值

2022 年：IBIS World，2021.7.10。
中：2009 年 2197，資料來源：Statista，2021 年 4 月 26 日。
美：商務部普查局，monthly retail trade report。

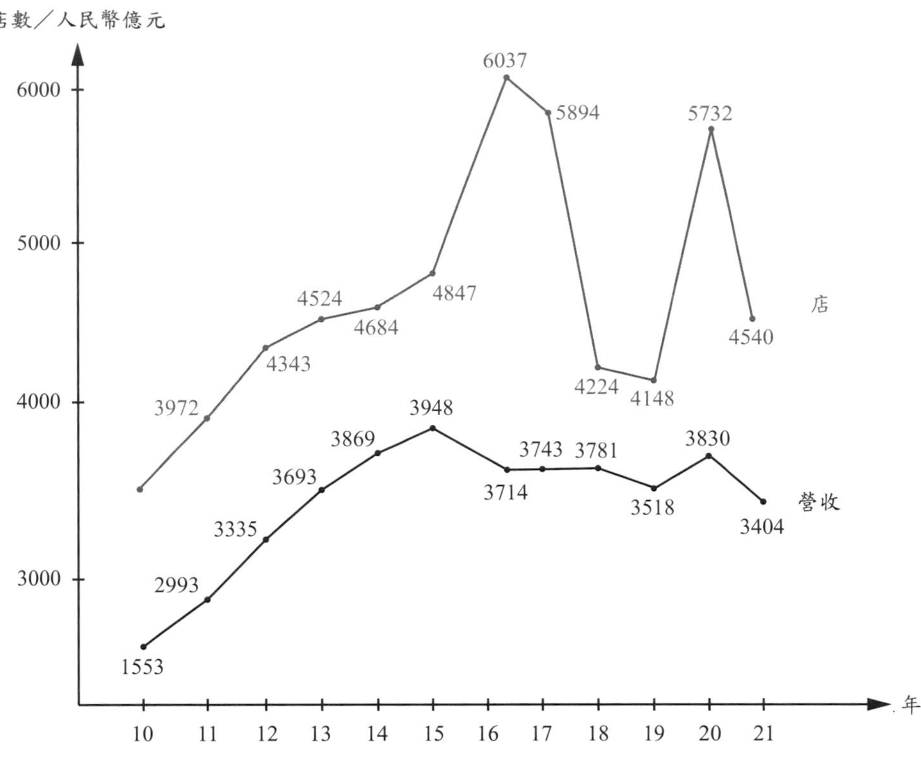

圖 13-3　中國大陸百貨業店數與產值

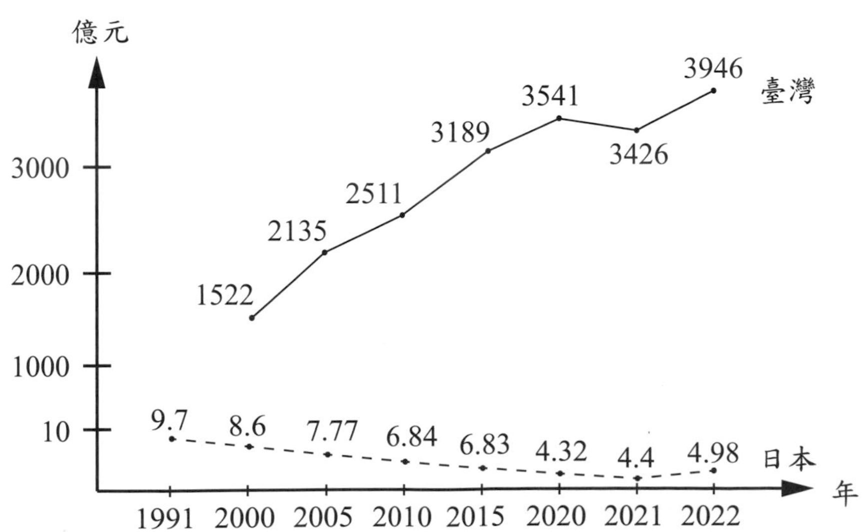

圖 13-4　日本、臺灣百貨業產值

* 資料來源：日本經濟產業省，商業動態統計，另 Japan Department Stores Association，單位：兆日圓。

13-6　美中日百貨業的衰退

一個行業的生命週期是受「總體環境」四大類、八中類因素影響，在分析美中日臺百貨業邁入衰退時，發現每個國家四大類、八中類的影響因素的重要性不同。於是伍忠賢（2022）總體環境量表（macro enviormement scale），其中各因素的「權重」（重要程度）因「時」（例如新冠肺炎疫情）、因「地」而不同，分成兩群。

一、總體環境之四「科技／環境」為主的美中

以零售業電子商務滲透率來說，美中如下。

1. 美國占 14%

有關美國百貨業衰退原因，有幾篇文章很棒，詳見表 13-5。

2. 中國大陸占 27.2%

中國大陸零售型電子商務占零售比重 27.2%，在全球出奇的高。但百貨業營收資料幾乎查不到，圖 13-2 中是德國 Statista 公司數字，主要來自中國大陸商務部。

以中國百貨商務協會統計來說：2011 年 203 家百貨公司（800 多家店），營收人民幣 2993 億元、員工數 58 萬人。2017 年起，大減。

二、總體環境之二「經濟／人口」為主的日臺

1. 經濟／人口因素爲主的日本

由單元 13-5 中說明可見，日本在「經濟／人口」兩方面皆不利百貨公司，簡單的四個字「少錢少人」。

2. 人口因素爲主的臺灣

人口衰退、老年化對臺灣百貨業的衝擊，從 2020 年開始，日本是 2009 年。

表 13-4　美日臺百貨業衰退的總體經濟量表　　2023 年預測

總體經濟	比重	臺灣	比重	日本	比重	美
一、政治 / 法律						
(一) 政治	5		5		5	
(二) 法律	5		5		5	
二、經濟 / 人口						
(一) 經濟						
人均總產值	15	2000 年 19765 美元，2023 年 32480 美元	15	1995 年 43429 美元之後，下滑，2023 年 42459 美元	15	每年平均經濟成長率 2% 2023 年 79709 美元
所得分配（吉尼係數）	5	持平，2021 年 0.274	5	改善中，2008 年 0.491 到 2021 年 0.385	10	惡化，1980 年 0.346，2019 年 0.4
(二) 人口						
1. 人口數量	10	2020 年 1 月起，人口衰退。2023 年 2315 萬人。	10	2010 年起，人口衰退，2008 年高峰，1.28 億人	5	2021 年，淨增加 160 萬人，近乎停滯
2. 人口老化	15	2023 年 起，老年人口比例 19.2%	15	1970 年代起，逐漸「老齡化」	5	2023 年 3.35 億人，老人占 17%
三、社會 / 文化						
(一) 社會	5		5		5	
(二) 文化	5		5		5	
四、科技 / 環境	40					
(一) 科技						
1. 零售型電子商務	15	2021 年 2584 億元、33249 億元，占 8.5%，2020 年 8.5%	20	2021 年約 13.2%	25	2022 年第 2 季 14.5%，逐季下滑

總體經濟	比重	臺灣	比重	日本	比重	美
2. 宅配	5		5		5	
(二) 環境						
1. 新冠肺炎疫情封城	10	2021 年 5 月 15 日～7 月 2022 年 4 ～ 7 月	5		10	
2. 外國觀光客：鎖國	5	2020 ～ 2022 年 9 月	5		5	

表 13-5　說明美國百貨業衰退很棒文章

時	人	事
2019 年 10 月 11 日	Daphne Howland	在《Retail Dive》雜誌上文章 “6 numbers that explained the fate of department stores”
2020 年 12 月 2 日	Rani Molla	在《Vox》上文章 “The death and rebirth of American's department stores, in charts”
2021 年 7 月 14 日	IBIS World	在公司網路上文章 Department Stores in the U.S.
2022 年 1 月 10 日	Daphne Howland	在《Retail Dive》雜誌上文章 “How Macys' Setbout to conquer the department store business”

13-7　專賣零售業中的服裝店：蠶食百貨業的核心商品

美國時尚服飾「折扣」店的（off-price store）的發展，大抵起於 1970 年代兩次石油危機期間，低經濟成長率、高失業率與物價上漲率，想穿名牌服飾（主要在百貨公司、購物中心銷售），只好撿過季打折的，一般便宜三到七成。

一、服飾折扣店一、二哥

1. 一哥 T.J.Max

1976 年成立，2022 年近 1,271 家店，營收 485.5 億美元，2010 年 203.8 億美元，平均成長率 11.61%。

2. 二哥羅斯百貨（Ross Stores）

1982 年成立，2022 年度（2021.2 ～ 2022.1）1523 家店，2022 營收 18 億美元，2010 年度 71.84 億美元，平均成長率 13%，是百貨業 1.8% 的 7.2 倍。

3. 三哥伯靈頓商店（Burlington stores）

1972 年成立，紐澤西州伯靈頓市，2022 年度（2021.2 ～ 2022.1）營收 93.22 億美元，2011 年 37 億美元，平均成長率 13.8%。

二、百貨公司 2015 年加入戰局

由表 13-6 可見，美加四家百貨公司陸續推出服裝折扣店。

1. 諾德斯特龍百貨（Nordstorm）

1973 年推出「架子」（Rack）。

2. 梅西的「後台」（Backstage），2015 年 5 月起

兩種店型

- 梅西百貨內「店中店」45 家，2016 年起
- 獨立店 255 家。

3. 柯爾百貨，折扣店作不起來。

表 13-6　百貨公司附設服裝折扣店

排名	百貨公司	年	商店名稱
1	梅西	2015 年 5 月起	後台（Backstage）300 家店（1020 ～ 1484 平方公尺）
2	柯爾	2015 ～ 2019.8.3	Off/Aisle，只開了 4 家店
3	諾德斯特龍	1973 年	架子 (Rack)，352 家店
*	哈德遜灣 （加拿大多倫多）	1990 年	薩克斯第五大道折扣店（Saks off Fifth） 美加 105 家店

13-8　網路服裝商店鯨吞百貨公司市場

擊敗百貨公司的竟然是網路商店中服裝商店，像狼群般的攻擊象，一隻一隻的擊垮長毛象。

一、零售型電子商務

1. 全景：零售型電子商務滲透率 13%。

2. 特寫：2021 年，亞馬遜電子商務第一

2021 年 3 月 17，富國銀行估計，2020 年亞馬遜「服飾」加「運動鞋」營收 410 億美元，在美市占率 11%、網路商店 34%。超過沃爾瑪的 342 億美元。

2021 年，亞馬遜 730 億美元，沃爾瑪 365 億美元；在美國買方，亞馬遜商店中品類，服飾類排第三。

二、全景：公司、店數

1. 此景只能憑回憶的商店

2020 年 9 月 12 日，Joey Hadden 在《商業內幕》(Business Insider) 上文章：" 49 stores you onec loved that don't exist anymore"，包括玩具反斗城。

2. 百貨公司數

2022 年只剩 47 家百貨公司

3. 百貨公司店數

由許多電視新聞報導非洲象、亞洲象（主要在印度）的數目，由圖 13-6 上條線可見百貨公司的店數，2010 年 8625 店，到 2025 年 4679 家店，幾乎對折。

三、特寫：梅西百貨

由圖 13-6 可見，梅西公司年報中會公布三種店型：梅西、布魯明黛（高檔百貨，約 55 家店）、藍水星（化妝品店），此處只指梅西百貨。

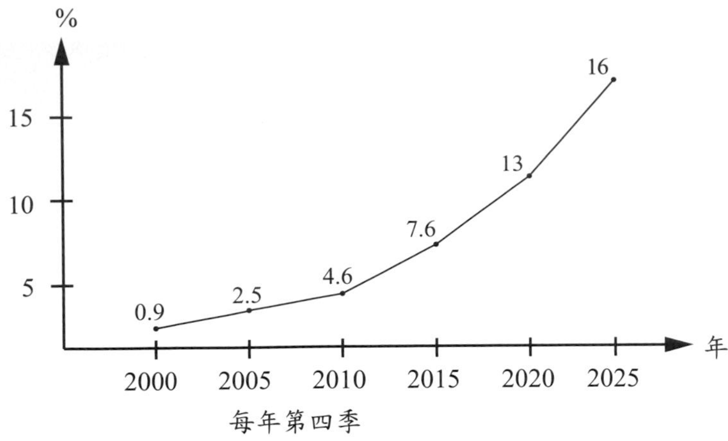

圖 13-5　美國零售型電子商務滲透率

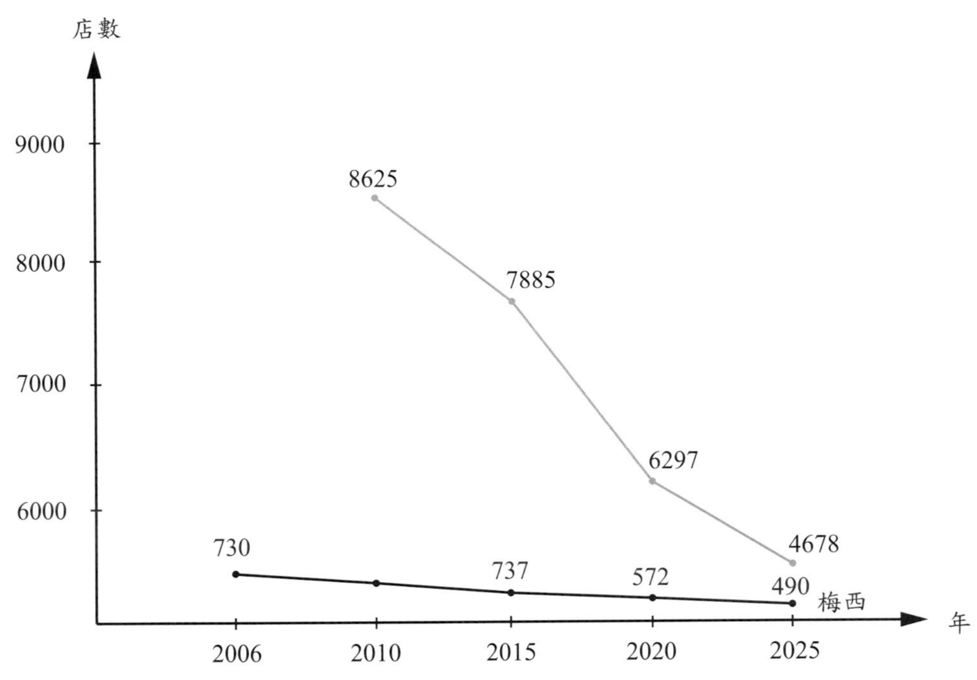

圖 13-6　美國百貨公司分店數

資料來源：IBIS World。

＊資料來源：整理自 Statista，2022 年 4 月 16 日。

13-9 全球百貨業力抗網路商店作法

電視、報刊限於篇幅，針對百貨公司如何創新，以抓回消費者的心，以防制網路商店在消費者到百貨店前便捷足先登，這些報導大都「瞎子摸象」、「隻鱗片爪」。

本單元以行銷組合的架構，詳見表 13-7 第一欄，全面、有系統的說明百貨公司的作法。小檔案中，是一篇很棒的文章，可惜的是沒有架構，缺乏例子，限於篇幅，表中第三欄也沒有例子，這可當作學生期中報告來作，用兩家公司比較。

一、優勢分析

商店至少優勢有二，以商品策略三項來說明。

1. 環境：以客為尊

商店最大優勢便是「有環境，有人」，百貨店在表中硬體環境至少有二：一是顧客休息區，甚至給男性（或老人）、兒童遊戲區。一是針對貴客（VIP）休息區。

2. 商品：試用才知適不適用。

- 顧客體驗（customer experience）：最炫的是顧客 3C 攝影，用在服飾店的電子試窗鏡，這很方便看衣服穿搭是否合適。
- 其他體驗：3C 產品最喜歡讓顧客在店內有限度的試用，美其名稱為「體驗」。

3. 人員服務

這包括兩項。

- 百貨公司顧客服務處在各樓層派人擔任引導購人員（shopping guide）、提貨人員（shop assistants），尤其對貴客（VIP）很有用。
- 專櫃店員占 80%：在中國大陸，專櫃人員稱為銷售助理（service assistant），其中化妝品店稱為「美容助理」（beauty assistant），在臺灣，俗稱「專櫃小姐」（櫃姐）、櫃哥，這些人有產品知識，容易博得顧客信任；再加上熟客經營，更容易掌握其喜愛、偏好，從顧客變成朋友。

三、以其人之道還治其人之身

1. 數位服務

最基本的是手機App，包括四種功能：登陸頁（含產品面）、商品流（下單）、資金流（支付）、會員制（主要是集點送）。

2. 網路商店

百貨公司網路銷售是由店內專櫃承作，這也是掛在各專櫃生意。有25%的網路交易交貨是在店（包括店外路旁）取貨。

百貨公司力挽狂瀾的行銷組合

時：2018年10月4日

地：印度新德里市

人：Uni Square Concepts公司，廣告公司

事：在公司網頁上文章上文章"8 best marketing strategies for department stores"

表13-7　百貨公司各店的行銷組合

行銷組合	作法	說明
一、產品策略		
(一) 環境		
1. 手機App	✓	設立「顧客體驗」處(customer experience department)
2. 服務設備	顧客的陪伴人員等候休息區 (1) waiting lounge (2) 兒童遊戲區	
3. 其他		
(二) 商品		
1. 全國品牌		
2. 商店品牌	✓	
(三) 人員服務		

行銷組合	作法	說明
1. 導購人員	Shopping manager	
2. 專櫃店員	✓ 跟顧客搏感情	熟客經營
3. 提貨人員	✓	
二、定價策略		
(一) 價格水準		
(二) 支付方式		
1. 信用卡		
2. 手機支付		
3. 遠端支付		
三、促銷策略		
(一) 廣告	各地為基礎的廣告 (location-based advertisement)	創造「社區氛圍」community vibe)、地方創生（陸稱 placemaking）
(二) 數位行銷	✓ 其中之一是游擊式行銷 (guerrilla marketing)	地區店（營業範圍內）的重要事件 (event) 行銷
(三) 公共關係	✓	
(四) 促銷	折價券（discount coupons） 存貨出清促銷 （stock clearance sales）	
(五) 顧客關係處理		
1. 會員制	✓ 集點制 （discount on next purchase）	
2. 集點制	同上	
四、實體配置		
(一) 店址		
(二) 宅配	✓	

13-10 百貨業三種業態

在臺灣，百貨業分成三種業態，但嚴格來說，分成兩中類，主要是依開立發票的主體，其次是依店的佈置。

一、為什麼本書不作表定義各種零售商店

1. 生活常識，沒那麼難懂

大部分零售商店，對一個大二學生來說，都去過十幾年，怎麼形容都會八九不離十。

2. 書、文章應超越維基百科、百度百科

許多人以維基百科、百度百科作爲知識的入門，這是一群學者、專家集思廣益的成果，我也會參考。寫書、論文（含文章）說明什麼是便利商店、超市、量販店、百貨公司，超越維基百科之道有二，作圖表、以一國的實務（龍頭公司）來舉例，本書都是如此作。

二、百貨業三種型態

由於維基百科有很大影響力，所以本書碰到跟它不同地方，必須說明。

1. 英文維基百科：以購物中心爲主

你上網查英文維基百科「shopping mall」，會發現購物中心包括百貨公司，但不包括暢貨中心。

2. 公務統計機構

全球產業標準碼的名稱爲「百貨業」。

3. 依時間順序來說

以流行來說，美國 1850 年代起百貨公司，1960 年起，購物中心，所以購物中心只是百貨店的一種衍生。

三、百貨業分兩種型態之一：專櫃型

以美國百貨公司爲例。

1. 1834 年起，紐約市開始

1850 年代起，迅速蔓延到全美。

2. 型態：開放型

百貨公司可說是商場，讓許多公司設專櫃。

3. 開立統一發票

百貨公司扮演各專櫃的房東，在每層樓派出出納人員，專櫃人員會拿顧客買的商品去出納處打統一發票。百貨公司才知道專櫃作了多少營收，依營收比率去抽佣。

四、商店型百貨業

商店型百貨業分成兩中類，交集是每家店單獨統一開發票給你。

1. 購物中心：店中有店的「店中店」

例如台北 101 購物中心。

2. 暢貨中心（outlet），折扣版的購物中心，大約 150 家店，比較像「商場」（marketplace），中東稱爲市集 (bazaar)。

暢貨中心源自於「工廠暢貨中心」(factory outlet)，主要貨源來自：一、購物中心、百貨店過季出清剩下的，或者是瑕疵品；二、其他，主要是品牌公司。

暢貨中心競爭優勢在於「價格便宜」，是百貨店售價打七到三折。爲了降低店租，暢貨中心大都開在大都市的郊區，俗稱蛋白甚至蛋殼區。

至於像「禮客」這種號稱「都會型」暢貨中心，開在臺北市中正區公館、內湖區或臺中市市區，依其面積，夠不上「暢貨中心」，比較像美國的服裝折扣店。

美國對購物中心的定義

時：1957 年

地：美國紐約州紐約市

人：國際購物中心協會（International Council of Shopping Centers）

事：shopping + mall 行人長廊（pedestrian promenade）

13-11 百貨業營業面積配合腹地人口

百貨業比較像陸上象、海中鯨，棲息地內糧食、水、空間必須夠大，才能生存。本單元以中國大陸的一至六線都市爲例，說明四類規模的百貨店的對應。

一、百貨店的營業面積

百貨業的面積有其上下限。

1. 超大型店

假設百貨公司資金沒限制，可以買無限大土地；但受限於顧客時間、體力，百貨店營業面積有其限制。一般超大型約4.5萬坪，例如臺北市信義計畫區的新光三越信義店（4個館）。

2. 大型店

3. 中型百貨店

4. 小型店甚至迷你店

三、店建築型態

1. 大廈型（vertical stores）

2. 三層樓商場型（open-air store）

二、中國大陸六線城市

英文維基百科是根據中國大陸市調公司，依人口數、人均總產值等把都市（指5萬人以上的鎮），分成六級，詳見表13-8中前四欄。

1. 1、2線城市

二者合計34個。

2. 3 線以下城市

表 13-8　百貨店依營業面積區分—中國大陸六線城市

線	城市人口數（萬人）	城市數	都市	百貨業	平方公尺	坪
一線 (first-tier)	1000 以上	4（或 5），另 15 家「新」一線	北上廣深	一、超大型 超級地區型 (super-regional)	74320	22482
二線 (second-tier)	500 ～ 1000	30	1. 大部分省會 2. 兩直轄市 ・天津 ・重慶	二、大型 (regional) ，美國 1200 個另，少數超越大型	37160 ～ 74320	11241 ～ 22482
三線 (third-tier)	300 ～ 500	71	1. 副省會	三、中型 一～三大都是大樓型 (vertical mall)	2787 ～ 37160	843 ～ 11241
四線 (fouth-tier)	100 ～ 300	90	地級市 334 個	四、小型 大都是商場型 (open-air mall)	註：三、四，美國 116000 個	
五線 (fifth-tier)	50 ～ 100	128			2787	843
六線	20 ～ 50	500	縣轄市			

13-12　百貨業生命週期的三階段型態

百貨業有三種業態：百貨店、購物中心到暢貨中心，當你把美中日臺的三個業態的主流時間作表，會發現背後符合「產業生命週期」。伍忠賢（2022）百貨業生命週期（department store industry life cycle），詳見表 13-9 第一、二列。

表 13-9 的竅門之一是以各國市占率第一的百貨店、購物中心、暢貨中心當指標。

一、導入、成長初期的百貨店

1. 百貨店（department store）

這字是「公寓」、「部門」（department）加「store」，可說像五樓公寓般一層一層陳列著各品類（化妝品、男女裝、男裝）。

2. 為什麼百貨公司都賣香水、化妝品

一開始，像 1796 年，英國倫敦市一家百貨公司「Harding Howell & Co.」，1846 年美國紐約市的百貨公司，一樓大都賣香水、化妝品，主因是店外「馬」路上走馬車、馬等，馬隨地小便、大便，馬路很臭。百貨店賣香水，以驅逐店外臭氣熏天。

二、成長中、末期的購物中心

購物中心較寬敞、建材（裝潢）較好，商品等級較高，售價比百貨店高，是跟百貨店拉開距離的業態。

三、衰退期的暢貨中心

大殺價常常代表生意不好作，以產業來說，到了衰退期。

表 13-9　美中日臺百貨業三種業態的發展時程

產業生命週期	成長初期	成長中、末期	衰退期
業態	百貨公司	購物中心	暢貨中心
價格水準（跟平價比）	150%	200%	60%
美國	1858 年梅西百貨公司，第一家店在紐約市曼哈頓設立	1959 年起 2001 年起衰退	1970 年代起 Premium Outlet
中國大陸	1950 年 4 月第一家百貨公司	1996 年廣東省廣州市天河城	2002 年起奧特萊斯（音譯）
日本	1905 年三越百貨 1930 年三越伊勢丹百貨，東京都新宿	1965 年 1981 年 4 月，千葉縣船橋市 LaLaPort 第一家美式購物中心	1999 年 7 月，三井不動產，跟美國 Simon Property Group 公司合資 2.5 億日圓，持股比率 60，40%。

產業生命週期	成長初期	成長中、末期	衰退期
臺灣	1967 年 10 月，遠東百貨臺北市中正區永綏街店開幕 1987 年 11 月，遠東崇光百貨忠孝館開幕 1991 年 10 月，新光三越臺北市南京西路 1 館	1999 年 7 月，桃園市蘆竹區台茂購物中心，22852 坪。 2001 年 10 月，臺北市松山區微風廣場 2003 年 11 月，臺北市信義區「台北 101 購物中心」	2016 年 1 月，新北市林口區三井（Mitsui Outlet Park）奧特萊斯購物城。

® 伍忠賢，2022 年 5 月 7 日。

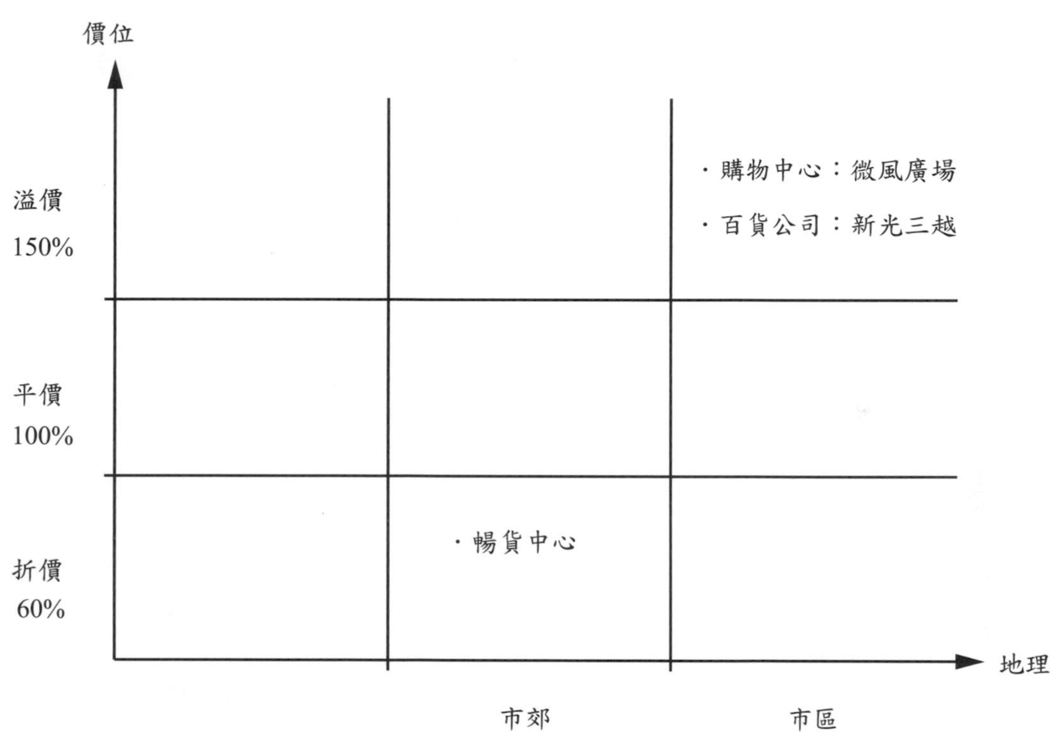

圖 13-7　暢貨中心與百貨公司、購物中心市場定位

13-13 美中日臺百貨業生命週期沿革

基於版面平衡考量，把美中日臺百貨業生命週期的業態發展沿革，在本單元說明，依經濟發展階段的順序，應以「美日臺中」，但是以總產值比重則為「美中日臺」，本書依後者。

一、美國

1. 1858 年起，紐約市第一家百貨公司

1858 年梅西（Rowland H. Macy，1822 ～ 1877）在紐約市曼哈頓先驅廣場開了第一家「梅西」（陸稱美斯）店，每年 11 月下旬感恩節的花車大遊行，電視台會轉播。

2. 1959 年起，購物中心

1946 ～ 1964 年，美國嬰兒潮，一家兩夫妻、五個子女，去購物中心有「餐廳」吃、有東西買，甚至有遊樂場，全家打發一整天。

3. 1970 年代起，暢貨中心

這已在單元 13-6 中服裝折扣店中說過，1970 年代兩次石油危機，全美「低經濟成長率、高失業率與物價上漲率」，想穿品牌服飾，就去折扣店、暢貨中心。

二、中國大陸百貨業

中國大陸百貨業三業態發展如下。

1. 1950 年，百貨公司

第一家店開在北京市，北京華聯集團的第一家店北京 SKP 一直名列第一，2021 年營收人民幣 240 億元。

2. 1996 年起，購物中心

1978 年 12 月起，改革開放，1992 年改革開放大步走，人均總產值以美元計價，1978 年 156 美元、1996 年 709 美元，2004 年 1508 美元。

3. 2002 年起，暢貨中心

2001 年 12 月，中國大陸加入世界貿易組織，外國商品關稅降，再加上 2002 年起，產能過剩問題嚴重，成立「折扣店」、「暢貨中心」（中國大陸音譯 outlets 奧特萊斯）是大勢所趨。

三、日本百貨業

日本百貨業三業態發展如下。

1. 1905 年，百貨店

1860 ～ 1880 年，日本明治天皇維新，在經濟方面衝刺出口，經濟進入起飛前準備階段，人民開始進入小康、小富，有錢光顧百貨公司。

2. 1965 年，購物中心

1960 年起，日本對美大量出超，1960 年人均總產值 475 美元，1965 年 929 美元，進入購物中心熱潮。

3. 1993 年，泡沫經濟破裂，1999 年 7 月，暢貨中心

1995 年人均總產值高點 43429 美元，一路下滑，1998 年 31903 美元；1999 年，三井不動產公司跟美國暢貨中心合作，開暢貨中心。

四、臺灣百貨業

臺灣的百貨業三業態發展如下。

1. 1960 年代，百貨店

1966 年，臺灣經濟部開了三個加工出口區，經濟起飛，1967 年起，百貨店熱潮。

2. 1999 ～ 2015 年，購物中心熱潮

1999 年，人均總產值 12300 美元，進入中所得階段，有足夠人潮與錢潮撐起高檔消費的購物中心。

3. 2016 年起，「暢貨中心」（或購物廣場）熱潮

2012 ～ 2018 年，經濟成長率大都在 3%，人均總產值小幅成長，處於「什麼都在漲，只有薪水沒漲」，2016 年起，日本三井不動產公司把日本經驗運用在臺，在新北市、桃園市、臺中市等大開購物中心。

一、選擇題

( ) 1. 在同一城市，同一商品、品牌，哪種百貨店售價最高？ (A) 購物中心 (B) 百貨店 (C) 暢貨中心。

( ) 2. 百貨公司各專櫃銷售時，由誰開立統一發票？ (A) 百貨公司 (B) 專櫃 (C) 其他人。

( ) 3. 一般來說，百貨公司的建築型態大都是？ (A) 大廈 (B) 平房 (C) 三層樓。

( ) 4. 一般來說，美式暢貨中心建築型態大都是？ (A) 大廈 (B) 平房 (C) 三層樓。

( ) 5. 一般來說，百貨業最大對手是？ (A) 網路商店 (B) 量販店 (C) 服裝店。

( ) 6. 一般來說，購物中心的建築佈置大都呈現？ (A) 橢圓型 (B) 正方型 (C) 菱型。

( ) 7. 一般來說，暢貨中心大都選址於 (A) 大都市中心 (B) 大都市郊區 (C) 鄉村。

( ) 8. 一般來說，百貨業主客群爲？ (A) 成年女性 (B) 成年男性 (C) 兒童。

( ) 9. 一般來說，百貨公司最主要的商品爲？ (A) 化妝保養品 (B) 女裝 (C) 男裝。

( )10. 一般來說到哪一業態，百貨業已走到末期甚至衰退期？ (A) 百貨店 (B) 購物中心 (C) 暢貨中心。

二、問答題

1. 以中國大陸北京市兩家一線百貨公司爲對象，比較其產品組合。
2. 以中國大陸兩家同一城市（例如上海市）兩家一線購物中心比較其產品組合。
3. 試分析「中國大陸購物中心跟百貨公司越來越像」，這句話是否有道理？
4. 以兩家暢貨中心（例如新北市林口區）作表比較其產品組合。
5. 以兩家百貨店（例如臺中市新光三越中港店、遠東百貨台中大遠百店）比較其產品組合。

Note

Chapter

14

美國亞馬遜公司經營管理

網路零售的蘋果公司

美國蘋果公司是史上推出殺手級應用最多的公司（Mac 桌機、音樂播放器 iPod、觸控螢幕智慧型手機 iPhone、平板電腦 iPad），全來自創意滿滿的二位創辦人一史蒂夫．賈伯斯（Steve Jobs）與斯蒂夫．沃茲尼亞克（Steve Wozniak）。

在零售業（至少消費型電子商務）也有罕見的巧合，亞馬遜創辦人貝佐斯開創一個零售帝國，他的經營理念等皆高瞻遠矚，本書以二章詳細說明。

限於篇幅，針對亞馬遜公司行銷管理詳見伍忠賢著《零售業管理個案》（全華圖書公司，2018 年 11 月）第十三章亞馬遜公司行銷組合 I：商品、定價與促銷。

14-1 網路商店龍頭亞馬遜的創業過程

2010 年左右，商店詞彙出現了一個用語：「被亞馬遜了」（to be Amazoned），也就是指，「無助地看著網路公司把你的實體店面顧客與淨利掏空」。

美國谷歌董事長史密特（Eric Schmidt，任期至 2018 年 1 月）說：「對我來說，亞馬遜公司所敘述的是一個傑出的創辦人如何一手推動夢想的故事。在他以外幾乎沒有更好的例子了。蘋果公司大概說得上吧！但是別忘了，大多數人當時都認爲亞馬遜公司沒救了，因爲它的成本結構行不通，虧損又不斷累積。」

本節說明全球網路商店龍頭亞馬遜公司的創業過程。

亞馬遜（Amazon）公司小檔案

成立：1994 年 7 月 5 日，1997 年 5 月 15 日在美國那斯達克證券交易所股票上市

股價：2023 年 5 月 110 美元，市值 1.13 兆美元，本益比 267 倍

住址：美國華盛頓州西雅圖市

資本額：1382 億美元，106.4 億股，其中普通股 101.8 億股

持股比率：貝佐斯 9.78%

董事長：傑夫．貝佐斯　總裁兼執行長：安迪．賈西（Andy Jassy），2021 年 7 月 5 日起

營收（2022 年）：5140 億美元（+9.41%）

淨利（2022 年）：-27.22 億美元，每股淨利 -0.2 美元（2020 年：2.09 美元）

主要產品：網路零售（2200）、雲端服務（801）、網路商店（1177）、商店（190），詳見表 14-7，網路商店 240 萬家

區域分布：北美 59%、北美以外 28%、雲端服務 13%

主要客戶：零售約 2 億人、雲端服務 100 萬家公司

員工數：157 萬人（含兼職人員）

一、有關貝佐斯—布萊德．史東的描述

書店中介紹網路零售巨擘亞馬遜的書，隨便找都有好幾本，包括《amazon.com 的秘密》（《天下雜誌》出版），還有布萊德．史東（Brad Stone）著的《The Everything

Store – Jeff Bazes and The Age of Amazon》，中文本由天下文化出版，《什麼都能賣！—貝佐斯（Jeffrey Bezos）如何締造亞馬遜傳奇》，美國《彭博商業週刊》資深撰述史東，採訪亞馬遜和貝佐斯近十五年。這本傳記式書，透過他跟亞馬遜公司主管、員工、貝佐斯家人的深度訪談，並閱讀大量的內部文件與電子郵件，讓外界難得有機會看見最接近眞實的貝佐斯和亞馬遜公司。

在他的筆下，貝佐斯成了蘋果公司創辦人賈伯斯之外，另一個不出世的狂人。他從創業第一天就有大夢想，不僅要賣書，還要包山包海、無所不賣。

該書完整詳實地描述出亞馬遜公司成長過程中的關鍵時刻、如何成爲第一家在在網路押下大賭注並獲得成功的公司、如何永久改變了人類的購物習慣和閱讀方式，被英國《金融時報》與高盛公司評選爲「2013 年度最佳商業書籍」，值得成爲「全世界破壞性創新者（disrupters）的必讀書」。

二、貝佐斯的致富過程

在表 14-1 中，以《富爸爸窮爸爸》一書中致富十原則來說明貝佐斯的創業與經營理念。

美國貝佐斯小檔案

（Jeffrey Bezos，維基百科稱傑佛瑞．貝佐斯）

生辰：1961 年 1 月 12 日，美國新墨西哥州阿布奎基市

現職：亞馬遜公司董事長，1994 年 7 月 5 日創辦亞馬遜

經歷：D. E. Shaw & Co（註：衍生性商品基金公司）副總裁、信孚銀行（Bankers Trust）副總裁、資訊公司 Fitel 等。

學歷：普林斯頓大學電子工程及電腦科學學士

榮譽：1999 年《時代》雜誌年度風雲人物

《華爾街日報》形容貝佐斯透過亞馬遜公司改變出版和零售行業規則，影響力最接近蘋果公司創辦人賈伯斯。

美國《新聞週刊》第一次發表「數位時代最有權力的百大人物」第一名是貝佐斯。

表 14-1　以《富爸爸窮爸爸》一書致富十原則分析貝佐斯

致富十原則	事實	貝佐斯的看法
一、慾望與野心	偉大的夢想，加上驚人的意志、過人的能力與專注力，以及長遠的視野，讓貝佐斯成為競爭者眼中，最可怕的終極對手。	2010 年 5 月，在普林斯頓大學對畢業生演說：「作為一位文明人，我們擁有如此多的天賦。你要如何運用天賦？你要以自己的天賦為榮，抑或以自己的抉擇為榮？」
二、學習	省略	貝佐斯第一次上網就是大三的一堂太空物理學課
三、勤於動腦	1994 年，貝佐斯任職於迪伊蕭（D. E. Shaw & Co.，註：一家衍生性商品基金公司）投資管理公司，公司創辦人蕭大衛 (David E. Shaw) 因看見了網路的潛力，網路使用率以每年 2300% 速度成長，指派貝佐斯往這方面探討。	「要是你想知道亞馬遜公司為何與眾不同，我告訴你，那是因為我們是真正的以顧客為中心，真正的以長期為導向，也真的喜愛發明。」
四、看見未來趨勢	兩人每週就網路科技浪潮進行討論，在這無數次的討論之中，其中一個浮現的想法便是「萬物商店」(the everything store)，也就是一家擔任顧客與品牌公司之間中介者的網路公司，什麼都賣，而且範圍涵蓋全世界。	在蕭大衛的影響之下，貝佐斯開始關注網路，因此發現了它驚人的成長速度，他想要設立一家網路萬物商店。 如果你老把眼光放在競爭者身上，你只會跟隨競爭者的腳步做事；如果你把眼光放在顧客上，才會讓你真正領先。
五、遠離負面的人與事	2012 年 1 月 17 日，權威財經網站 MarketWatch 評選貝佐斯為 2011 年的年度執行長。在最不確定的經濟環境中，他展現出想像力、遠見與十足樂觀。 亞馬遜公司早期員工貝斯特 (Eric Best) 說：「貝佐斯證明了他有驚人遠見，以現在的亞馬遜公司來說，我認為任何事情都是有可能的。」（工商時報，2012 年 1 月 18 日，A9 版，林佳誼） 在《The Everything Store》書中對貝佐斯有非常生動的描寫。例如，他生性節儉、極度注重細節、重視長期利益（寧願犧牲短期利潤）。他還是個直來直往、喜怒形於色的人，不滿時會直接嗆員工，「你憑什麼浪費我的生命？」「如果我再聽到這個想法，我就去死。」	1994 年春天，貝佐斯找蕭大衛懇談，說自己打算辭職，創立網路書店，貝佐斯在思考下一步怎麼做的時候，他才剛讀完石黑一雄的小說《長日將盡》。故事背景是大戰時期的英國，一位在貴族莊園服務的老管家緬懷往日種種和自己的生涯選擇。此書觸發貝佐斯思考日後回顧人生的重要轉折時，會怎麼看自己，最後如果錯過了這波網路浪潮，必然會後悔莫及…這麼一想，我就豁然開朗，當下就知道該怎麼決定了。「當你 80 歲，在安靜時課獨立省思自己的一生，最動人的故事將是你所做的連串抉擇。到頭來，我們的一切都是自己的抉擇造成的。」

致富十原則	事實	貝佐斯的看法
六、勇於冒險	1994 年，貝佐斯向董事長蕭大衛表示：「我想要開一家在網路上賣書的公司」蕭大衛帶他到紐約市中央公園走了好大一圈，仔細聽他的計畫，最後說：「這聽起來是很棒的主意，如果是沒有一份好工作的人去做就更棒了。」蕭大衛要他考慮四十八小時再做決定。	貝佐斯說：「我試著想像 80 歲時回顧我的人生。我知道我不會後悔沒領到 1994 年的華爾街證券公司紅利。但是錯過網路熱潮—那就真的很商！」當時他剛過三十歲，1993 年結婚。他告訴太太麥肯琪 (Mackenzie) 他有了創業的瘋狂念頭，想辭掉工作。他太太明白他從小的嗜好是當個發明家，便全心支持他創業。心意已決，貝佐斯和妻子離開紐約，前往西雅圖市。老婆開車，他就在車上使用筆記型電腦撰寫營運計畫。
七、努力	2018 年 10 月 14 日，《華爾街日報》報導，貝佐斯表示他身為高層主管的每日首要工作，就是做出少量高品質的決策，這也代表必須擁有八小時充足睡眠，「讓我思維較佳、有更多活力，心情更愉悅」。	1994 年秋天，亞馬遜網路書店在貝佐斯的自家車庫裡開張，他跟妻子親自為第一批網路訂書的顧客打包書本。
八、誠信	貝佐斯對消費者第一的執著，曾經引起亞馬遜公司員工的不滿。亞馬遜公司前工程師艾倫．拉塔沙克 (Ellen Ratajak) 在接受《華盛頓郵報》的記者採訪時透露，貝佐斯堅持要讓消費者滿意的企圖心，經常到了「不可理喻的頑固程度」，也會在會議上大聲斥責同仁。（摘自今周刊，2013 年 8 月 19 日，第 36 頁） Crystal Rock 資產管理公司基金經理 Jay Freedman 表示，貝佐斯已贏得一種地位，那就是無論他朝哪個方向前進，顧客都會跟隨著他。（工商時報，2012 年 1 月 18 日，A9 版，林佳誼） 亞馬遜公司的企業文化是貝佐斯意志與想法的延伸，他不斷鞭策員工為顧客提供最順暢的購物經驗。專利的「一鍵下單」(one click) 服務，也成為他所堅持的顧客至上文化，最獨特的典範。	2009 年，亞馬遜公司收購薩波斯公司 (Zappos.com)，貝佐斯錄了 8 分鐘影片給薩波斯員工們看，介紹亞馬遜公司的企業文化，只有很簡短的四點。 1. 執著於顧客 2. 發明 3. 思考長遠 4. 永遠是第一天 貝佐斯在董事長的位子上一直著重如何提升顧客體驗。他認為，只要顧客有一次不滿意，顧客就不會再回來。 這種幾乎能以宗教比擬的消費者本位思想，「因為對顧客的執著，所以我要『創新』(invent)。」貝佐斯在影片裡說。「當我們遇到問題時，我們不會選擇 A 或 B，一定會想出一個方法解決兩難，同時完成 A 和 B。」 消費者不會主動告訴你應該怎麼做，所以，貝佐斯要求同仁必須先改變自己的思維，才跳出框架，為了消費者而改變。
九、面對挫折的能力	從亞馬遜公司在西雅圖市的辦公大樓，可以看出貝佐斯完成零售霸業的強烈企圖心。每一棟大樓，都用公司的一個里程碑命名。例如，其中有一棟大樓是以公司第一位顧客的名字命名。彷彿公司所邁出的每一個關鍵步伐，都在創造歷史。	貝佐斯對首先分享自己創業十五年來犯過的許多錯誤，「我全身都是疤痕」。

（續）表 14-1　以《富爸爸窮爸爸》一書致富十原則分析貝佐斯

致富十原則	事實	貝佐斯的看法
十、耐心、堅持下去的紀律	貝佐斯不以現狀自滿，他說「還只是剛剛開始。」公司要不斷追求更便宜的價格，以及更快速的宅配。如果你想創新，意味著你得先做實驗，而做實驗總有可能在中間失敗；如果你有可能在中間失敗，你就必須把計畫的時間拉長。	「思考長遠」就是給予一項商業創意五到七年的時間去取得成功。「你必須承受遭到誤解，」貝佐斯說明。「我們的許多發明在初期或許無法受人了解，但我們一定要想著長期，於是我們可以忍受被誤會。」2007 年貝佐斯接受《哈佛商業評論》編輯訪問時表示：「我們的每一項新事業，在初期時都被外部甚至員工視為旁門左道。」他說，亞馬遜公司進軍非媒體產品和國際市場時都遇到這種問題。

資料來源：部分整理自財訊雙週刊，2011 年 1 月 20 日，第 84 ～ 86 頁。

14-2　亞馬遜公司的經營理念

正確的開始，成功的一半；這代表「決策」（策略）的重要性；贏在起跑點，這代表「先發制人」。

這些俚語也適用在公司經營（教科書稱爲策略管理，strategic management），至於公司「管理」，只是由總經理帶隊執行。公司董事會（尤其是董事長）比較像建築師、總經理及其部屬比較像營造公司的，營造公司只是照圖施工；所以知名的建築物（例如法國羅浮宮玻璃金字塔由貝聿銘設計）大部分人只知道建築師名字，很少人去知道哪家營造公司蓋的。

2017 年 10 月 29 日，全球媒體報導美國亞馬遜公司董事長貝佐斯身價 938 億美元，超越比爾．蓋茲；繼 7 月後，持續成爲全球首富。

一、有關貝佐斯

簡單的比喻，貝佐斯可說是「零售型電子商務版」的賈伯斯（Steve Jobs，美國蘋果公司三位創辦人之一）。

1. 父母借他 30 萬美元創業

美國傳記作家史東（Irving Stone）認為，賈伯斯、甲骨文創辦人艾里森（Larry Ellision）都是養子、繼子，讓他們有極強動力追求成功。本書作者們認為貝佐斯也是。

2. 離開舒適圈，投入新領域

1994 年，貝佐斯看到網際網路「科技」前景，辭掉高薪工作，搬到華盛頓州西雅圖市，創立亞馬遜公司，1995 年 7 月開始在網路上賣書。

二、經營理念

公司的經營理念（business philosophy）大都由公司創辦人塑造，對外，這涉及對顧客的態度，對內涉及對員工和股東的看法。

由表 14-2 可見貝佐斯塑造的亞馬遜公司經營理念。

表 14-2　亞馬遜公司的經營理念

項目	經營理念 *	創業第一天心態 **
一、高瞻遠矚長期的經營觀點	1997 年 5 月 15 日，亞馬遜公司股票上市後貝佐斯給股東的第一封信，標題就是「重點都在長線」，內容指出如果公司做的事情需要三年的時間，那必定跟一大堆公司在競爭，但如果願意投資七年，那對手只留下一小撮，因為很少公司願意這樣做。	擁有第一天心理的公司才正要發揮潛力，然而擁有第二天心態的公司已停止創新，接下來必然走向衰退，最終死亡。—貝佐斯 對遠景執著，對細節保留了彈性
二、策略	1. 公司策略 在顧客生活方面作好作滿，且逐漸垂直整合 2. 成長速度 成長大於獲利	1. 加快決策速度：有七成資料即可作決策，作決策可「不同意但執行」，2012 年致股東信：「主動回應比被動回應好」

（續）表 14-2　亞馬遜公司的經營理念

項目	經營理念 *	創業第一天心態 **
(一) 核心價值主張	秉持顧客至上，專注於滿足顧客的需求，不斷地突破舊思維，開放負面書評、開啓聯營行銷方案之風，付費給導覽的合作網站、積極開發相關技術以提供顧客便利與靈活的「一鍵下單」與付款機制等，大幅度的提升服務品質與效率，為顧客創造簡單、快速、直覺及美好的購物體驗，其經營方式常成為業界的標竿及模仿的對象。	2. 以顧客為中心：專心帶給消費者更好的產品，甚至是發明全新產品，例如「亞馬遜黃金會員」(Amazon Prime) 貝佐斯說：亞馬遜公司定位為面向顧客的公司
(二) 商品 1. 硬體產品	在硬體方面，2007 年 11 月 19 日推出電子閱讀器 Kindle 系列，積極開發結合物聯網概念及語音辨識技術的智慧裝置，如 2015 年 4 月 1 日 Dash、Dash Button（即一鍵點擊購物按鈕，售價約 4.98 美元）、2014 年 11 月推出智慧音箱 Echo 系列裝置，在數位經濟版圖上的布局既深廣。	3. 維持在初創業心態需要耐心實驗、接受失敗、播種，保護幼苗，並且在看到顧客喜悅時加倍努力。
2. 軟體	生態系統的建立與經營，亞馬遜公司非常積極建構其完整及穩固的生態系統。例如期透過開放 Alexa 語音助理開發工具，以 Echo 系列商品作為智慧居家服務之入口，推出 1 億美元的投資基金 Alexa Fund，鼓勵 APP 開發公司推出基於 Alexa 語音技術的服務，吸引開發公司為其打造了 7,000 項服務。	4. 不相信「沒有功勞，也有苦勞」 許多公司堅持員工「照章行事」，以致把工作流程當結果，有經驗的主管會改善工作流程。
三、獎勵制度	由 20 多年該公司的策略佈局與研發投資，可看出其長期聚焦的努力；其研發經費每年幾幾乎都占營收的 12%，以 2021 年資料來看，研發費用約 560.52 億美元，市場也因而給予高度的評價。	5. 不要對抗大趨勢：大趨勢是人工智慧、物聯網，亞馬遜推出下列。 (1) 語音助理：Alexa (2) 降低雲端服務 (AWS) 公司收費。 (3) 無收銀人員超市：亞馬遜「拿了就走」(Amazon Go)。 (4) 物流宅配：無人機送貨。

* 資料來源：整理自經濟日報，2018 年 1 月 7 日，A2 版，社論「加速國際跨域整合，驅動產業升級」。

** 張庭瑜，「貝佐斯 2017 年股東信，從四大面向說明亞馬遜如何保有第一天心態」，數位時代雜誌，2017 年 4 月 14 日。

圖解亞馬遜公司成功之道小檔案

時：2017 年 12 月

地：美國加帕薩迪納 (Pasadena) 市

人：Sellbrite 公司是美國的數位行銷溝通軟體公司，2011 年成立，在美國加州帕薩迪納市

事：「亞馬遜公司如何賺錢」（How Amazon Makes its Money）以圖方式分解亞馬遜公司損益表幾個大項目

14-3 亞馬遜公司的企業文化

一、取名為亞馬遜的原因

1. 一定要以 A 開頭

在各種以英文名稱檢索的方式中，A 是起頭，而且有「佳」的涵意。

2. 挑亞馬遜這個字

貝佐斯查字典，南美洲的亞馬遜河，按流域面積和水流量計算，是全球最大的河；此外，「富有異國情調且與眾不同」。

二、亞馬遜公司組織設計

由表 14-3 可見亞馬遜公司組織圖，公司 159 萬位員工，部門少。

1. 17 位高階主管（即不含董事會）。
2. 平均任期 16 年，大抵是 2002 年進公司。

三、獎勵制度

2022 年亞馬遜公司貝佐斯基本年薪 81,480 美元，全體員工薪資平均值 10.1257 萬美元，薪資水準中上，但亞馬遜物流中心員工薪水偏低，偏重勞力密集的全職或兼職工作。

四、領導型態

1. 時：2016 年 5 月 11 日
2. 地：科林論壇（Code Conference），這是媒體集團 Vox 舉辦的，地點在加州洛杉磯市
3. 人：摩斯伯格（Walt Mossberg）博士
4. 事：蘋果公司創辦人賈伯斯有最棒的膽識和直覺，微軟公司比爾．蓋茲有絕頂聰明的程式編碼技術，貝佐斯最具有探索知識的好奇心，以及堅持觀點的頑固個性。

貝佐斯在開會時，都鼓勵高階主管離題、腦力激盪，讓大家不斷去發問、發問和發問，而不是固定住議題，還沒出發就知道要去那裡。

五、企業文化

詳見表 14-1。

表 14-3　美國亞馬遜公司組織表　2023 年 5 月

組織層級	部	主管職稱	人
一、經營階層			
(一) 董事會	1. 一般董事：6 席 2. 獨立董事：5 席	董事長	Jeffery Bezos
(二) 獨立董事直轄	公司秘書		David A. Zapolshy
二、總裁			Andrew R. Jassy
事業部	雲端服務	執行長	Adam N. Selipsky
	廣告	資深副總裁	Coolen Anbery
三、事業發展		資深	Peter Krawiec
1. 研發	126 實驗室 (Lab 126)	資深	Rohit Prasad
2. 生產			
3. 營運與行銷			
電商服務		資深	David Treadwell
行銷		資深	Jennie Perry
溝通		—	Katipe Curran

組織層級	部	主管職稱	人
國際消費事業（商店）		資深	Dougla J. Herrinton
會員		資深	Neil Lindsey
全球物流		資深	Alicia Boler Davis
			(2019.4 ～ 2022.8)
四、支援功能			
1. 人力資源		資深	Betti T. Bialetti
2. 資訊	技術長		Werner Vogels
3. 財務		資深	Brian Olsavsky
會計		—	Shelly L Reynolds
4. 法律		資深	同公司董事長秘書

資料來源：整理自 Comparably，2022 年 5 月 7 日。

14-4　亞馬遜損益表分析

亞馬遜公司把物流成本（Fullfillment Cost）分成兩大類，各再細分兩中類。在表 14-6 中先細項的讓你體會到物流成本占亞馬遜公司營收 16.245%，很重大數字。本單元作出亞馬遜詳細損益表，讓你可以看到物流成本數字。

一、完整亞馬遜損益表

表 14-3 是完整的亞馬遜損益表，只有本書看得到，你只須看兩年年報（或證券交易會的 10-K 報告）的附註，再加上把會計科目拆解能力。

二、營業成本

套用製造業「營業成本包括原料、直接人工與製造費用」，把亞馬遜的營業成本分成三項，詳見表 14-4。

1. 銷貨成本（cost of good sold）

銷貨成本包括兩項：購貨成本與運輸費用，運輸費用數字在財報附註中。

2. 運輸費用（shipping costs）

由表 14-6 可見，運輸費用包括兩項。

- 供應鏈物流費用（supply chain logistics costs）：這是指亞馬遜公司各地區發貨倉庫發或到各州物流中心，再送貨到各市送貨倉庫的費用。
- 宅配費用（delivery charges）：這是指由發貨點到消費者指定收貨點的費用，以外包的宅配公司來說，分美國國內國外，主要公司如下。

① 美國國內：美國郵政署、優比速快遞（UPS）；

② 美國國外：法國的基華物流（CEVALogistics）、美國的聯邦快遞。

3. 製造費用下的折舊、分攤費用

三、營業費用

亞馬遜營業費用有四項，其中兩項須特別說明。

1. 亞馬遜網路服務公司成本

亞馬遜網路服務公司（Amazon Web Service Company）是亞馬遜子公司，在亞馬遜合併財報中，其營業成本費用單獨在營業費用中以「technology & content」科目列示。但是外界金融服務公司，在列出亞馬遜損益表時，把這項列爲「研究發展費用」。

2. 物流成本

由表 14-6 可見，這主要包括兩小類。

- 物流中心：顧客服務中心營運、訂單處理、倉儲、收發貨，詳見表 14-5。
- 資金流：支付系統成本。

表 14-4　2022 年亞馬遜損益表結構

一般公司	亞馬遜	億美元	%
營收		5140	100
－營業成本	cost of goods 包括下列二項	3731	92.59
原料	購貨成本（purchase price）	2633	51.22
直接人工	物流成本（shipping cost）	843	16.4

一般公司	亞馬遜	億美元	%
製造費用	折舊與分攤	255.28	4.97
＝毛利		1409	27.41
－網路服務 (AWS)	科技與內容（technology & content）	732	14.24
－行銷費用	marketing	422.38	8.21
－交易費用	deal	13.87	0.27
－管理費用	general and administration	118.91	2.31
＝營業淨利		122.48	2.38
+ 營業外收入	nonoperating income / expense		
– 營業外支出	利息收入 / 支出	– 181.84	—
= 稅前淨利	pretax income	–59.36	—
– 公司所得稅費用	income tax	–32.17	—
+ 權益調整		—	—
= 淨利	net income	–27.22	—

14-5　損益表趨勢分析

一年的損益表，頂多只有跟前年比較的變動率，這可能受特殊因素影響，例如 2020 年新冠肺炎疫情災情最嚴重；所以五年的趨勢分析有其必要。由於你在網路上查美國公司損益表，例如華爾街日報（WSJ）、總體趨勢（Macro trends）、雅虎，大都只有五年資料，六年只能算出五年平均變動率，本單元採取此期間，詳見表 14-7。

一、營收

平均成長率 37.78%，是美國零售電子商務平均成長率 14% 的 2.7 倍。很重要原因是零售型電子商務（直營、網路商場）大成長。

1. 美國市占率

以 2022 年 7 月來說，亞馬遜市占率 37.8%，沃爾瑪 6.3%、蘋果公司 3.9%、電子灣 3.5%。

2. 趨勢分析：2017～2022 年

從 2017 年 34% 到 2022 年 37.78%。

二、營業成本費用

1. 營業成本四年來成長率

- 商品成本 36.24%
- 折舊分攤成本 32.64%

2. 營業費用平均成長率

以營收平均成長率 37.78% 為分水嶺，只說明營業費用中比這大的兩項。

- 行銷費用 83.9%，亞馬遜越來越砸大錢打廣告，在美國名列前五名。
- 交易成本 46.77%，網路零售的金流等處理成本越來越高。

三、獲利能力

表中兩個數字，比電子類股還爆發。

1. 淨利

營收成長率大於營業成本費用成長率，淨利成長率就會像火箭衝天。

2. 每股淨利

當公司大賺，又嚴格控制股本，那麼每股淨利也會大幅成長。

表 14-5　亞馬遜的銷貨成本與訂單處理費用

項目	銷貨成本	訂單處理費用
英文	cost of goods	fulfillment
說明	1. 購貨成本：已含進貨物流費用（Shipping Costs） 2. 出貨 揀貨（sorting）成本	1. 營運與人事 網路銷售 商店 2. 資金流 交易成本 1. 中心 2. 商店

表 14-6 亞馬遜物流成本包括二項運輸與交易成本

項目	進貨	出貨	2022 年
1. 運輸成本 (shipping cost)	供應鏈物流費用 （Supply Chain Logistics Costs）	宅配費用 （Delivery Charges）	835 億美元 占營收 16.245%
2. 交易費用 (deal costs) 訂單處理成本	—	1. 交易成本：例如顧客服務中心 2. 付款 3. 物流中心人事成本	843 億美元 占營收 16.4%

表 14-7 亞馬遜損益表結構　曆年制

損益表	2017	2020	2022	五年平均 %
－營收	1,779	3,861	5140	37.78
– 商品成本	1,027	2,165	2633	36.24
– 物流成本	2.7	611	835	57
– 其他（折舊等）	97	168	255.28	32.64
= 毛利	659	1,528	1409	22.76
亞馬遜雲端服務公司	226.2	427.4	712	44.72
行銷費用	100.69	220.08	422.38	83.9
廣告費用	—	109	145	65.3
交易費用	252.49	585.17	843	46.77
管理費用	36.74	66.68	118.91	44.73
＝營業淨利	41.06	228.99	122.48	39.66
+ 營業外收入	3	13.54	-181.84	—
– 營業外支出	—	—	—	—
= 稅前淨利	38.06	241.78	-59.36	—
– 公司所得稅費用	7.69	28.63	-32.17	—
其他項	– 0.04	+ 0.16	—	—
= 淨利	30.33	213.31	-22.77	—
* 每股淨利（美元）	0.31	2.09	-0.276	8.71
股價（美元）	58.33	162.455	84	—

四、股市績效

由表中可見，亞馬遜股價五年內由 58.33 美元小漲到 84 美元。2020 年 6 月，一股分拆 20 股，股價降到 170 美元。

14-6 損益表中的營收結構

由表 14-12 可見預估 2029 年起，亞馬遜將成爲全球營收第一大公司，預估營收 7,280 億美元，以全球最大動物藍鯨來說，體重 177 公噸，但解剖起來，器官很簡單；同樣的，亞馬遜營收可用 80：20 原則來分類。

一、營收結構

營收結構又稱「經營模式」（Business Model），主要資料來源是亞馬遜年報，第一種分類方式分成三「塊」（Segment）：北美（占 59%）、國際（占 28%）與亞馬遜雲端服務，本書不討論，只討論表 14-8 方式。

二、對消費者占 78% 營收

這分成商品與服務兩種類：

1. 零售型電子商務，約占 73%

這分成三小點：

- 亞馬遜商店占 43.2%

  這等於是直營網路商店。

- 亞馬遜商場占 22.9%

  這是對亞馬遜商場上網路商店（俗稱第三方賣家）提供物流服務等收取的。

- 訂閱制占 6.85%

  這主要是買家預付宅配運費。

2. 商店

主要是全食超市，但此項營收停滯在 170 億美元，隨著亞馬遜營收成長，商店營收占營收比率會大幅下降。

3. 訂閱服務

這個名詞用得不恰當，主要項目有：

- 會員年會收入：會員主要福利在於宅配費用較低或宅配速度較快。
- 影音訂閱：這比較像網飛（網路影視）、思播（網路音樂）。

三、對公司占營收 22%

由表 14-7 可見，這分成兩中類，至於其他占 0.5%，數字小，不足稱爲中類。

1. 亞馬遜雲端服務公司占營收 15.58%

以全球雲端運算（Cloud Computing）2023 年市場規模約 2500 億美元來說，2022 年第一季，亞馬遜雲端服務公司（Amazon Web Service, AWS）市占率 32%，微軟公司天藍（Azure）23%，谷歌 10%。2023 年數字未更新。

2. 亞馬遜數位廣告

以全球市場來說，2023 年市占率排名大致如下：谷歌 28.8%、臉書（含 IG）20.5%、阿里巴巴集團 9.5%、亞馬遜廣告 7.3%、騰訊 3.1%。

14-7 亞馬遜事業組合 I ：伍忠賢分類

簡單的問題：「亞馬遜是作那一行的？」、「亞馬遜主要營業國家是那一國？」答案是：「亞馬遜八成營收來自商品零售」、「七成營收來自美國」，本單元說明。

一、亞馬遜分類 I

1. 依營業項目分類：產品 vs. 服務

在亞馬遜呈交證交會 10-K 報告中，大約第 38 頁的損益表中營收依「營運」（Statements of Operations），可分兩大類：產品、服務，依表 14-8 上的分類來說，「產品」可說是亞馬遜自營網路商店加商店；其他都屬於「服務」。

2. 結構

(1) 2021 年：50.64% 比 49.36%。

(2) 2022 年：46.9% 比 51.1%。

二、三個市調機構跟亞馬遜不同調

亞馬遜來自「亞馬遜商場對網路商店的服務收入」分類在「服務收入」，但這跟下列外界三個市調機構的分類各式不同。

1. 關鍵字：Amazon net revenue by product group

(1) 德國漢堡市 Stationts 公司，2007 年成立。

(2) 內容：過去 8 年（例如：2015 ～ 2022 年）的六項營收作表，每個 2 月 14 日公布。

2. 關鍵字：Amazon revenue breakdown by segment

美國紐約市的「內幕智慧」公司（Insider Intelligence），2020 年 1 月成立。

3. 關鍵字：Amazon revenue（或 business）model （breakdown）

加拿大溫哥華市的「視覺資本人士」公司（Visual Capitalist），2011 年成立。

三、伍忠賢（2022）的分類

1. 產品零售占 77.35%

這分成兩中類：

- 零售型電子商務占 74.15%

這包括三小類：

- 亞馬遜自營（first party），即 Amazon.com，占 43.2%。
- 亞馬遜第三方（third party），即 Amazon Marketplace，占 22.9%。
- 訂閱制收入，即黃金會員（Prime）的年費，占營收 6.85%。
- 商店占 3.7%

  主要是 510 家全食超市的營收，全食超市對亞馬遜主要效益在於擔任亞馬遜生鮮公司撿貨、出貨、顧客店內取貨店。

2. 服務占 22.15%

對公司服務包括兩中類：網路服務（即亞馬遜網路服務公司 Amazon Web Services, AWS）、數位廣告。

3. 商店 vs. 網路：3.7% 比 96.3%

換另一種分類方式，實體與網路經營，商店占 3.7%，網路經營 96.3%。

表 14-8　亞馬遜的事業組合

大中分類	2021 年		2022 年		營收成長率（%）	依國家 %
	億美元	%	億美元	%		
一、產品 (retail business) (net product sale) =(一)+(二)	3764	80.12	4018.59	77.85	5.28	美 69.28
(一) 電子商務						
1. 自營 （第一方 first party） (Amazon.com)	220.8	47	2220	43.2	0.54	
2. 他營 （第三方 third party） (Amazon Marketplace)	1033.7	22	1177.2	22.9	13.88	日 4.75
3. 訂閱制 (Subscription service)	317.7	6.76	352.2	6.85	10.86	德 6.54
4. 其他	33.8	0.7	42.5	0.83	25.74	
(二) 商店 (Physical Stores)	170.8	3.64	190	3.7	11.24	
1. 全食超市						
二、服務 (net service sales)	887	19.88	1121.41	22.15	43.32	
(一) 公司對公司						英 5.84
1. 網路服務 (SWS)	622	13.24	801	15.58	28.78	
2. 廣告	312	0.64	320.41	6.27	2.7	其他 13.59
小計	4698	100	5140	100		100

※ 資料來源：亞馬遜 10-K，第 37 頁。

14-8 亞馬遜事業組合 II：伍忠賢（2022）BCG 模式

以美國《財星》雙周刊的《全球 500 大公司》（Fortune 500）來說，亞馬遜 2022 年營收 5140 億美元，全球第二，預估 2029 年全球第一，超越沃爾瑪。這麼大的公司，你看它的年報，能不說的儘量不說，例如尊榮會員人數、開發費用等，談到事業（投資）組合分析時，對外宣布的只有依法令的三大事業群，本單元說明。

一、法律命令：子公司獲利揭露

2015 年，美國證券交易會要求上市公司揭露重大子公司營業淨利。

亞馬遜每年 2 月 4 日左右，提交證交會的 10-K 報告中，大約第 23 頁會列出三大事業群營收、營業淨利與兩年變動率。

二、實用 BCG 模式

亞馬遜年報中把營收分成二大事業群，套用伍忠賢（2002）的 BCG 模式爲架構。

- X 軸：營業淨利率 5% 作爲分水嶺。
- Y 軸：營收成長率，一般以 10% 來分「高」、「低」，但是亞馬遜 20%。

表 14-9　亞馬遜各年物流費用占營收比率

項目	2010	2015	2020	2022
(1) 營收	342	1,070	3,660	5,140
(2.1) 運輸費用	25.79	115.39	611	835
(2.2) 訂單處理費用 (fullment)	28.98	134.1	585.17	843
(3) = (2) / (1)	7.54	10.78	16.7	16.245
	8.47	12.51	16	16.4

資料來源：亞馬遜 10-K SEC.gov，約 25 ～ 28 頁。

三、零售業務占營收 78%

由圖 14-1 可見，亞馬遜第一個事業群兩中類生意態勢。

1. 零售型電子商務占營收 74.15%：問題兒童狀況

亞馬遜的本業是零售型電子商務，營收成長快，但因採削價競爭，所以營業淨利低於 5%，2021 年，因新冠肺炎疫情之故，兩小類：(1) 亞馬遜自營商店、(2) 亞馬遜網路商場，皆小賠 10 億、6 億美元。

2. 商店占營收 3.7%：以全食超市為，落水狗狀況

2017 ～ 2020 年皆在損益兩平之下，2022 年營收 190 億美元（成長率 11.24%），淨利 76.6 萬美元。

四、服務業：明日之星階段

1. 亞馬遜網路服務公司，占營收 15.58%

亞馬遜網路服務公司在全球雲端服務市占率 33%，比微軟天藍 22% 還大；簡單比喻，以晶圓代工業來說，亞馬遜網路服務公司可說是台積電。

2. 亞馬遜廣告公司，占營收 6.23%

由於亞馬遜廣告公司財報未公布，不知道其淨利率，一般依社群公司「元平台」（Meta Platform，品牌名稱臉書）來替代，以 2022 年來說，營收 320.41 億美元（廣告占 97.4%），淨利率 33%。

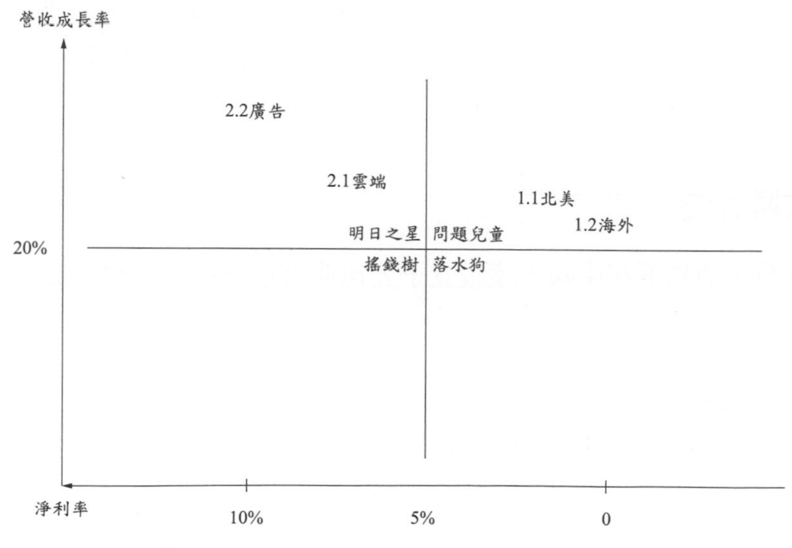

圖 14-2　2022 年亞馬遜二大事業版塊

14-9 亞馬遜事業組合Ⅲ：依國家

上一個單元亞馬遜年報的三大事業群：北美、海外與網路服務，這樣的分類不符合邏輯。營收依客戶國籍來區分，本單元說明，詳見表 14-10。

一、資料

1. 原始資料來源

亞馬遜年報第 66 頁，把營收依工業七大國（G7）中五國與其他分類。

2. 歷史資料來源

德國漢堡市 Statista 公司的“Annual net Sales of Amazon in selected leading market from 2015 ～ 2022”。

二、2022 年分析

1. 結構

由表 14-11 第六欄可見，美國占亞馬遜營收近七成，這很自然，因電子商務關鍵於宅配費用與時間，比較不適合跨國宅配。在各國的發展，大都在地成立子公司，在地經營。

2. 跟全球總產值國家結構比較

由表 14-10 第一、二欄比較，亞馬遜在國外的發展，歐洲最早，德、英 1998 年 10 月；亞洲第二，日本 2000 年 11 月，中國大陸因對外資服務業持股比率等限制，亞馬遜 2004 年 9 月進軍，印度 2011 年 6 月。

三、中國大陸市場

2004 年 9 月，亞馬遜在中國大陸設立子公司亞馬遜商場（中國）之後，兩年因故亞馬遜逐漸撤出。

1. 2019 年 7 月 17 日

假貨打不勝打，2019 年 7 月 18 日，亞馬遜關閉亞馬遜商場（中國）平臺，其他業務照常，例如跨國出貨。

2. 2021 年 10 月

亞馬遜電子書閱讀器 Kindle，在淘寶（天貓）旗艦店關店，只剩京東旗艦店。

四、趨勢分析

1. 2021 年，跟各國總產值結構相吻合

在表 14-10 中第一欄是依各國五大國占全球總產值比率順序排列，可見，亞馬遜在決定「國內與國外」市場，主要依各國占全球總產值比率排名而定。

2. 趨勢分析

以 2015 年跟 2022 年來說，美國占比重為 69.28% 小增 3.36 個百分點，部分原因是日、德、英市場成長率低於美國。

表 14-10　全球五大經濟國與亞馬遜各國營收

年		2015 年		2022 年	
國	%	億美元	%	億美元	%
1. 美	24.2	705.4	65.92	3561	69.28
2. 中	17.8	–	–	–	–
3. 日	5.38	82.6	7.72	244	22.96
4. 德	4.46	118.2	11.05	336	6.54
5. 英	3.27	90.3	8.44	300	5.84
6. 其他	–	73.6	6.87	698	13.59
	100	1070.1	100	5140	100

資料來源：亞馬遜公司年報第 66 頁。

14-10　亞馬遜事業發展進程

羅馬不是一天造成的，分析一個國家開疆闢土，跟分析一家公司的事業發展進程的道理是相通的，其中關鍵之一是「斷代」（division of history into periods），如此更細緻的了解亞馬遜的發展進程，詳見表 14-11。

一、 公司生命週期

1994 年 7 月 5 日，美國國慶日（7 月 4 日）後「第一天」（Day One，或 Day 1），挑這天成立公司是有塑造企業文化涵意。1995 年 4 月 3 日，賣出第一本書，套用產「業」（或品）生命週期四階段「導入－成長－成熟－衰退」，依營收成長率把亞馬遜分成「導入」、「成長期三次期」。

二、本業：商品零售

1. 導入期：1995 ～ 2000 年

亞馬遜這個巨樹森林，主要是在導入期兩個零售型電子商務業組成。

(1) 亞馬遜自營：從 1995 年 4 月營業日起算。

(2) 亞馬遜商場：1999 年 11 月 10 日，各網路商店對外營業。

2. 成長初期：2001 ～ 2010 年

2005 年 2 月 2 日，推出「尊榮」會員 (Prime) 制，繳年費 79 美元，享受基本宅配（2 日配）的貨運費好處。

3. 成長中期：2011 ～ 2015 年

4. 成長末期：2016 ～ 2030 年

2017 年 8 月，亞馬遜花 137 億美元收購全食超市（Whole Foods Market），主要效益是作爲亞馬遜生鮮公司撿貨、出貨、顧客店內取貨的方式，重點在於擴大零售型電子商務範圍。

三、服務業：2006 年起

2003 年 12 月起亞馬遜開始由「燒錢」階段，進入賺錢階段，這時末期全增資，股價較高，2004 年 2.21 美元，2005 年 2.35 美元。進軍兩個零售型電子商務的支援行業。

1. 亞馬遜網路服務公司：2006 年 3 月起

亞馬遜成立亞馬遜網路服務公司，2006 年股價 1.9681 美元，2007 年 4.62 美元。

2. 其他營收，主要是數位廣告：2012 年起

2003 年 10 月，在加州奧羅奧圖市，亞馬遜成立 A9.com 公司，發展網路搜尋和廣告技術。

2012 年，亞馬遜成立亞馬遜廣告公司（Amazon Advertising，2018 年 9 月 5 日，前身有三家公司），專門換品牌公司（包括日本索尼）的數位廣告，2011 年股價 8.63 美元，2012 年上升到 12.51 美元。

表 14-11　亞馬遜集團事業進程

生命階段	導入	成長初期	成長中期	成長末期
年	1995 ～ 2000	2001 ～ 2010	2011 ～ 2015	2016 ～ 2030
一、經營績效				
(一) 營收	0.051 ～ 27.02	31.2 ～ 34.2	481 ～ 1070	1,360 ～ 8,000
(二) 淨利	− 0.03 ～ − 14.11	− 5.67 ～ 11.52	6.31 ～ 5.96	23.71 ～
(三) 股價（美元）	53.55 ～ 0.7761	0.5397 ～ 8.9784	8.63 ～ 33.71	37.4 ～
二、事業：零售				
(一) 電子商務				
1. 自營	1995.3			
2. 商場	2000.11			2017 年
3. 訂閱	1999.11.30	2005，會員制		
4. 其他		2005.12		
(二) 實體商店				
1. 全食超市				2017.8
2. 商店				2018.1
三、公司對公司				
(一) 網路服務		2006.3		
(二) 廣告			2012 年	

14-11 沃爾瑪與亞馬遜 2030 年營收、股價預估

站在公司中游角度、證券投資人角度，都想知道沃爾瑪與亞馬遜的龍爭虎鬥何時分勝負。

一、資料來源

一般人喜歡「畢其功於一役」，以未來 10 年的營收、淨利、每股淨利和股價來說，表 14-12 中西班牙拉斯帕爾斯省聖巴托洛梅鎮（San Barto Lome）的「股票預測」（Stock Forecast）網路公司。

但當我作到表 14-13 下半部亞馬遜的每股淨利、股價時卻發現數字錯得離譜，於是找相對的資料來源。

二、損益表

1. 營收：2029 年亞馬遜超越沃爾瑪

2029 年亞馬遜預估營收 7280 億美元，超越沃爾瑪 2029 年度（2028 年 1 月迄 2029 年 1 月）預估營收 7179 億美元，成爲全球營收最大公司。主力還是零售型電子商務，因亞馬遜雲端服務公司占營收 16%、廣告公司占 0.5%。沃爾瑪全部集中在零售業，營收年成長率 3.1%，淨利成長率 9.1%。

2. 淨利：2020 年亞馬遜超越

2020 年亞馬遜 213 億美元，第一次破 200 億美元，超越沃爾瑪的 148.8 億美元，過去高峰 2013 年度 170 億美元。

亞馬遜的金雞母在毛利率 60% 的亞馬遜雲端服務公司，和毛利率 40% 的廣告公司，零售型電子商務勉強打平。

三、股市績效

1. 本益比：亞馬遜高本益比

由表 14-13 可見，亞馬遜跟特斯拉公司一樣，預估 2025 年前本益比 50 倍以上，2026 年起，低於 50 倍。

2. 股價：亞馬遜勝

看股價不太準，因股票分析；看本益比，亞馬遜本益比較高。

表 14-12　美國一線公司營收、每股淨利、股價預測機構

	地	人	事
一、損益表			
1. 營收	西班牙聖巴托洛梅鎮	Stock Forecast、Stock Analysis	幾乎逐日提供全球一線公司 17 位證券分析師的未來 8 年營收、淨利、股價等預測值。
2. 每股淨利	美國紐約市	Masday.com	11 位證券分析師預估未來 4 年，例如 2023 ～ 2026 年，預測未來 10 年（例如 2023 ～ 2033 年）股價。
二、股市			
1. 股價	—	CoinPrice Forecast	2023 年 5 月 12 日

表 14-13　沃爾瑪與亞馬遜預測營收、每股淨利與股價

20xx	21	22	23	24	25	26	27	28	29	30
一、沃爾瑪										
(1) 營收（億美元）	5591	5727	6019	6195	6309	6500	6732	6956	7179	7413
(2) 淨利（億美元）	135	136	185	175	188	221	235	227	236	246
(3) 每股淨利	4.75	4.87	6.74	6.6	7.18	8.52	9.21	9.54	10.21	10.93
(4) 本益比（倍）	29.98	24.64	22.11	22.08	22.1	22.01	22.15	22.12	22.17	22.14
(5) 股價（美元）= (3)×(4)	143	146	149	145.7	158.7	188	204	211	226	336.66
二、亞馬遜										
(1) 營收（億美元）	4698	5140	5647	5816	5990	6290	6604	6934	7280	7645
(2) 淨利（億美元）	333.64	-27.22	24.55	413	425	447	469	492	517	543
(3) 每股淨利	3.24	-0.27	1.44	2.56	3.77	5.8	6.35	6.8	7.7	7.4
(4) 本益比	51.2	-	83.3	59.375	52.25	41.38	43.62	42.79	40.91	44.46
(5) 股價（美元）= (3)×(4)	166	95	120	152	197	240	277	291	315	329

沃爾瑪年度 2022.1 ～ 2023.1，亞馬遜曆年制。

每股淨利分 2 種：基本、稀釋過 (dilated)。

一、選擇題

(　) 1. 全球最大營收的零售型電子商務公司是　(A) 美國亞馬遜　(B) 中國大陸淘寶　(C) 中企京東。

(　) 2. 亞馬遜董事長是誰？　(A) 傑夫・貝佐斯　(B) 喬・拜登　(C) 比爾・蓋茲。

(　) 3. 亞馬遜最大股東是誰？　(A) 傑夫・貝佐斯　(B) 先鋒　(C) 貝萊德。

(　) 4. 亞馬遜的基本事業是什麼？　(A) 零售型電子商務　(B) 網路廣告　(C) 雲端服務

(　) 5. 亞馬遜的訂閱服務不包括什麼？　(A) 宅配　(B) 網路影音　(C) 出國旅遊。

二、討論題

1. 亞馬遜公司從創業迄今，至少已 28 年，皆由創辦人傑夫・貝佐斯擔任董事長，一個人怎能如此長期間作對且不厭倦呢？
2. 找資料說明貝佐斯如何學習，才能在各項事業領先時代。
3. 試比較亞馬遜公司跟好市多的企業文化。
4. 亞馬遜的三大事業在 BCG 模式中處於哪個象限？
5. 亞馬遜公司 2023 ～ 2030 年營收，股價預測有什麼問題？

Note

Chapter

15

零售業運籌管理：美國亞馬遜個案分析

亞馬遜公司是全球零售業最大亮點

電視新聞很喜歡報導某大機場的旅客行李自動運送、上行李車到上飛機的過程，也很喜歡報導某大公司倉儲的自動進貨、倉儲、檢貨與出貨。

如果只舉一家公司來說明運籌等管理，那亞馬遜一定是第一人選：亞馬遜 2023 年預估營收約 5647 億美元，其中商品（不含數位內容）約占 71%，營收約 4,000 億美元，銷售範圍涵蓋全球 22 國（七成在美）。

2022 年亞馬遜物流費用占營收 16.245%，交易處理費用 16.4%，這兩者合稱物流成本，總計約 1,678 億美元，在 2022 美國《財星》雜誌全球 500 大公司中，比第 11 名美國 AT&T 高。

亞馬遜公司深知與對手競爭的優勢在於：宅配費用低、宅配速度快，因此亞馬遜有許多妙招：例如預測式庫存等，這在其他公司很難看到。

15-1 亞馬遜公司物流中心的策略貢獻

商店的店內（大潤發 1,000 元以上單筆訂單）、網路購物，和零售型電子商務的網路商場、網路商店都會面臨供應鏈物流、消費者物流（home delivery，在臺灣簡稱宅配），本書以全球最大零售型電子商務公司亞馬遜公司爲例說明。

2015 年美國彭博資訊公司的新聞報導把亞馬遜公司形容成「沃爾瑪（商店）」加「聯邦快遞（物流公司）」，這個比喻貼切說明網路商場的經營狀況，主要是要有很齊全的商品，宅配費用要低且時間要快，本章說明後者。

一、第一階段：1995 年 7 月～ 1999 年

這是亞馬遜公司的創業前 3.5 年，也是零售型電子商務業的導入期，各家「早期導入者」摸索經營之道，在運費方面，按宅配公司的收費向消費者收費，甚至外加宅配處理費。由表 15-1 可見，這階段「運費收入除以運費支出」大於 1，以 1999 年來說 105%，多的 5% 便是宅配處理費。

這期間，隨著營收擴大，亞馬遜公司跟宅配公司（美國郵政署、優必速和聯邦快遞）的議價能力提高，所以對單筆訂單及運費門檻一再下修，由 1999 年 99 美元，降至 49 美元。

1996 年，亞馬遜公司營收 0.16 億美元，爲了迎接業務拓展，1997 年起，開始興建物流中心（fulfillment center，公司不用 distribution 一字，有人譯爲物流中心），先在華盛頓州西雅圖市和德拉瓦州各設一個物流中心，只有 9.3 萬平方英尺（2,600 坪）。

二、第二階段：2000 年起靠低宅配費用取勝

1999 年起，亞馬遜公司由網路商店擴大爲「網路商場」，商品品類大增，爲了幫網路商店衝業績，因此對消費者進行運費補貼。

1. 宅配運費補貼

網路購物對消費者最大好處是「方便」，宅配公司會送貨到府，像新加坡蝦皮拍賣、來贊達 (Lazada) 等都替消費者付一部分運費，以運費補貼方式降低消費者的運費負擔，以刺激消費者上網購物。這是大部分網路商場、商店「燒錢」的主因，「燒錢」猶如「抱

薪救火，薪不盡火不滅」，許多網路商場靠此割喉戰，拖死對手後，再來收拾「戰場」。亞馬遜公司的成功關鍵因素在於「物流費用」低且物流速度快，在商品價格（例如蘋果公司手機）不變情況下，對消費者來說，上亞馬遜公司網站購物，比其他網路商場便宜，那麼消費者自然會一直轉來。由表 15-1 可見，在這階段，亞馬遜公司依序推出兩批宅配費用優惠。

2. 1995 年免運費門檻降到 99 美元

1995 年起，單筆訂單 99 美元以上「免運費」（free shipping），八成以上訂單都免運費，對亞馬遜公司來說，訂單 50 美元以上免運費是損益兩平，低於此，等於亞馬遜公司「代付運費」，對消費者提供「運費補貼」（freight allowance）。

3. 2005 年推出會員制

到了 2005 年，競爭激烈了，亞馬遜公司客群變廣，爲了經營熟客，推出宅配年費制，即繳 99 美元，便可在單筆訂單 35 美元以上時，免運費，這對消費者可說是「吃到飽」，買得越多，越划算。

表 15-1　亞馬遜公司在宅配的三階段的收費與服務

階段	I 價格優勢	II 價格優勢	III 時間優勢
一、期間	1995.7 ～ 1999 年	2000 年起	2014 年起
二、宅配運費	一般會員免運費門檻為 1995 年 99 美元，有另一種說法是 2015 年 49 美元，2017 年 2 月 35 美元，5 月 25 美元。	2005 年實施會員制度 1. 營收：年費 79 美元 2. 成本 (1) T + 1 日送達，運費打折 (2) T + 2 日送達，免運費	2014 年在紐約市推出「會員 1 小時宅配」（Prime Now）。 2015 年 9 月出亞馬遜「Flex」，顧客可透過手機 APP 申請「會員 1 小時服務」。 2016 年出貨量約 72 億件，2020 年約 126 億件。
三、全球運籌部經營績效	(1) 收入 (2) 支出	(3) = (1) / (2)	運籌營收成本比率
(3) = (1) / (2)	1999 年 105%	2004 年 68% 2010 年 46.26%	2014 年 51.51% 2017 年 55.52%

三、第三階段：2014 年起，以快取勝

2014 年起，當各家網路商場對顧客的運費補貼都已「大絕招使盡」，於是競爭項目轉到「快速宅配」，由表 15-1 可見，亞馬遜公司在大都會區先試辦。

1. 2014 年「會員 1 小時」（Prime Now）

先在紐約州紐約市推動「會員 1 小時」宅配，2015 年再推廣到 37 個大城市。

2. 2015 年

由表 15-1 第二欄可見，2015 年起，亞馬遜公司在美國 37 個城市試營運「在城市消費」（Consume the City）的快速宅配業務。

四、全球運籌部的貢獻

1. 貝佐斯的看法

在 2016 年的亞馬遜公司年報中，公司董事長貝佐斯致股東函中，強調物流中心與宅配是公司營收成長主要動力之一，使 2015 年營收突破 1,000 億美元。

2. 亞馬遜公司前副總裁 John Rossman 的看法

他表示：「在貝佐斯和其高階管理階層眼中，物流是保障亞馬遜公司在電子商務龍頭地位的關鍵。」

《物流致勝》書小檔案

作者：角井亮一

出版公司：商業周刊

日期：2017 年 10 月 12 日

內容：以美國亞馬遜、沃爾瑪到日本樂天市場、7-11 為對象，說明靠物流搶攻市場，決勝最後一哩路。

15-2 亞馬遜商場的賣方

2021 年，亞馬遜商場上 250 萬家賣家（the third-party sellers），營收約 1033 億美元，占營收 22%，亞馬遜自營電商占營收 46.5%。

亞馬遜能留得住這些賣家方式：「擴大營收（主要是亞馬遜廣告、快速宅配）、降低成本（商場成本，尤其是宅配、物流成本）」。本單元先了解這些賣家的資料。

一、亞馬遜商場賣家調查

美國的叢林尖兵公司每年 12 月 1 日到翌年 1 月 3 日，共 1 個月，針對全球 117 國家的 3500 家賣家，進行網路問卷調查，2 月 20 日公布《The State of Amazon Seller》。

叢林尖兵公司（Jungle Scout Company）

成立：2015 年 2 月

住址：美國德州奧斯汀市

人：Gerg Mercer

員工數：200 人

業務內容：是網路商店的軟體公司，包括存貨管理、銷售智慧

二、2021 年調查結果

由於 2022 年報告須付費，表 15-2 數字是 2021 年的。

表 15-2 亞馬遜商場賣方分析

地理	人文	行為：經營方式
一、洲 (一)美 1. 美 49% 2. 加 7% (二)歐 英 7% 德 2% 義 2% (三)亞洲 印度 4% 澳大利亞、以色列、土耳其 2%	一、性別 男性 64% 女性 32% 其他 4%（包括未說） 二、年齡 25 ～ 35 歲 30% 35 ～ 44 歲 28% 45 ～ 54 歲 21% 三、學歷 大學 43% 碩士 26% 高中 12% 四、工作 兼職 30%	1. 自有品牌 67% 手工製造 6% 2. 進貨銷售 26% 零售 19% 其中線上買入賣出 17 代銷 7% 3. 其他 7%

15-3 亞馬遜公司的資本支出費用

亞馬遜在運籌的資本支出金額，與占營收比率，本單元說明。

一、資料來源

1. 營收來自損益表

2. 資本支出來自現金流量表

一般公司資本支出（capital expenditure）包括兩項

- 固定資產取得：這包括土地、廠房與設備（包括運輸工具）。
- 無形資產取得：主要指軟體採購。

二、全景：2022 年來說

以 2022 年度來說，資本支出 636 億美元，占營收 12.37%，詳見表 15-3。

1. 資本支出中主要項目在運籌

以聯邦、優必速快遞來說，一年資本支出約 42 億美元（主要是買飛機，一架貨機約 1.3 億美元），這是砸大錢的行業，而且競爭激烈，利潤越來越薄。由圖 15-1 可見，亞馬遜公司在五種生產因素的「投入」。

2. 軟體：研發費用

主要是 Kiva 機器人、無人飛機等研發。

三、2022 年資本支出結構

亞馬遜財務長在法人說明會（網路版）中大致說明，詳見表 15-5 第三欄，亞馬遜網路服務公司約占 40%，亞馬遜倉儲占 30%、運輸設備占 25%。以 636 億美元乘 25% 得 159 億美元，這是優必速 42 億美元的 3.78 倍。

表 15-3 亞馬遜資本支出分析 億美元

年	2010	2015	2020	2022	資本支出結構 %
(1) 營收	342	1,070	3,660	5,140	網路服務 40
(2) 資本支出 *	9.79	45.89	401.4	636	倉儲 30
(3) 資本支出營收比率 = (2) / (1) (%)	2.06	4.29	10.97	12.37	運輸設備 25

* 資本支出在亞馬遜 10-K SEC.gov，第 31 頁

四、2022 年

2022 年預估營收 5,104 億美元，資本支出 671 億美元，資本支出占營收比率 13.14%，由於網路營收隨新冠肺炎疫情稍緩而降溫，亞馬遜雲端服務公司所占比率起過 40%。

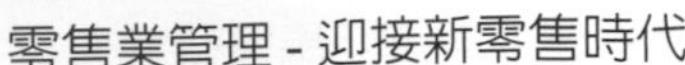

投入（生產因素市場）

一、自然資源
1.租用倉庫當發貨中心：在各大城市租倉庫稱為「我有空間」(I have space)
2.2016年
28個物流中心
59個本「州」配送站
65個「黃金會員1小時宅配」集散站
二、勞工
(一)高階主管來自聯邦快遞、優比速快遞
(二)員工來自優比速快遞
三、資本
2014年買40架波音飛機
2015年12月，亞馬遜公司宣布買4000輛卡車拖車以運貨
2016年3月，跟美國航空運輸公司(ATS)簽約，在美國國內租20架波音767飛機，租期5～7年，5月向美國紐約州的亞特拉斯的航空Atlas Air租20餘架直升機。
四、技術
在城市消費(Consume the city)

→

產出（商品市場）

一、試營運(test trial)
2015年起
37個城市
東：紐約州紐約市
西：加州洛杉磯市
南：佛州邁阿密市
北：伊利諾州芝加哥市
二、物流中心涵蓋人口
半徑32公里內涵蓋44%人口

圖 15-1　亞馬遜公司在美國商品宅配業務的投入／產出

15-4 亞馬遜公司在運籌的投入

一、問題：物流成本越來越高

在美國，網路商場、商店拚宅配，已到惡性競爭狀況，拚的是「價」（宅配費用低）、「時」（宅配時間），要快，就得加價，跨「洲」、「國」，美國本土 48 州，就須靠空運，運費比海運、陸運高 10 倍以上。由上一章表 14-9 可見，亞馬遜的物流成本率節節升高。

簡單的說，亞馬遜商店淨利幾乎是 0，進貨成本 56%，物流成本率 32%（表 15-5），合計營業成本 88%，一扣掉管銷費用後，幾乎沒賺。

二、聘請顧問公司

(1) 時：2006 年

(2) 地：美國阿肯色州斯普林代爾市

(3) 人：柏林頓北方聖塔菲物流 (BNSF Logistics)，2002 年成立，其母公司是柏林頓北方聖塔菲鐵路公司。

(4) 事：亞馬遜公司聘用上述公司提供美國「物流管理解決方案」，以優化物流。

2. 降低運籌費用之道

(1) 降低物流成本之道：在物流中心內，降低物流成本方式便是一再提高自動化程度，以機器取代勞工，詳見圖 15-2。

① 80% 方法：主要來自預測式出貨和廣建發貨中心、物流中心；前者可採較低成本（例如火車）運輸方式，把商品由各地區發貨倉庫運到各洲物流中心；否則在依訂單出貨情況下，可能為了趕時間，必須採取運費較高的運輸方式（飛機與優比速快遞）。

② 20% 方法：由亞馬遜公司承接大都會內的宅配。

(2) 降低運輸費用之道：依 80：20 原則來區分降低運輸費用之道。

三、產品運輸費用降低

物流費用的高低有兩個判斷標準，亞馬遜公司作法是表 15-4 中打✓部分。

1. 平均（單件）訂單物流費用

這個標準比較不公平，因包裹有國內國外之分、有普通件和速件之別、有標準包裹與超重包裹之別。

2. 費用占營收比率

以 2022 年來說，運輸費用號稱 835 美元，占營收 16.245%。

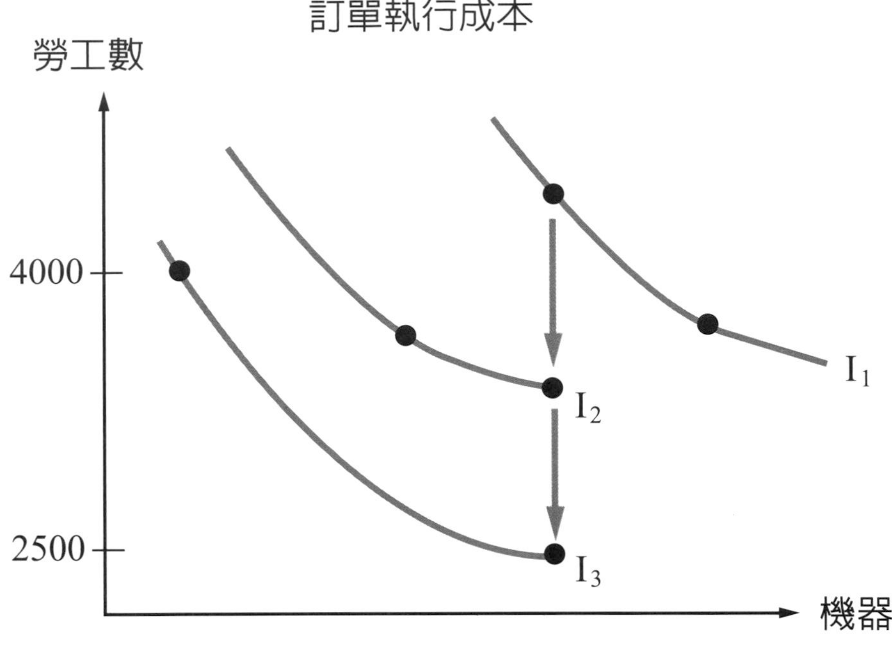

圖 15-2　亞馬遜公司物流成本逐年降低原因

表 15-4　運輸費用

大分類	中分類	小分類
✓一、預測式出貨	(一) 供應鏈物流費用	1. 委外 ✓ 2. 自己作
	(二) 宅配費用	1. 委外 ✓ 2. 自己作
二、依訂單出貨	—	—

15-5 亞馬遜公司物流中心的預測式出貨

亞馬遜公司的「預測式出貨」（anticipatory package shipping）是降低物流費用的管理方法，本單元說明。

一、贏在起跑點：預測出貨

跟「純」物流公司美國聯邦快遞（FedExp）、優比速快遞（UPS）、德國洋基通運（DHL，臺灣名稱）相比，亞馬遜公司物流中心最大的差別在於亞馬遜公司對自營和對網路商店的出貨採取「預測式出貨」方式，不是採取「接單出貨」。

(一) 預測式出貨市大部分品牌公司的作法

由圖 15-3 可見，以桌上型電腦來說，品牌公司（惠普、戴爾、聯想）每年底會給代工公司明年每個月出貨量，再運到各洲、各洲下各區域的樞紐（hub）的發貨倉庫（delivery warehouse）。再運基本量到各國（例如美國），美國在東西南北中會有地區發貨中心，就近供貨給責任區內的各州。

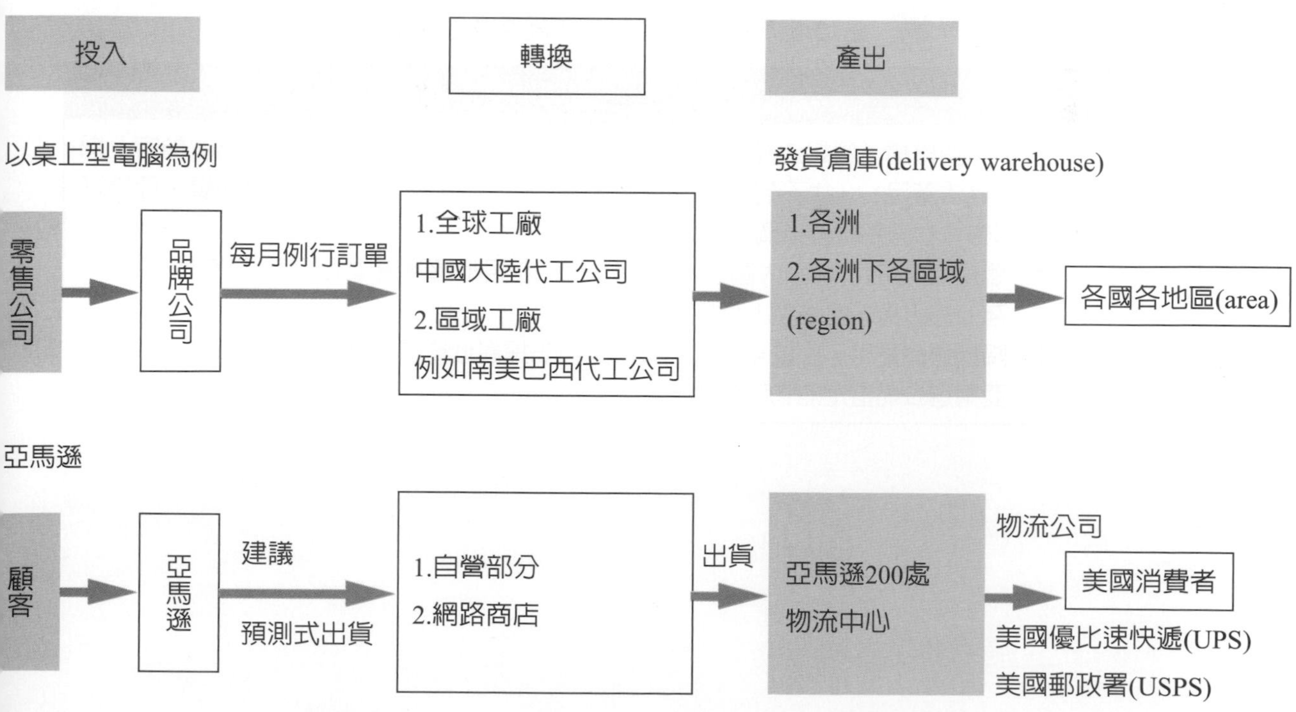

圖 15-3　桌上型電腦公司與亞馬遜預測出產出貨比較

(二) 亞馬遜公司的預測式出貨

2013 年 12 月亞馬遜公司在美國取得「預測式出貨」的專利，這主要是靠人工智慧以進行的大數據分析。

二、預測式出貨的效益

亞馬遜公司有自營和網路商店兩樣商品來源，對這二者來說，先依預測把商品運至「發貨中心—各州物流中心—各大城市發貨點」，好整以暇、以逸待勞，效益詳見表 15-5。

1. 搶時間

消費者上網購物的胃口被養大，連幾天或幾小時到貨都計較，網路商場只好在各都市蓋發貨點，先預測式堆存貨，如此才能限時宅配。這效益在購物旺季時更明顯。

2. 降低運輸費用

在幅員廣闊的大國（例如美國），趕時間運輸必須採取空運方式，陸運採人員車輛快遞，平均物流成本 20 美元。如果採取火車運輸由物流中心到各大城市，再由美國郵政署來宅配，平均物流成本可降至 10 美元。

表 15-5　預測式出貨情況下網路商店效益成本

項目	說明
效益	許多市調機構（例如法國巴黎市凱捷管理顧問公司，Capgemini）指出當顧客上網卻「無法滿足」（找不到商品、宅配時間太慢）時，就會換其他購物商場，亞馬遜公司的「物流系統」強調有下列 2 大效益。 1. 縮短宅配時間：在很大國家（例如美國），在各地區物流中心「早」已有貨，由「庫存」去出貨，很快可上路宅配到府。 2. 降低運輸費用：由於預測式出貨，是可先採最低成本方式，由網路商店出貨到亞馬遜公司指定的物流中心。

<table>
<tr><th>項目</th><th>說明</th></tr>
<tr><td>成本</td><td>網路商店把商品運到亞馬遜公司在全球 200 個物流中心（fulfillment center），有亞馬遜公司拍的影片說明上圖「How Amazon Receives Your Inventory」，網路商店支付配送費用給亞馬遜公司，2017 年 2 月 22 日起，按件收取。
美元 / 每立方英呎
立方英呎 = 0.028 立方公尺
<table>
<tr><th>尺寸／月份</th><th>標準</th><th>超標準</th></tr>
<tr><td>10 ～ 12 月</td><td>2.35</td><td>1.15</td></tr>
<tr><td>1 ～ 9 月</td><td>0.64</td><td>0.47</td></tr>
</table>
2. 物流費用：以標準尺寸、媒體以外商品為例。
1 磅 0.373 公斤
<table>
<tr><th>月份</th><th>小號</th><th>小於 1 磅</th><th>1 ～ 2 磅</th><th>大號</th></tr>
<tr><td>10 ～ 12 月</td><td>2.39</td><td>2.88</td><td>3.96</td><td>超過 2 磅，每磅加 0.39</td></tr>
<tr><td>1 ～ 9 月</td><td>2.41</td><td>2.99</td><td>4.18</td><td>同上</td></tr>
</table>
</td></tr>
</table>

三、預測式出貨 = 安全庫存

預測式出貨的部分可說是「安全庫存」，這部分有多大，在 2015 年推出「會員即時宅配」，有 4 位美國加州大學洛杉磯分校教授的文章，詳細分析「會員即時宅配須增加多少安全庫存」。本單元重點在全公司，所以以 2014 年資料來分析，詳看表 15-6，全部存貨占營業成本 12.5%，以一年 365 天來說，約可提供 45.625 天的銷貨，分成 2 項。

1. 經常存貨 3.15 天

這個數字很合理，因爲大部分出貨都是「T + 2」，即消費者今天下單，第三天收到貨。「會員即時宅配」在 2015 年才占尊榮會員的 2%。

2. 安全庫存 42.12 天

這個數字很驚人，這部分是「預備隊」，在物流中心內等著，以備消費者「未來」可能會下單。

表 15-6　亞馬遜公司安全存貨　　單位：億美元

項目	2014 年	%	存貨分析
(1) 營收	890		
(2) 營業成本	628	110	(2) / (3) = 8 倍 存貨運轉率 存貨週轉天數 = 365 / 8 = 45.625 天
(3) 平均庫存	78.5	12.5	
經常存貨	6.04	0.96	
安全存貨	72.5	11.54	
標準差	3.654	0.58	

※ 標準差：常態分配 99% 情況下，Z 值 2.37。

$$\frac{\sqrt{72.5}}{2.33} = 3.654 \text{ 億美元}$$

資料來源：Sean Camarella etc., "Amazon Prime Now", UCLA Anderson Global Supply Chain Blog，2015 年 7 月 30 日。

四、預測式出貨的成本

預測式出貨對網路商店利大於「弊」，這弊是指「效益成本分析中的成本」。

1. 網路商店的成本

網路商店先把商品寄存在亞馬遜公司的各「倉庫」，短則 2 天，長則 7 天，必須付倉庫租金，詳見表 15-7，只要租金符合各地行情，而且租金成本小於銷貨毛利，仍是值得的。

2. 亞馬遜公司的營收

對亞馬遜公司來說，替網路商店的商店發貨，付出兩項成本，訂單交易成本（deal costs，主要是金流）、宅配費用（shipping costs），向網路商店收費，收入詳見表 15-7。

表 15-7　亞馬遜公司全球運籌部營收與支出　　單位：億美元

年	2006	2010	2015	2020	2021
(1) 收入	56.7	11.93	65.2	804.4	102.0
(2) 支出	8.84	25.79	115.39	119.7	1518
(3) = (1) – (2)	– 3.17	– 13.86	– 50.19	– 392.6	– 498

※ 支出是指 outbound shipping costs。

資料來源：2006 ～ 2015 年來自 Statista 公司。

15-6　亞馬遜公司的物流中心

電視新聞很喜歡報導亞馬遜公司在美國的物流中心二件事：每年 11 月底的感恩節、黑色星期五、黑色星期五後的星期一購物季，電視新聞喜歡報導亞馬遜公司某家物流中心員工撿貨、裝箱、上飛機或上卡車事，這是節慶應景新聞，由表 14-9 可見第八代物流中心效益。

商業電視台報導物流中心的科技化程度，隨著每一代物流中心開放媒體記者拍攝，各可作一次新聞，迄 2015 年亞馬遜公司第八代物流中心投入營運。限於篇幅，本單元只介紹第八代物流中心，有三種資料形態。

1. 影片：例如 2014 年 12 月 16 日，英國 BBC 報導鄧斯塔布爾市的亞馬遜物流中心，有英文版、中文版等。
2. 新聞：平面媒體報導。
3. 其他資料：例如維基、百度文庫等。

一、亞馬遜公司三個層級的發貨倉庫

亞馬遜公司的發貨倉庫（distribution center），依美國境內服務地區分成三個層級，詳見表 15-8，還分類標示在美國地圖上。

表 15-8　亞馬遜公司的物流中心：以美國為例

港口	地圖（2～3 個州）	一州	都市內
一、入庫分類中心（inbound sortation centers） 約 8 個	(一) 物流中心（fulfillment center，FC） 1. 有食品 / 生鮮食品（Pantry / Fresh Foods）21 個 2. 全食超市零售日用品物流中心 12 個	(一) 分貨中心（sortation center） 主要功能 1. 分給外包宅配公司 2. 分給各市的發貨站	(一) 發貨站（delivery station）5.574～9.29 萬平方公尺 約 75 個 黃金 1 小時 (二) 宅配點（Prime Now Hubs） 約 53 個
二、出庫分類中心（outbound sortation centers） 約 38 個	(二) 補貨中心（supplemental centers） (三) 退貨中心（return centers） (一)、(二)、(三) 三者約 128 個（不包括）	(二) 其他 3 個	

資料來源：整理自 MWPVL 國際公司，「Amazon Global Fulfillment Center Network」，2018 年。

(一) 物流中心（fulfillment center）

在人口大州有數個物流中心，在人口小州，數個州的樞紐點設一個。在美國約 50 個，在外國，約 40 個，主要在歐洲（英德）、亞洲（陸印）。

(二) 分類中心（sortation center）

在大都會中（例如紐約市），設立第二級發貨倉庫，接收來自物流中心的大卡車運貨，再中分類到各行政區，由 3.5 噸的宅配汽車去宅配。

(三) 會員即時宅配倉庫（prime now warehouse）

在大都會中，針對會員即時宅配服務，在少數行政區（例如紐約市曼哈頓區旁）設立發貨倉庫。

2007 年亞馬遜公司成立的「亞馬遜生鮮」（Amazon Fresh）公司的物流樞紐（Amazon Fresh Hubs）屬於這一級。2017 年 3 月，在華盛頓州西雅圖市推出「亞馬遜生鮮取貨店」（Amazon Fresh Pickup）。

二、物流中心的地理分佈

全球有多少個物流中心，網路上由於定義不同，數字差距大，詳見表 15-8。

1. 亞馬遜公司不對外公布

基於商業機密考量，亞馬遜公司不對外公布物流中心數目。

2. 美國通路顧問公司的預估

2014 年 9 月 26 日，網路顧問公司 Channel Advisor 公布亞馬遜公司全球物流中心在全球地圖上位置，根據三種資料來源：

(1) 新聞報導；

(2) 亞馬遜公司各國的徵人啓事；

(3) 物流中心位置的解析。

3. 最完整

2018 年 MWPVL 國際公司的「亞馬遜全球物流中心網路」基礎最完整。

三、物流中心依自動化程度分代

第八代物流中心可算智慧倉儲（smart warehouse），但離「無人」物流中心還差一段，本處以加州特雷西（Tracy）市物流中心爲例，詳見圖 15-4。

1. 2014 年試營運 1 年

第八代物流中心大幅自動化，因此試營運 1 年，邊做邊微調，等系統穩定後，再對外公布。

2. 2015 年 1 月 20 日，對外開放

美國加州兩個城市各設一座物流中心。特雷西中心處理小件商品；「小件」是指「住」的居家用品、「育」的書、「樂」的玩具、3C 商品，帕特森（Patterson）市物流中心則處理大件商品。

3. 第八代物流中心的效益

(1) 時：2015 年 11 月

(2) 地：美國加州特雷西市物流中心

(3) 人：美國《物流技術與應用》北美聯絡處特約記者。

(4) 事：Kiva 無人運輸車系統效益，詳見表 15-9。

《連線》（wired）週刊形容：「亞馬遜物流中心像一個巨大的機器人」。由於物流中心自動化程度大幅提高，勞工人數1,500人，每天出貨商品約150萬件、一年約5.4億件。

表 15-9 第八代物流中心效益

項目		第七代	第八代
倉庫	倉庫商品品項	2,100 萬個	2,600 萬個
	倉儲能量	11.5 萬平方公尺	25 萬平方公尺
轉換	訂單執行訂單時間	1.5 小時	15 分鐘
	撿貨方式	人到貨架	貨架到「人」
	員工數	2,500 人	1,500 人
產出	出貨（每天）	70 萬個品項	150 萬個品項
	每平方公尺營運成本	100 美元	省略

資料來源：整理自社區倉庫，「迄今爲止最詳盡的亞馬遜 kiva 應用分析」，壹讀，2015 年 11 月 13 日。

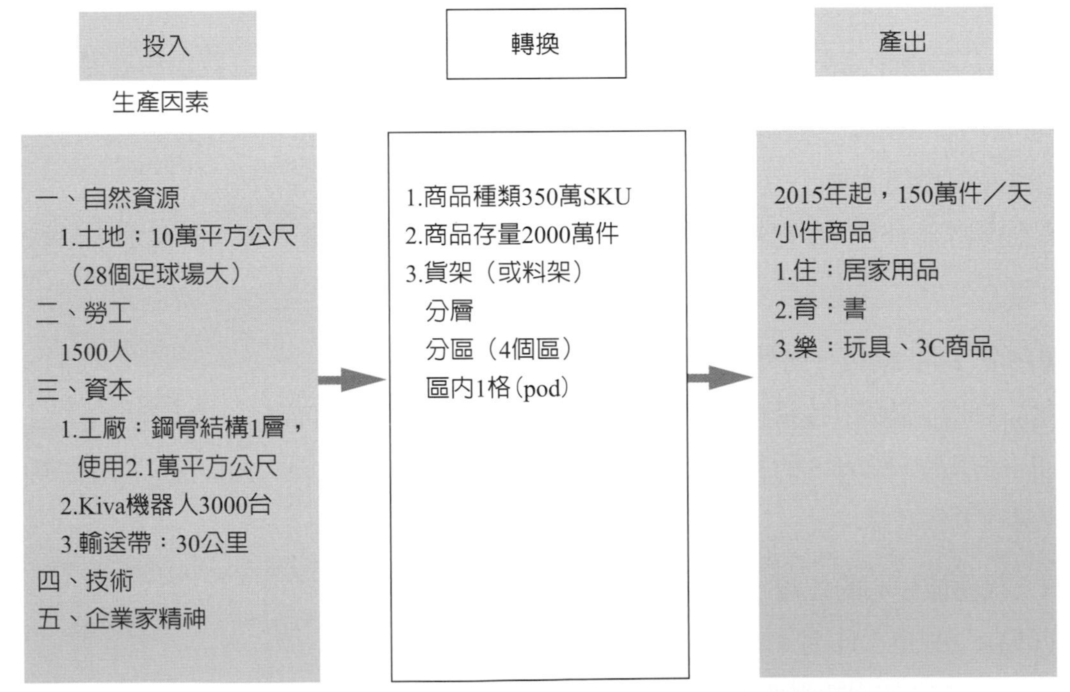

SKU：stock keeping unit，庫存量
單位：以「件」、「盒」、「托盤」為單位。

圖 15-4 美國加州特雷西市物流中心

15-7　亞馬遜公司物流中心的勞工與機器組合

運籌費用中的兩大項之一「物流成本」是操之在己的，亞馬遜公司在這部分持續強力降低成本。

一、勞工與機器的組合

在圖 15-1 中有個「等產量曲線圖」，這是降低物流成本的利器。

1. 等產量曲線

此處的生產數量是指「出貨」量，亞馬遜物流中心分為「大件」、「小件」產品兩種。

2. 等產量曲線

大一經濟學中的一條等產量曲線，是指在各種「勞工、機器」組合下，皆可以生產出同等數量。以亞馬遜第八代物流中心來說，可假設第 1 代年產能 0.625 億件、第 2 代 2.5 億件、第 8 代 5 億件。

二、機器：以無人駕駛運貨車為例

一般物流中心，你會看到工人開著叉舉車，舉起棧板上的貨物入庫、出庫。在亞馬遜物流中心則是無人搬運車。

1. 典故

由表 15-10 可見，亞馬遜公司撿現成的、收購無人搬運車公司 kiva 系統公司，在第二欄中，有 kiva 系統公司成立的典故，這滿重要的，代表「需要為發明之母」。

表 15-10　亞馬遜物流中心的無人搬運車

時	2007 年	2012 年 3 月
地	麻州 North Reading 市	同左
人	Mick Mountz	亞馬遜公司
事	他在雜貨物流設備公司 Webvan 任職，該公司因處理成本過高而倒閉。2003 年，他找了 2 位機械工程師，合夥成立 Kiva 系統公司生產無人駕駛搬運車（automatic guide behicle，AGV）	以 7.75 億美元收購 Kiva 系統公司，2015 年 8 月改名為 Amazon Robotics，預估每年可節省 9 億美元薪資，有估計全部物流中心採用每年可省 25 億美元

2. 最強力的機器：運貨架機器人

物流中心中較新穎的機器是輪型機器人 kiva，外型類似掃地機，有些屋主把貓放在掃地機上來回跑，kiva 是把貨架拎著來到撿貨站給撿貨工人。這方式大幅度減少員工跑東跑西去找商品，省時省力；在第七代以前的「以人找貨方式」，一位撿貨員工一天約須步行 11 ～ 24 公里，光走路就累，何況還要拿商品。

3. 單一貨架上的商品

每個貨架上的商品組合由電腦決定，例如一個貨架上可能有 1 本「哈姆雷特」書、一件彩虹小馬（My little Pony）玩具等。

三、物流中心員工來源

物流中心員工可分爲經常性員工與季節性員工。

1. 經常性員工

(1) 亞馬遜公司員工：由小檔案可見亞馬遜公司全職員工的薪資福利。

(2) 外包公司員工：許多體力（或普通）勞工是外包公司負責。

2. 季節性兼職員工

全公司在美國年底購物旺季約聘 15 萬位季節性員工。

四、員工薪水中下、福利中等

以人力仲介公司 Indeed 在 2022 年 4 月的數字來說，以倉儲相關人員時薪（美元）、貨物處理 15.7，包裝（packing）16.47，比 17 州最低時薪 15 美元略高。

五、亞馬遜公司每年運出包裹數量

亞馬遜公司不公布每年宅配多少個包裹，所以許多外界人士從亞馬遜公司的財報、新聞報導等，藉此了解每年運出的包裹數量。

Kiva 移動物流系統
（Kiva Mobile Fulfillment System）

重量：Kiva 約重 145 公斤

載重量：約 340 公斤，2 公尺高、1.5 公尺寬的貨架，行車時速 5.5 公里；

售價：Kiva 單價約 2.5 萬美元

動力來源：電力，續航時數約 8 ～ 10 小時，每小時充電 5 分鐘

巡航定位系統：Kiva 透過讀取地上網格的視覺記號去移動。

通訊技術：每個 Kiva 透過 WiFi 來通訊。

2022 年 4 月亞馬遜公司
奧勒岡州波特蘭市物流中心員工薪資

平均薪資：時薪 16 美元或年薪 38,545 美元

每週工作 20 小時以上員工有下列福利

福利：醫療保健、失能險、401（K）退休金計畫、有償育兒假、學費補助、員工股票選擇權

資料來源：整理自 ZipRecuriter，2022 年 4 月 7 日

15-8　亞馬遜公司物流中心的進貨與出貨

針對亞馬遜公司第八代物流中心內的三項活動：收貨、入庫、出貨，在 2015 年 5 月 18 日的「中國物流軟件網」上有篇投影片式的文章「圖說物流：亞馬遜第八代物流中心」，本單元以此為基礎。

一、品牌公司送貨到物流中心

品牌公司等透過貨車送貨到物流中心的碼頭，由表 15-11 第一欄可見，有三個動作。

1. 收貨

這部分已自動化了。

2. 上貨架

這部分須由員工拆箱、把商品貼條碼、上貨架。

3. 入庫

這部分比較像機場的行李輸送帶，把每個旅客行李箱送到各個航空公司的行李集中區。商品存量約 2,000 萬件、放在 350 萬個庫存盒（stock keeping unit）中。

4. 亞馬遜公司物流中心的精神標語

在美國亞利桑那州鳳凰城（陸稱菲尼克斯市）物流中心（代號 PHX6），牆上有六個英文字：

「work hard, have fun, make history」（努力工作，玩得開心，創造歷史）

表 15-11　物流中心兩個區的作業流程

收貨入庫	出貨
一、收貨（receiving） (一) 卡車 1. 可移動式輪子伸縮機 2. 收貨輸送帶（receiving conveyor） (二) 兩種收貨方式 1. 白色手推車 (cart) 商用批量提貨（batch picking） 2. 黃色塑料箱（containe） 主要是拆零撿貨（split picking） 二、上架 (一) 拆箱 (二) 商品貼條碼、掃描 (三) 上架（stocking） 貨架上各商品隨機儲存（random storage）在每格內。 (四) 入庫 裝滿後由 Kiva 機器人把貨架運到倉庫區，此區閒人勿進。	一、撿貨（picking） (一) 出庫 由 Kiva 機器人去倉庫載貨架出來 (二) 撿貨站台（貨到人） 1. 工作台 2. 站台顯示螢幕顯示某一或架那一層那一區那一格的商品 3. 黃色週轉盒 撿貨人員從貨架撿貨入週轉盒 4. 輸送帶輸送 二、包裝（packing） (一) 紙箱到站 由電腦計算每個訂單的適合紙箱，員工把平面紙箱拆裝成立體裝，並加膠帶封住箱底。 (二) 裝箱 把週轉盒內商品放入紙箱，用膠帶封箱頂。 三、出貨 (一) 在輸送帶上紙箱貼標籤 SLAM 機負責對紙箱稱重，以判斷撿貨商品是否正確。 (二) 出貨（shipping）

※SLAM：Simultaneous Localization and Mapping

二、物流中心出貨

每天公司會傳訂單給各物流中心，去撿貨、包裝和出貨。

1. 撿貨站

Kiva 機器人像掃地機器人般，去倉庫把貨架移到各撿貨站的撿貨員，撿貨員在原地工作。其電腦顯示螢幕上會顯示每個貨架那一層那一面（共 4 面）那一格，有此訂單所需的商品。這比較像港式餐廳的點心推車，自動到你桌前，供你挑選。

2. 包裝站

包裝員工負責組成紙箱、商品裝箱。87% 箱子重量在 2.27 公斤（五磅）以下。亞馬遜公司告之包裝公會，轉告包裝工人：每一個紙箱（包裹）都是一件禮物。

3. 出貨到貨車

這是輸送帶等機器的自動化操作。

4. 訂單處理產能

以肯德基州坎貝爾斯威爾市（Campbellsille）物流中心為例，每秒處理 426 筆訂單。

15-9　亞馬遜公司的運輸業務 I：供應鏈物流

在供應鏈物流方面，比宅配物流的重要性低，所以延了 2 年才推動。

一、策略

2015 年起，亞馬遜公司便打算推出供應鏈物流，由表 15-12 第二欄可見，先在英國試辦、2017 年在美國加州洛杉磯市試辦，2018 年 2 月推出。第三欄可見，未來會針對亞馬遜公司網路商店以外公司開放收送貨。

二、用人

聘用費茲辛格（Ed Feitzinger）擔任全球運籌部副總裁，他之前在加州長灘帶貨物運輸公司 UTi Worldwide 公司（DSV 公司旗下）擔任總裁（2014 年 12 月至 2014 年 2 月），這屬於供應鏈管理部分。

三、2018 年 2 月 9 日，推出供應鏈物流

這是由於宅配物流車常有回頭車（即送完貨後空車），爲了充分利用汽車、飛機產能，所以推出供應鏈物流。

表 15-12　亞馬遜公司供應鏈物流發展階段

項目	第 I 階段	第 II 階段
時間	2018.2	可能 2028 年
地點	美國	全球
事	1. 2015 年先在英國倫敦市試辦，2017 年在英、美國加州洛杉磯市試辦。 2. 2018 年 2 月在美國洛杉磯市推出，針對亞馬遜商場上的網路商店。	以後會延伸到其他公司

資料來源：部分整理自 Balentina Palladion，“Amazon to Take on UPS, FedEx Via Shipping with Amazon”，Ars Technica，2018 年 2 月 10 日。

亞馬遜供應鏈物流

（supply chain logistics）

時：2018 年 2 月 9 日

地：美國

人：亞馬遜公司

事：針對網路商店推出此業務，到公司收貨，要是超過亞馬遜公司的能力範圍，再請美國郵政署（USPS）或其他貨運業者代勞

資料來源：整理自經濟日報，2018 年 2 月 10 日，A9 版，鍾詠翔

15-10　亞馬遜公司的運輸業務 II：宅配

2014 年起，亞馬遜公司爲了「價量質時」四項競爭優勢的考量，先後進軍最後一哩的宅配、最後一哩的供應鏈物流，簡單的說，逐漸自營物流，可能到 2028 年在美國大城市兼營宅配業務。

一、狀況分析

以美國來說，亞馬遜公司的宅配業務依時段、地區外包給三家宅配公司。

1. 普通件：美國郵政署（USPS，又稱美國郵局）。
2. 急件：聯邦、優比速快遞。詳見表 15-13。

表 15-13　德美三家大型國際宅配公司

公司英文	中文名稱	公司住址
DHL	在陸稱為敦豪（國際），在臺稱為洋基通運	1969 年成立，2002 年由德國郵政公司收購，員工 35 萬人
FedEx	聯邦快遞	1971 年於美國田納西州曼菲斯市成立，員工 30 萬人
UPS(United Parcel Service Inc.)	優比速（本意：聯合包裹快遞服務公司）	1907 年於美國喬治亞州亞特蘭大市成立，員工人數 43.4 萬人

二、問題

由表 15-14 可見，以消費者在意的「價量質時」來說，外包有兩個問題。

表 15-14　亞馬遜公司自營宅配的原因

競爭優勢	說明
價	2015 年運輸費用 115 億美元，占營收 10.8%，2010 年 7.5%，花旗集團分析師估計，亞馬遜公司自營宅配，每年效益如下： 1. 每件包裹可省 3 美元，即從 8.5 美元降至 6 美元 2. 一年可省 22 億美元
量	其中竅門之一是充分利用自己車隊的回頭車，由於亞馬遜公司的宅配費用較低或能處理特殊品類商品（例如生鮮）或較快，會吸引更多網路商店把商品經由亞馬遜物流中心處理。
質	有更多網路商店的運籌業務，搜集更多數據，以進行大數據分析。
時	商品破損、遺失情況可能較少 2013 年 12 月聖誕節，優比速快遞延誤送貨，許多顧客退款。 2019 年 4 月起，推出會員「一日到府方案」，從兩天降至一天。

資料來源：部分整理自雷鋒網，2016.10.4，「Amazon 的野心：擴大物流體系，或能取代聯邦快遞和 UPS」；與 Boy Box Expert，“What Is Amazon's Seller Flex”，2017 年 11 月 27 日。

三、解決之道

1. 2011 年科技長的建議

2011 年，亞馬遜公司科技長（掌管供應鏈、物流中心）的 Madia Shouradoara（2004 ～ 2011 年任職該公司）建議：「取消小額訂單，以保持出入貨順暢」。

2. 貝佐斯決定

貝佐斯否決她的建議，認為「應改善出入貨作業以降低成本、提高速度，不顧一切滿足顧客需求」。

3. 策略

2014 起，亞馬遜自辦宅配（in-house logistics）。

4. 組織設計：

成立全球運籌部，下設供應鏈物流、宅配物流兩位副總裁。

5. 用人

2016 年 8 月，聘用優步副總裁柯林斯（Tim Collins）擔任全球運籌部副總裁，負責宅配業務。

科林斯小檔案（Tim Collins）

出生：省略，美國華盛頓州西雅圖市

現職：美國亞馬遜公司「全球物流」(Global Logistics) 副總裁（2016年8月～2021 年 4 月）

經歷：美國優步（Uber）副總裁（2015.1 ～ 2016.7.6），全球顧客支持部或全球社區營運副總裁，美國亞馬遜公司各項職務（1999.6 ～ 2014.12）

學歷：美國西雅圖大學

四、自辦宅配業務投入與績效

1. 投入

這分成資本支出，飛機大都是租的，平均機齡 24.7 年，卡車是買的，出租給合作的中小型物流公司遞送包裹。2018 年 6 月，亞馬遜對員工實施優退方案，只限離職創業成立宅配公司。

2. 轉換：圖 15-4

由圖 15-1 第二欄可見，亞馬遜公司的宅配業務試點期間以 37 個大城市爲主，以每個城市的物流中心爲據點，在半徑 32 公里內涵蓋美國 44% 人口。本書作者預估，亞馬遜公司只會在都市內自行做物流，鄉鎮還是會外包給美國郵政署。

表 15-15 中每年運的包裹數是本書作者從一些文章中找到的，亞馬遜不公布。

3. 產出

- 自辦宅配比率

  由表 15-17 可見，砸大錢「投入」，自辦宅配比率成長速度很快，2019 年已近 50%，2021 年 72%。

- 減少外包

  2019 年 6 月 19 日，在美國，亞馬遜停止跟聯邦快遞空運、陸運的服務。

表 15-15　亞馬遜自辦宅配投入與產出

年		2017	2018	2019	2020	2022
投入	飛機 *	20	33	50	85	90
	卡車（萬輛）	—	—	2	5	7
包裹（億）	產出	—	25	—	50	—
自辦宅配比率 (%)		15	20	46.6	60	72

* 資料來源：整理自英文維基百科亞馬遜航空公司 Amazon Air。

亞馬遜無人機宅配服務

（Amazon Prime Air）

時：2020 年 8 月 31 日

地：美國

人：David Carbon，亞馬遜 Prime Air 副總裁

事：美國航空總署（Federal Aviation Administration，FAA）核准亞馬遜的無人機外送服務（Amazon Prime Air）

2013 年董事長貝佐斯在電視節目「60 分鐘」受訪時曾表示，2018 年左右會導入。

15-11 亞馬遜到店取貨、生鮮出貨

在網路商店、商場最大門檻，便是食品三大類之一的生鮮食品，這部分門檻很高：一是合格產品採購（進貨），二是消費者習慣量販店商品櫃眼見爲憑；三是宅配時須動用冷凍（冷藏車），這是常溫貨車物流費用的 1.5 倍。

本單元說明 2007 年起，亞馬遜成立亞馬遜生鮮公司（Amazon Fresh），歷經三階段的努力，最後還是搞到收購一家中型規模（2022 年營收 190 億美元、510 家店）的全食超市（註：超大型克羅格（Kroger），2023 年度（2022.02 ～ 2023.01）營收 1,482.59 億美元，2850 店家），詳見表 15-16。

一、2007 ～ 2017 年 7 月，生鮮食品

1. 成立亞馬遜生鮮公司

2. 商品來源：各都市生鮮公司

顧客下單給亞馬遜生鮮公司，註明交貨地點，亞馬遜生鮮會下單給某城市合作生鮮公司去備貨。

3. 宅配

由亞馬遜合作的物流公司去生鮮公司取貨，去宅配。

4. 缺點

各地合作公司水準不一，而且成本比超市、量販店大量進貨高；再加上運費，售價很高；網購生意作不大。

二、亞馬遜生鮮自取店（Amazon Fresh Pickup）

2017 年 3 月 28 日，開在華盛頓州西雅圖市巴拉德區（Ballard），這是實驗店，僅供員工、黃金會員使用。

- 15 分鐘可取貨：顧客下單，到開車到店取貨，只須 15 分鐘。
- 店內倉庫面積：一個標準貨櫃大。

三、2017 年 8 月，亞馬遜收購全食超市

1. 收購全食超市

2017 年 8 月，亞馬遜以 137 億美元（每股 42 美元）收購全食超市（Whole Foods Market），便是看上其 514 家店（員工 5.83 萬人），五大生鮮（肉雞魚蔬果）。

2. 店內取貨

這對許多顧客來說，有網購的方便，卻又不用負擔宅配費用。而且亞馬遜會員到店內消費，有九折優惠。

表 15-16　亞馬遜生鮮公司

項目	2007 年	2017 年 3 月 28 日	2017 年 8 月起
一、商品來源	各大都市肉品蔬果公司	同左	全食超市 2022 年 510 家店
二、宅配	外包	—	2015 年自辦宅配
三、店內取貨		亞馬遜生鮮自取店實驗店	同上

一、選擇題

( ) 1. 亞馬遜公司最主要資本支出項目在哪？ (A) 亞馬遜網路服務公司 (B) 倉庫 (C) 運輸設備。

( ) 2. 亞馬遜公司如何做到「美國二日宅配」？(A) 飛機快遞 (B) 預測式出貨 (C) 找 300 萬位宅配人員。

( ) 3. 在亞馬遜公司的第 8 代物流中心撿貨人員如何撿貨？ (A) 走路去各貨架取貨 (B)Kiva 機器人送貨來 (C) 二者皆有。

( ) 4. 亞馬遜公司在哪一國試辦「群眾倉庫」與「群眾物流」？ (A) 印度 (B) 印尼 (C) 南非。

( ) 5. 亞馬遜公司在美國郊區主要的宅配公司是 (A) 美國郵局 (B) 優比速（UPS） (C) 聯邦快遞。

二、問答題

1. 試以亞馬遜公司為例，說明站在網路商場的立場，該如何衡量運費補貼的幅度？
2. 試比較亞馬遜公司跟中國大陸淘寶網建立物流中心網路的模式。
3. 亞馬遜公司在物流中心網路建立對美國營收、業務的影響。
4. 亞馬遜公司為何要自行承辦在美的宅配業務？
5. 比較中國大陸與臺灣的狀況，捷運站置物櫃取貨為何做不起來？

Note

Chapter

16

零售業績效衡量：臺灣便利商店業

16-1　亞馬遜、好市多與統一超商損益表

16-2　統一超商個體損益表結構

16-3　零售業中的會計：附加加值與營業稅

16-4　便利商店業：統一超商與全家

16-5　營收、店數市占率

16-6　商店與單位面積營收

16-7　統一超商與全家單店營收、坪效

16-8　股票市場績效：股價與本益比

有衡量，才能改善

在討論零售業經營績效的分析時，臺灣的零售業基於資料可行性（公司股票上市）、店數、員工人數等，便利商店業是很棒的例子，因為統一超商（市占率 47.5%）、全家（市占率 31.54%）皆股票上市，兩家公司市占率 88%，分析兩家公司幾乎等於分析整個行業。

本章用便利商店業中的統一超商、全家，來說明零售業經營績效中常見的市占率（單元 16-5）、坪效（單元 16-7），甚至股票投資人關心的股票報酬率、本益比（單元 16-8）。

16-1 亞馬遜、好市多與統一超商損益表

以美國量販店好市多與沃爾瑪、零售型電子商務龍頭亞馬遜，再加上臺灣的便利商店業龍頭統一超商，會發現營業成本的內容（會計科目）稍有差異，亞馬遜則大不同。本單元作表分析。

一、國際會計準則

1. 會計公報

1995 年，在英國倫敦市的國際會計理事會（IASB）頒布的「國際會計準則公報」（International Accounting Standard，IAS）18 號開始實施，這是有關損益表上「營收」認列。

2. 零售業會計

上網查零售業會計（retail accounting），主要包括下列資料：

- 會計分錄匯總，這是一般會計課人員的簿記。
- 存貨會計處理，最常見的是「零售價法」。

二、大同小異的會計處理

表 16-2 中第一列依零售業

1. 統一超商

2. 好市多

由表 16-1 第三欄可見好市多的營業成本

3. 零售型電子商務龍頭亞馬遜

亞馬遜營業成本分成兩項，占營收比率（年報 37 頁）如下。

- 銷售成本（cost of sales）60%。

表 16-1　美中兩類零售業營業成本科目差別

實體	商店				零售業
行業	便利商店	量販店	2022 年度		電子商場
公司	統一超商	好市多	億美元	%	亞馬遜 *
營收	100%		2,269.54	100	100%
－營業成本			1,993.79	87.85	52.2%
．進貨成本	65.7%		1,971.05	86.85	35.5%
．宅配費用	—				16.625%
．製造費用：折舊攤銷			22.77	0.01	4.98%
．製造費用：水電瓦斯費	0.84%				
＝毛利	33.46%		2,750.72	12.15	42%

16-2　統一超商個體損益表結構

美中臺零售公司的營業成本中大都包括一大一小，一大項是進貨成本，一小指的是「製造費用」，有些人考慮「折舊、攤銷費用」，有些考慮水電瓦斯費（稱爲動力費用）。

一、簡式損益表

一般公司的損益表都是簡式，約 12 個會計科目，當你針對幾個重要會計科目，針對財報的附註欄仔細看一下，大抵可以拼湊出完整大表，例如表 16-2。

1. 營業成本中其他 22.43 億元

在附註中只有「水電瓦斯費」25.16 億元跟 22.43 億元比較接近。

2. 營業費用中行銷費用

我們把附註中四項全放在行銷費用，這是因爲統一超商 85% 是加盟，統一超商把加盟店視爲「行銷公司」，因此把營收中約 13.31% 分給加盟主的稱爲「加盟店經營報酬」。

二、大、中、小項占營收比率

爲了避免誤會，我們把營業成本、費用分成大、中、小項，在不同欄中表現。至於占營收比率，只有大、中項。

表 16-2　統一超商 2022 年個體損益表

損益表	大項	百分比大項 (%)	中項 (%)
營業收入	1,829	100	—
– 營業成本	1,216	66.48	65.16
・ 進貨成本	—	—	1.32
・ 其他（如水電瓦斯費）	—	—	—
= 毛利	613	33.5	—
– 營業費用	504.9	30.17	—
・ 研發費用	—	—	—
・ 行銷費用	—	—	28
・ 加盟店經營報酬	—	—	—
・ 製造費用 I：折舊攤銷	—	—	—
・ 製造費用 II：員工福利	—	—	—
・ 製造費用 III：其他	—	—	—
管理費用	—	—	2
・ 預計信用減損	—	—	—
= 營業淨利	60.93	3.33	—

16-3　零售業中的會計：附加加值與營業稅

統一超商「行銷群」（主管是副總經理）下有五個部，有三個商品部（商品、服務商品和鮮食部，主管協理級），其中鮮食部的人員在計算產品定價時，還須考慮「加值型營業稅」，這是商品上價格標籤上的價格，基於以「元」為整數，所以任何價格都不含小數點。

一、附加價值

一國、一家公司都會計算附加價值。

1. 政府中國家統計局

各國國家統計局負責國民所得統計，其中會計算各行業的附加價值（率），以 2022 年 2 月 8 日，發布 2022 年的工業中製造業的產值 19.57 兆元，附加價值 6.322 兆元，計算出附加價值率 32.2%，美國 41%、日本 36.8%。

2. 公司管理會計

公司總經理轄下總經理室（臺塑集團總管理處）的經營分析組，會根據會計部的會計資訊系統，計算出公司各事業部、主力產品的附加價值，跟目標、對手比較。

二、加值型營業稅

公司會計部計算各商品的營業稅。

1. 附加價值

會計部依據商品部的商品售價，加上採購組提供的進貨計算出價差（附加價值）。

2. 加值型營業稅率

以一般商品來說，財政部課加值型營業稅稅率，臺灣 5%，中國大陸 3 ～ 17%，俗稱 17%。

3. 加值型營業稅

附加價值乘上營業稅等於營業稅額，公司在出售商品後，會計部每兩個月向各縣市國稅局申報上前兩個月營業稅額，許多公司由會計師事務所申報，可網路申報繳納。

三、毛利跟附加價值

由表 16-3 可見，以兩大產業來說，毛利跟附加價值的相對大小。

工業中附加價值遠大於毛利。

四、服務業中的批發零售業：買賣業的毛利跟附加價值幾乎相近。

表 16-3　產品毛利與附加價值

損益表	%	說明
(1) 營收	100	
(2) 營業成本	70	
(2.1) 原料	65	
(2.2) 直接人工	3	
(2.3) 製造費用	2	
・ 折舊費	1	
・ 水電費	0.2	
・ 委外代工費	0.5	
・ 其他	0.3	
(3.1) 毛利	30	
(3.2) 附加價值 = (1) – (2.1) – (2.3) 中前三項		value added 或貢獻價值 (contribution value)

16-4　便利商店業：統一超商與全家

當在比較一個行業內兩家公司的「投入」（店數、員工數、資產）、「產出」（經營績效）時，很重要的是要跟行業比，才知道是否優於行業平均值。

在本單元中，由表 16-4，先把便利商店業、統一超商、全家的投入、經營績效基本資料作表，底下幾個單元再來作兩個科目相除的比率分析。

一、便利商店業

由經濟部統計處每月公布便利商店業營收、店數。

1. 營收

由表 16-5 可見，2017 年起，每店營收約 2,850 萬元，停滯。

2. 店數：二個標準

- 四大便利商店：統一超商、全家年報，痞客邦依此標準。
- 維基百科：外加 3 家，臺灣菸酒公司 93、義美食品 116 家、蝦皮「店到店」（2022 年 3 月起）401 家。

二、統一超商

1. 營收（個體、單家）

以 2022 年合併財報中營收 2,904 億元，個體（純指統一超商）營收 1,829 億元（即表 16-4 中數字），個體營收占合併營收比率 63%，另外 37% 是百家子公司營收。

2. 投入：店數、員工數

- 店數：大約在年報第 56 頁。
- 員工人數：大約在年報第 74 頁；員工中約有 36.3% 是兼職人員。

三、全家

1. 營收

全家合併營收中「個體」（單家）約占 94.6%。

2. 投入：店數、員工數

- 店數：約在年報第 18 頁。
- 員工人數：兼職人員約占 33%。

表 16-4　統一超商、全家經營績效（個體損益表）　單位：億元

年			2018	2019	2020	2021	2022
便利商店	營收		3,217	3,316	3,610	3,614	3,821
	店數		10,884	11,407	11,962	12,620	13,445
統一超商	績效	營收	1,540.7	1,580.3	1,681.5	1,680.1	1,829
		淨利	106.3	101.17	91.52	84.31	92.82
		每股淨利（元）	9.82	10.14	9.85	8.52	8.93
		股價（元）	311	304	266.5	273.5	272
	投入	員工人數	39,398	39,341	38,581	38,411	41,607
		店數	5,369	5,655	6,024	6,379	6,631
全家	績效	營收	684	740	812	796	858
		淨利	14.07	16.14	18.30	14.09	18.4
		每股淨利（元）	7.23	8.2	9.54	6.02	8.22
		股價（元）	193	222	2,543	261	205
	投入	員工人數	8,131	8,144	8,612		
		店數	3,324	3,553	3,767	3,980	4,138

16-5　營收、店數市占率

在第三章中，我們以一個單元，以便利商店中的統一超商、全家爲例，計算出營收、商店市占率，此處再複習一次，重點在五年的趨勢分析。

一、便利商店業

由表 16-5 可見，便利商店業營收成長，來自各公司衝刺店數，以每店營收來說，已停滯。

1. 營收成長率 4.85%
2. 商店數成長率 5.11%
3. 每店營收成長率 – 0.002%

剔除 2021 年 5 ～ 7 月新冠肺炎三級警戒造成便利商店業營收停滯，只考慮 2017 ～ 2020 年三年平均成長率 1.11%。

二、統一超商

由表 16-5 可見，統一超商兩個數字。

1. 營收市占率小增，每年增 0.14 個百分點

營收成長率 5.32%，略高於行業 5.25%。

2. 店數市占率衰退 0.1 個百分點

店數成長率 5.4%，略低於行業 5.16%。

3. 說明

統一超商營收主要成長動力來自大量展店，所以長「胖」了，但長肉少，以致營收市占率降低。原因可能是鄰近店同類相殘，即店開得太密集，彼此搶彼此生意。

三、全家

1. 營收市占率平均成長 0.38 個百分點

全家在便利商店業營收市占率每年成長 0.3675 個百分點

2. 商店市占率平均成長 0.14 個百分點

3. 說明

全家在營收市占率的成長全部來自商店數的成長，由於店址不重疊，沒有發生「自己人殺自己人」的同類相殘情況。

表 16-5 統一超商、全家兩種市占率

公司		2017 年	2018 年	2019 年	2020 年	2021 年	2022 年
便利商店業	(1) 營收	3,027	3,217	3,316	3,610	3,614	3,821
	(2) 總店數	10,478	10,884	11,407	11,962	12,620	13,445
	(3) 每店營收	2,889	2,956	2,907	3,018	2,864	2,842
統一超商	(1) 營收	1,444.8	1,540.7	1,580.3	1,681.5	1,680.1	1,829
	(2) 店數	5,221	5,369	5,655	6,024	6,379	6,631
	(3) 營收市占率	47.73	47.89	47.66	46.58	46.49	47.87
	(4) 店數市占率	49.83	49.33	49.57	50.36	50.55	49.32
全家	(1) 營收	622	684	740	812	796	858
	(2) 店數	3,152	3,324	3,553	3,767	3,980	4,138
	(3) 營收市占率	20.55	21.26	22.32	22.49	22.02	22.45
	(4) 店數市占率	30.08	30.54	31.14	31.49	31.54	30.78

16-6 商店與單位面積營收

大部分中小企業主都是只有一家店（甚至一個三坪大的攤位），房租不便宜，所以會非常注重單位面積營收；以夜市攤販來說，如果賣炸雞排營收太差，可能會轉賣章魚燒。

一、每店營收

1. 平均每店（年）營收

這是把所有店營收除以總店數等於「每店每日營收」

2. 單店年營收除以 365 天，即「單日單店營收」

英文用詞如下：average sales per store per day

single -day single store revenue，少數 per store daily（PSD）

3. 問題

一旦一家公司快速展店，年初 100 家店，每個月開 10 家，一年開 120 家，算成滿一年的店約 120 家店乘上 0.5，等於 60 家

4. 解決之道

外人不太知道公司每個月開幾家店，可以算出約當店數，只好只分析「老店」，這英文稱爲 established store，由表 16-6 第一欄可見，另有兩個相同意思用詞。中文稱爲「相同（年紀）商店」，簡稱「同店」，但不易望文思義。

二、單位面積營收

1. 問題

以統一超商來說，依各店營業面積大小，至少分成 9 個等級，最小的店約 7 坪（主要在封閉型商圈），最大店約 160 坪（主要在郊外），還有 4 個戶外停車場。

2. 解決之道

單位面積營收的好處是可以排除商店大小的影響。

臺灣的土地面積以「坪」爲慣用單位，一坪 3.3058 平方公尺，簡記成 3.3 平方米，一般指的坪效（ping effect），主要是指各店營業面積，不包括後場等（百貨公司最大的部分是停車場），詳見表 16-6 第二欄。

表 16-6　商店經營績效分析

店歷史	面積
一、一年以上的店 同樣商店（established store） 或 same-store sales （SSS） 或 comparable store sales 二、一年以內的店 （unestablished store）	0. 總面積 (一) 營業面積（business area） 俗稱前場（front court） 1. 美國 每平方英尺營收（sales per square foot） 2. 中國大陸 每平方公尺營收 （sales per square meter） 3. 臺灣 坪效 (二) 倉庫面積（storage area） 俗稱後場（back court）

16-7 統一超商與全家單店營收、坪效

本單元以統一超商、全家為對象，說明單店兩種營收，其總坪數是本書推估。

一、統一超商 I：每店營收

不分析新冠肺炎疫情三級警戒的2021年（2022年4～6月），只分析2018～2022年。

1. 單店年營收成長 3.74%
2. 單店日營收（日文稱為日商）由 2018 年 7.86 萬元下降至 2022 年 7.55 萬元。

二、統一超商 II：坪效

1. 平均每店坪數

統一超商各年每店坪數擴大，有兩分水嶺：

- 2008 年，開始推動前場 30 坪的「大店」（之前 25 坪），至 2019 年，約占店數 73%
- 2018 年，開始推動前場 40 坪的「更大店」（主要是複合店），約占全店數 10%

2. 每店坪數乘店數得到總坪數。

3. 每坪營收

由表 16-7 中一 (7) 可見坪效從 2018 年 95.65 萬元，每年小降 3.0%，即店坪數變大了，但營收沒同比率增加，可以說「店過大」。

三、全家

由表下半部可見，以商店兩種營收來看，缺乏好消息。

1. 每店營收平均成長 5.01%

2. 單店每日營收

2018 年 5.638 萬元到 2022 年 5.68 萬元，成長停滯。

3. 總坪數

全家各店坪數只有統一超商店的 83%（29 坪除以 35 坪）。

4. 坪效年衰退 3.15%

全家的坪效從2018年79.14萬元降到2022年71.6萬元，平均每年衰退2.38%個百分點。

表 16-7　統一超商、全家每店、每坪營收

項目	2017 年	2018 年	2019 年	2020 年	2022 年
一、統一超商					
(1) 營收（億元）	1,540.7	1,580.3	1,681.5	1,680.1	1,829
(2) 店數	5,369	5,655	6,024	6,379	6,631
(3) 每店營收 = (1) / (2)（萬元）	2,870	2,795	3,030	2,634	2,758
(4) 單店每日營收（萬元） = (3) / 365	7.86	7.66	8.3	7.21	7.55
(5) 單店坪數	30	32	33	35	35
(6) 總坪數	161,070	180,960	198,792	223,265	232,085
(7) 坪效 = (1) / (5)	95.65	87.33	84.58	75.25	78.08
二、全家					
(1) 營收（億元）	684	740	812	796	858
(2) 店數	3,324	3,553	3,767	3,980	4,138
(3) 每店營收（萬元）	2,058	2,083	2,156	2,200	2,076
(4) 單店每日營收（萬元）	5.638	5.7	5.9	5.48	5.68
(5) 單店坪數	26	27	28	29	29
(6) 總坪數 = (2)×(5)	86,424	95,931	105,476	115,420	120,000
(7) 坪效（萬元）	79.14	77.13	77	68.96	71.6

16-8 股票市場績效：股價與本益比

站在零售公司董事長、總裁和股票投資人，關心的是股價、股票報酬率。以統一超商、全家股價來說，股價都在 250 元以上，有電子股的身價，是許多零股投資「存股」的對象。本單元分析，比較標準是集中交易市場的大盤指數，此處，暫不考慮股票報酬率。

一、大盤

1. 加權指數

2017 ～ 2022 年，只有 2019、2022 年大盤下滑。

2. 大盤本益比

由表上半部可見，2019 年大盤本益比 19.57 倍，有些偏高，所以指數下滑。2021 年，指數上升 23.8%（不包括除息），但本益比 15 倍，主因在於 2020 年美國貿易、科技制裁中國大陸，許多臺灣企業回流、外國企業轉單給臺灣公司，上市上櫃公司淨利成長幅度 72%，遠大於股價上升幅度，大盤本益比大幅走低。

二、統一超商

1. 每股淨利衰退

2017 年，統一超商把上海星巴克股權（占 30%）賣給中國大陸星巴克，大賺 200 億元，增加每股淨利 19.2 元，此年例外。由 2018 年 9.82 元，到 2022 年 8.93 元，統一超商賺錢能力衰退或停滯（2020 年 9.85 元）。

2. 股價原地下滑

3. 本益比

統一超商有（積極）成長類股所有的 30 倍以上本益比，跟其營收平均成長率 4% 相比，2022 年大盤重振，統一超商本益比小降至 30.46 倍。

三、全家

1. 每股淨利

全家很單純，只有一家較大的子公司，即 2004 年 3 月在中國大陸上海市，全家跟康師傅控股公司設立上海全家，2017 年起，母以子爲貴。

2. 本益比

2022 年全家本益比 24.85 倍，是大盤 10.39 倍的兩倍，比統一超商 30.46 倍低很多。

表 16-8　大盤與統一超商、全家股市績效

年		2017	2018	2019	2020	2021	2022
大盤	指數	9,252	10,664	9,725	14,720	18,219	14,137
	大盤本益比（倍）	15.66	12.74	19.57	22.37	14.94	10.39
統一超商	股價（元）	284	311	304	266.5	273.5	272
	每股淨利（元）	29.83	9.82	10.14	9.85	8.52	8.93
	* 業外占比 (%)	70.89	16.72	13.96	12.13	11.57	15.79
	本益比（倍）	9.52	31.67	29.98	27.06	32.1	30.46
全家	股價（元）	197	193	222	243	261	205
	每股淨利（元）	6.3	7.23	8.2	9.54	6.02	8.25
	* 業外占比 (%)	– 31.5	15.51	– 1.51	– 2.8	6.44	22.65
	本益比（倍）	31.27	26.69	27.07	25.47	43.35	24.85

一、選擇題

(　　) 1. 臺灣便利商店業店數約幾家店？　(A) 130 家　(B) 1,300 家　(C) 13,000 家。

(　　) 2. 便利商店業「產值」（營收）約多少？　(A) 36.1 億元　(B) 361 億元　(C) 3,600 億元。

(　　) 3. 統一超商店數約多少？　(A) 64 家　(B) 640 家　(C) 6,400 家。

(　　) 4. 統一超商（個體、單家）營收多少？　(A) 16.8 億元　(B) 168 億元　(C) 1680 億元。

(　　) 5. 統一超商股價大約多少？　(A) 2.7 元　(B) 27 元　(C) 270 元。

(　　) 6. 統一超商肉鬆飯糰單價多少？　(A) 8 元　(B) 18 元　(C) 28 元。

(　　) 7. 統一超商進貨成本約占營收幾 %？　(A) 35%　(B) 45%　(C) 65%。

(　　) 8. 平均來說，統一超商一家店有多大？　(A) 6 坪　(B) 16 坪　(C) 36 坪。

(　　) 9. 平均來說，統一超商一家店有多少位員工（含兼職）？　(A) 8 位　(B) 18 位　(C) 28 位。

(　　)10. 平均來說，統一超商加盟比率？　(A) 65%　(B) 75%　(C) 85%。

二、問答題

1. 全家比統一超商每股淨利稍差，爲何本益比較高？
2. 有人說全家比較嚴控營業費用，所以 2020 年每股淨利 9.54 元，你同意嗎？
3. 爲何全家每位員工平均營收幾乎是統一超商 2.5 倍？
4. 統一超商坪效 75.25 萬元，爲何比全家 69 萬元高？
5. 統一超商的店是否「開太近」或「開太大」？

Note

國家圖書館出版品預行編目 (CIP) 資料

零售業管理 : 迎接新零售時代 / 伍忠賢編著 . -- 三版 . --
新北市 : 全華圖書股份有限公司 , 2023.06
面； 公分
ISBN 978-626-328-392-3（平裝）

1.CST: 零售商 2.CST: 商店管理 3.CST: 個案

498.2　　111021574

零售業管理—迎接新零售時代（第三版）

作　　者 / 伍忠賢
發 行 人 / 陳本源
執行編輯 / 何婷瑜
封面設計 / 楊昭琅
出 版 者 / 全華圖書股份有限公司
郵政帳號 / 0100836-1 號
印 刷 者 / 宏懋打字印刷股份有限公司
圖書編號 / 0817402
三版一刷 / 2023 年 6 月
定　　價 / 新臺幣 480 元
I S B N / 978-626-328-392-3
全華圖書 / www.chwa.com.tw
全華網路書店 Open Tech / www.opentech.com.tw
若您對書籍內容、排版印刷有任何問題，歡迎來信指導 book@chwa.com.tw

臺北總公司（北區營業處）
地址：23671 新北市土城區忠義路 21 號
電話：(02) 2262-5666
傳真：(02) 6637-3695、6637-3696

南區營業處
地址：80769 高雄市三民區應安街 12 號
電話：(07) 381-1377
傳真：(07) 862-5562

中區營業處
地址：40256 臺中市南區樹義一巷 26 號
電話：(04) 2261-8485
傳真：(04) 3600-9806（高中職）
(04) 3601-8600（大專）